高等职业教育"十三五"规划教材

食品质量安全管理

胡克伟　任丽哲　孙　强　主编

中国农业大学出版社
·北京·

内 容 简 介

本教材的编写以《高等职业学校食品类专业教学标准(试行)》为依据,以食品安全法为引领,以质量管理体系和食品安全管理体系的建立与实施为框架,以食品企业的质量安全控制与管理主要工作任务为依据构建教材内容。在编写体例上采取了模块化结构,由食品质量安全管理基础知识、食品安全性评价、良好操作规范、卫生标准操作程序、危害分析与关键控制点体系、食品生产质量管理体系、食品质量安全市场准入制度、食品质量检验和食品安全法律法规与标准体系 9 个模块组成。本教材重点培养学生的食品质量管理和安全控制能力,教材系统地、有针对性地构建了食品质量安全管理岗位群的知识和能力框架,努力实现知识、能力和素质的有机统一,力求突出实践特色、行业特色、企业特色。

图书在版编目(CIP)数据

食品质量安全管理/胡克伟,任丽哲,孙强主编. —北京:中国农业大学出版社,2017.6
ISBN 978-7-5655-1816-4

Ⅰ.①食… Ⅱ.①胡… ②任… ③孙… Ⅲ.①食品安全-质量管理 Ⅳ.①TS201.6

中国版本图书馆 CIP 数据核字(2017)第 115246 号

书　　名	**食品质量安全管理**
作　　者	胡克伟　任丽哲　孙　强　主编

策划编辑	张　蕊　陈阳	责任编辑	张　蕊
封面设计	郑　川	责任校对	王晓凤
出版发行	中国农业大学出版社		
社　　址	北京市海淀区圆明园西路 2 号	邮政编码	100193
电　　话	发行部 010-62818525,8625	读者服务部	010-62732336
	编辑部 010-62732617,2618	出　版　部	010-62733440
网　　址	http://www.cau.edu.cn/caup	**e-mail**	cbsszs @ cau.edu.cn
经　　销	新华书店		
印　　刷	北京时代华都印刷有限公司		
版　　次	2017 年 8 月第 1 版　　2017 年 8 月第 1 次印刷		
规　　格	787×1 092　　16 开本　　18.75 印张　　470 千字		
定　　价	40.00 元		

图书如有质量问题本社发行部负责调换

编 审 人 员

主　编　胡克伟（辽宁农业职业技术学院）
　　　　　任丽哲（黑龙江职业学院）
　　　　　孙　强（黑龙江农垦职业学院）

副主编　徐显利（黑龙江农业经济职业学院）
　　　　　胡炜东（内蒙古农业大学职业技术学院）
　　　　　李成刚（贵阳市食品药品监督管理局）

参　编　孙向阳（河南牧业经济学院）
　　　　　陈　婷（江西生物科技职业学院）
　　　　　王瑞军（黑龙江农垦科技职业学院）
　　　　　邱　爽（黑龙江农业经济职业学院）
　　　　　贾冬艳（辽宁农业职业技术学院）
　　　　　赵紫星（营口嘉里粮油食品有限公司）
　　　　　王成义（大连真爱果业有限公司）
　　　　　苑喜军（赤峰市农业局）
　　　　　张建平（辽宁农业职业技术学院）

主　审　燕香梅（沈阳市农业检测中心）

前　言

本教材是在教育部全国优质专科高等职业院校建设及高职院校全面开展课程体系和教学内容改革的背景下,紧密围绕食品企业行业的发展要求,根据当前食品行业对人才的需求情况,对接食品行业质量工程师和安全管理师的职业资格标准,由教学一线的骨干教师和行业企业专家共同参与编写的工学结合特色教材。

本教材的编写以《高等职业学校食品类专业教学标准(试行)》为依据,以食品安全法为引领,以质量管理体系和食品安全管理体系的建立与实施为框架,以食品企业的质量安全控制与管理主要工作任务为依据构建教材内容。在编写体例上采取了模块化结构,由食品质量安全管理基础知识、食品安全性评价、良好操作规范、卫生标准操作程序、危害分析与关键控制点体系、食品生产质量管理体系、食品质量安全市场准入制度、食品质量检验和食品安全法律法规与标准体系 9 个模块组成。涵盖了食品教指委最新公布的食品类专业教学标准中对食品安全质量学习领域的全部内容。每个模块包括【理论前导】【案例分析】【能力拓展】和【知识延伸】4 部分。本教材重点培养学生的食品质量管理和安全控制能力,教材系统地、有针对性地构建了食品质量安全管理岗位群的知识和能力框架,努力实现知识、能力和素质的有机统一,力求突出实践特色、行业特色、企业特色。

本书由胡克伟、任丽哲和孙强担任主编,徐显利、胡炜东和李成刚担任副主编,全书的统稿校对由胡克伟、任丽哲和孙强负责。参加编写人员的分工为:模块一由胡克伟老师编写;模块二和模块三由任丽哲老师编写;模块四由王瑞军老师编写;模块五由徐显利老师编写;模块六由孙向阳老师编写;模块七由孙强老师编写;模块八由胡克伟、李成刚老师编写;模块九由胡炜东老师编写;附录由贾冬艳老师和邱爽老师编写。江西生物科技职业学院的陈婷老师也参与了部分内容的编写。全书的图片由张建平老师负责绘制和技术处理。辽宁农业职业技术学院的贾冬艳老师、大连真爱果业有限公司的王成义工程师、营口嘉里粮油食品有限公司的赵紫星高级工程师以及赤峰市农业局的苑喜军等参加了本书的策划工作。全书由沈阳市农业检测中心的燕香梅高级农艺师担任主审。

由于编者水平有限,书中疏漏和错误之处在所难免,恳望同仁不吝赐教,并欢迎各位读者批评指正,谢谢!

编　者

2017 年 3 月

目　录

1

模块一 食品质量安全管理基础知识

【预期学习目标】

1. 知道质量和质量管理的基本概念。
2. 清楚企业质量管理的基本内容和手段。
3. 了解食品质量安全管理的特点及其在食品加工中的地位。
4. 清楚我国食品安全的现状、存在的问题和解决措施。
5. 能够在理解食品生物性、化学性和物理性污染的基础上，掌握其控制方法。

【理论前导】

1 食品安全

1.1 基本概念

按照 FAO/WHO 的最新定义，食品安全是指食品及其相关产品不存在对人体健康现实的或潜在的侵害的一种状态，也指为确保此种状态所采取的各种管理方法和措施。从目前的研究情况来看，在食品安全概念的理解上，国际社会的基本共识是，食品安全是个综合概念，涉及食品卫生、食品质量、食品营养和食物种植、养殖、加工、包装、贮藏、运输、销售、消费等诸多方面。

1.2 食品安全性问题

当前食品安全主要存在以下问题。

（1）食品的污染 食品从农田到餐桌的过程中可能受到各种有害物质的污染。首先是农业种植、养殖业的源头污染严重，除了在农产品生产中存在的超量使用农药、兽药外，日益严重的全球污染对农业生态环境产生了很大的影响。环境中的有害物质导致农产品受到不同程度的污染，特别是有些污染物还可以通过食物链的生物富集、浓缩，导致污染物的浓度增加，引起人类食物中毒。其次是食品生产、加工、储藏、运输过程中的污染严重，既存在由于加工条件、加工工艺落后造成的卫生问题，还存在滥用食品添加剂甚至使用非食品加工用添加物的现象。

（2）食源性疾患 食源性疾患是指通过摄食而进入人体的有毒有害物质（包括生物性病原体）所造成的疾病。一般指感染性和中毒性，包括常见的食物中毒、肠道传染病、人畜共患传染病、寄生虫病及化学性有毒有害物质所引起的疾病。

食源性疾患的发病率居各类疾病总发病率的前列,是当前世界上最突出的卫生问题。因食物中毒仅为食源性疾患的一部分,不能真实地反映因食物不卫生或不安全所造成的危害。因此,国际组织或发达国家已很少使用"食物中毒"这个概念,而改用"食源性疾患"。

(3)食品新技术所带来的问题　食品工程新技术多数与化工、生物以及其他的生产技术领域相结合,对食品卫生的影响有一个认识过程。例如,有关对微波、辐射等技术对食品安全性的影响一直存在争议。被认为有广阔前景的转基因食品,其安全性问题也不可能在短时间内彻底弄清。另外,食品工程新技术所使用的配剂、介质、添加剂及其对食品卫生质量的影响也不能忽视。总之,食品工程新技术可能带来很多的食品安全新课题。

(4)食品标识滥用的问题　食品标识是现代食品不可分割的重要组成部分。各种不同食品的特征及功能主要是通过标识来展示的。因此,食品标识对消费者选择食品的心理影响很大。一些不法的食品生产经营者时常利用食品标识的这一特性,使消费者受骗,甚至身心受到伤害。现代食品标识的滥用比较严重,主要有以下问题:

①伪造食品标识。伪造食品,实际上是伪造食品标识,没有伪造的食品标识,也就无法认定伪造食品。

②夸大食品标识展示的信息,用虚夸的方法展示该食品本不具有的功能或成分。

③食品标识的内容不符合有关法规的规定。

④外文食品标识。进口食品,甚至有些国产食品,利用外文标识,让国人无法辨认。

1.3　加强食品安全管理的重要性

"民以食为天",食品是人类赖以生存的基本要素,食品质量是国家、民族整体素质的重要基础之一,是关系到消费者及其子孙后代的生命健康,关系到生产力发展和社会生产、生活秩序的重要问题,是食品行业的核心问题。加强食品安全工作、提高食品质量具有十分重要的现实意义。食品直接与人们的生活息息相关,食品安全一旦出现问题,消费者首当其冲会受到侵害,例如,摄入不安全的食品,轻者身体不舒服,重者会危及生命。由于不安全食品引起的危害具有涉及面广、隐蔽性强、潜伏期长等特点,因此恶性食品安全事故的发生往往会影响到整个社会的稳定,使人们对社会、对政府产生信任危机,不利于经济的持续健康稳定发展。

当前由于食品安全带来的国际贸易问题也日显突出,例如,发展中国家加入 WTO 以后,取消了关税壁垒,发达国家可以凭借技术领先、设备先进等优势,实施以检测标准为基础的贸易技术性屏障,对食品质量提出更高的要求。目前,中国由于出口食品质量不达标造成的经济损失已达到几百亿元,给生产企业和广大农民造成巨大损失,也在一定程度上损害了国家的国际声誉和国际形象。因此,加强食品质量安全管理工作,不仅有利于保护人民健康,也有利于促进农业和食品工业的发展,提高国家的国际竞争力。

1.4　保证食品安全的措施与对策

1.4.1　中国食品质量监控体系和质量保障体系存在的问题

因为食品安全和追踪惩罚的法令制度不健全或者徇私舞弊,导致食品安全事故的危害继续扩大。从理论以及发达国家食品安全监管的改革实践看,食品安全监管无疑趋向于专业化、公正性和独立性。国外食品安全监管制度和体系的变迁,很大程度上源于外部环境的变化,包括社会、经济和技术的变化,一系列食品安全危机最后进一步形成监管变革的动力机制。近几年来,我国在食品安全立法和组织体系建设方面做出了巨大的努力,但由于监管模式不清晰和法制松弛,尚未对食品安全事故频发的现象产生实质性的遏制作用。中国食品质量监控体系和质量保障体系存在如下问题。

(1)法律法规、标准缺乏完整性,食品质量的检测体系、认证体系不完善　食品质量的法律法规、标准是监控体系的基石。中国现行食品安全法律体系并非以食品安全为目的精心构建而成,而是随着社会、经济的发展逐步自发形成的结果。获得各国一致认可的确保食品安全的法律原则和制度,例如,整体性原则、预防性原则、风险分析原则、科学原则、可追溯制度、召回制度等,并没有被完整地贯穿到现有食品安全法律体系中。而且,很多应当以食品安全来统领的法律制度,并没有把食品安全作为立法目的来统领。虽然现今有了《食品安全法》《质量安全法》《标准化法》《进出口商品检验法》等法规,但这些法律法规还存在着诸多不适应。现行食品产品卫生标准的覆盖面不广,常发生国外提出某项安全限量标准技术壁垒后,我们才开始被动地着手建立相关标准,这种局面给中国农产品在国际市场上的形象和产品竞争力带来了很大的负面影响。

(2)尚未建立有效的食品安全和质量可追溯性制度　行之有效的跟踪体制和"快速预警系统"不仅是查明食品安全问题来源的有效的途径,也是参与全球竞争、应对技术壁垒的需要。而中国至今尚未建立有效的食品安全和质量可追溯性制度,成为制约中国食品安全有效监控的瓶颈之一。

(3)食品管理职能缺乏法制化,质量管理机构分散　迄今,中央人民政府食品安全管理职能尚缺乏法制化,食品质量管理机构分散、食品安全公共管理部分职能缺失。国家食品药品监督管理局局长郑筱萸认为,中国在食品管理上形成了多部门管理格局,而且不同部门仅负责食品链的不同环节。这样导致职责不清、政出多门、相互矛盾、管理重叠和管理缺位现象突出。为了更好地协调各部门的食品安全管理工作,国家成立了国家食品药品监督管理局,但仍然没有从根本上解决部门职能交叉、职责不清、管理重叠和管理缺位等问题。

(4)食品安全科技成果和技术储备不足　国内外研究报告指出,长期以来,中国的食品科技体系主要是围绕解决食物供给数量而建立起来的,对于食品安全问题的关注相对较少。目前还没有广泛地应用与国际接轨的危险性评估技术,与发达国家相比,中国现行食源性危害关键检测技术和食品安全控制技术仍然比较落后,清洁生产技术和产地环境净化技术缺乏且没有得到广泛应用,导致环境污染比较严重。

(5)缺少知识全面的监督管理队伍　中国的食品安全的监督管理已有五十多年的历程,据统计,现在的卫生监督以及有关的技术人员有二十多万人。但是名副其实的专业技术人员并不多,甚至是缺乏,特别是缺乏县一级的执行卫生标准的专业技术人员。这就导致许多技术问题的处理过于简单,监督力度不够。

1.4.2　保证食品安全的措施与对策

(1)全面构建食品安全和质量监控体系　建立和强化一个适应市场经济发展、切合中国特点且与国际接轨的食品安全质量管理体系。食品安全和质量监控体系应覆盖一个国家所有食

3

品的生产、制造过程和市场行为，包括进口食品。监控体系涉及整个食品链，具有整体性、预防性和教育性三大特性，包括食品法规与标准、食品控制管理、监管、实验室、信息、教育、交流和培训等。应建立和完善食品污染与监测信息系统、食源性（化学性和生物性）疾病的预警与控制系统，尤其是开发多残留快速和标准化的食品安全检测技术与方法的研究，加快现代新技术的应用，如基因芯片技术可显著提高食源性疾病的病原体检测和溯源能力，是有效控制生物性食源性疾病的关键技术。

(2)完善和建立食品质量的安全法规和标准体系　在健全食品质量安全法规方面，借鉴发达国家的成功经验的同时，应进一步完善现有的法律法规，如增加《标准化法》《产品质量法》中食品安全和质量方面的内容和条款；尽快制定至今尚属空白的法律法规，如重要食品的检验法以及食品生产、包装和贮存的良好操作规范等。加强区域、横向范围的立法。在健全食品质量安全标准方面，要调整标准体系结构，加快食品标准的修订，建立食品标准，制定程序。在风险性分析的基础上，进行食品安全标准的基础研究，积累食品安全标准的基础数据，加强标准的基础性研究，建立档案，实施标准化战略，全面清理现行食品标准，解决标准之间的交叉、重复和矛盾问题，提高标准的科学性和合理性。

(3)加强对风险性分析和食品安全控制技术研究，完善食品安全检测体系和监控方法　风险性分析是WTO和国际食品法典委员会（CAC）强调的用于制定食品安全技术措施（法律、法规和标准及进出口食品的监督管理措施）的必要技术手段，也是评估食品安全技术措施有效性的重要手段。中国现有的食品安全技术措施与国际水平存在差距的重要原因之一，就是没有广泛地应用风险性分析技术，进行化学性和生物危害性的暴露评估和定量危险性评估。中国应加强风险性评估科学方法研究，充分利用国际数据、专业知识以及国际上一致公认的方法获得数据。同时，建立适合中国国情的风险性分析的模式和方法。加强食品安全控制技术研究，在原料基地生产、加工配送、市场流通全过程中全面建立和推行良好农业规范（GAP）、良好兽医规范（GVP）、良好生产规范（GMP）和风险性分析关键控制点（HACCP）等各种操作规范，结合中国国情制定覆盖各行业的HACCP指导原则和评价标准。食品生产企业要积极推广和采用HACCP及ISO 9000、ISO 14000等国际标准体系，实行从食品原料的种植、养殖到食品生产全过程的各种危险因素的控制和管理。

(4)尽快建立食品安全和质量可追溯性制度　借鉴目前欧盟、美国、日本等发达国家的成功经验，规定食品在生产、加工等各阶段必须确立可追溯性系统，以及所有食品经营部门都要进行强制性注册。尽快采用UCC/EAN-128条码符号、GLN（全球位置码）对食品链全过程中的产品及其属性信息、参与方信息等进行有效的标识，进行追溯，准确确定问题出现的环节。进一步建立和完善中国出口食品安全管理的法律法规体系，全面实施农产品认证制度。

(5)制定先进的工艺流程，调制营养卫生的配方，建立良好的技术装备规程　提高企业检测装备的技术水平和检测质量水平，特别是要对那些关系产品质量安全的重点工序，加强防范，采取有力措施，提高食品安全水平。食品生产企业还要通过提升食品生产的技术装备，改进工艺操作和检验手段，加强食品原料、制造加工、贮运和流通过程的食品安全控制，加强从业人员的职业素质和道德准则，生产出安全的食品。

(6)建立、完善和保障食品安全的行业自律机制　在2012年全国食品安全宣传周活动中，李克强总理曾指出，食品安全是事关每个家庭、每个人的重大基本民生问题，必须在加强监管、坚决严厉依法打击食品安全违法犯罪的同时，着力提升整个食品行业的道德诚信素质，这是实现食品安全形势持续稳定好转的根本基础。因此,着力加强食品行业从业者的道德诚信素质,建立、完善和保障食品安全的行业自律机制,是确保中国食品安全的又一重要举措。如签订工商部门和食品经营者责任书,达到强化食品经营者的自律意识目的;建立"企业自律、工商监管、社会监督"三位一体的监管模式,努力营造公平公正、健康有序的市场秩序和消费环境。

(7)组建由各学科专家和相关各政府职能部门成员组成的食品安全委员会,制定食品安全政策,强化立法监督体系 国家的食品安全控制不是单独某一个部门能搞好的,而是一项需要有多个政府部门共同负责的长期任务。所以要组建由各学科学者专家和相关各政府职能部门成员组成食品安全委员会,为政府制定食品安全政策,强化立法监督体系提供建议,为企事业单位培训食品安全管理人才和提出食品安全保障机制,通过调查评估食品安全状况并提出改进措施。

2 质量管理

2.1 质量的基本概念

质量常被定义为产品或工作的优劣程度。在经济全球化和我国加入 WTO 的今天,我们应该按国际标准 ISO 8402:1994 来讨论质量和质量管理的基本概念。本文中引自标准的文字都加了" "表示。

2.1.1 质量的定义

质量的定义是"反映实体满足明确和隐含需要的能力的特性之总和"。

定义中的"实体"是指"可单独描述的研究的事物",实体可以是产品、活动和过程,也可以是组织、体系或人,还可以是上述各项的组合。定义中的"需要",是指顾客的需要,也可指社会的需要及第三方如政府主管部门、质量监督部门、消费者协会等的需要。"明确需要"包括以合同契约形式规定的顾客对实体提出的明确要求以及标准化、环保和安全卫生等法规规定的明确要求。"隐含"是不言自明、心照不宣的意思。"隐含需要"是指顾客或社会对实体的期望,虽然没有通过一定形式给以明确的要求,却是人们普遍认同的无须事先申明的需要。因此供方必须比照国内外的先进标准和通过市场调研了解顾客或社会有哪些期望。

定义中派生的术语"产品"可以是有形的(如零部件、流程性材料等),也可以是无形的(如知识产权、服务等)。因此产品可分为 4 类:①硬件,即具有特定形状可分离的有形产品;②流程性材料,即把原材料转化成有形的待加工的半成品;③软件,即以承载媒体的表达形式的信息知识;④服务,即供方为满足顾客需要而提供的活动。

定义中派生的术语"组织"是指"具有其自身职能和行政管理的公司、集团公司、商行、企事业单位或社团或其组成部分,不论其性质是股份制、公营还是私营的"。

定义中派生的术语"顾客"是指"供方提供产品的接受者",顾客既可以是组织内部的,也可以是组织外部的;既可以是采购方,也可以是最终消费者、使用者或受益者。

定义中派生的术语"供方"是指"向顾客提供产品的组织"。在合同情况下,供方称为"承包方"。供方既可以是组织内部的,也可以是组织外部的;既可以是生产者、组装者,也可以是进口商、批发商、服务组织。

2.1.2 质量特性

质量特性是指产品所具有的满足用户特定(明确和隐含的)需要的,能体现产品使用价值的,有助于区分和识别产品的,可以描述或可以度量的基本属性。

不同种类的产品具有不同的质量特性。根据产品的种类,可分为有形产品质量特性、服务质量特性、过程质量特性和工作质量特性 4 类。

2.1.2.1 有形产品的质量特性

有形产品质量特性包括功能性、可信性、安全性、适应性、经济性和时间性 6 个方面。这 6 个方面的综合水平能反映出有形产品的内在质量特性,体现产品的使用价值。

(1)功能性 指产品满足使用要求所具有的功能。功能性包括外观功能和使用功两个方面。外观功能包括产品的状态、造型、光泽、颜色、外观美学等。食品对外观功能的要求很高。外观美学价值往往是消费者在决定购买时首要的决定因素。使用功能包括食品的营养功能、感官功能、保健功能、包装物的保藏功能等。

(2)可信性 指产品的可用性、可靠性、可维修性等,即产品在规定的时间内具备规定功能的能力。一般来说,食品应具有足够长的保质期。在正常情况下,在保质期内的食品具备规定的功能。有良好品牌的产品一般有较高的可信度。

(3)安全性 指产品在制造、贮存、流通和使用过程中能保证对人身和环境的伤害或损害控制在一个可接受的水平。食品作为一个产品,它的安全性是内在质量特性的首位。食品安全管理体系应确保整个食品链直至消费者的食品安全性。例如在使用食品添加剂时应按照规定的使用范围和用量,才能保证食品的安全性。同样,产品对环境也应是安全的,企业在生产产品时应考虑到产品及其包装物对环境造成危害的风险。

(4)适应性 指产品适应外界环境的能力。外界环境包括自然环境和社会环境。企业在产品开发时应使产品能在较大范围的海拔、温度、湿度下使用。同样也应了解使用地的社会特点,如政治、宗教、风俗、习惯等因素,尊重当地人民的宗教文化,切忌触犯当地社会和消费者的习俗,引起不满和纠纷。

(5)经济性 指产品对企业和顾客来说经济上都是合算的。对企业来说,产品的开发、生产、流通费用应低。对顾客来说,产品的购买价格和使用费用应低。经济性是产品市场竞争力的关键因素。经济性差的产品,即使其他质量特性再好也卖不出去。

(6)时间性 指在数量上、时间上满足顾客的能力。顾客对产品的需要有明确的时间要求。许多食品的生命周期很短,只有敏锐捕捉顾客需要,及时投入批量生产和占领市场的企业才能在市场上立足。对许多食品来说,时间就是经济效益,如早春上市的新茶、鲜活的海鲜等。

2.1.2.2 服务质量的质量特性

服务质量是指服务满足明确和隐含需要的能力的总和。

定义中的服务包括服务行业(交通运输、邮电通信、商业、金融保险、饮食宾馆、医疗卫生、文化娱乐、仓储、咨询、法律)提供的服务,也包括有形产品在售前、售中和售后的服务,以及企业内部上道工序对下道工序的服务。在后一种情况,无形产品伴生在有形产品的载体上。

服务质量的质量特性有功能性、经济性、安全性、时间性、舒适性和文明性 6 个方面。

（1）功能性　指服务的产生和作用,如航空餐饮的功能就是使旅客在运输中得到便利安全的食品。

（2）经济性　指为了得到服务,顾客支付费用的合理程度。

（3）安全性　指供方在提供服务时保证顾客人身不受伤害、财产不受损失的程度。

（4）时间性　指提供准时、省力服务的能力。餐饮外卖时准时送达是非常重要的服务质量指标。

（5）舒适性　指服务对象在接受服务过程中感受到的舒适程度,舒适程度应与服务等级相适应,顾客应享受到他所要求等级的尽可能舒适的规范服务。

（6）文明性　指顾客在接受服务过程中精神满足的程度,服务人员应礼貌待客,使顾客有宾至如归的感觉。

2.1.2.3　过程质量的质量特性

质量的形成过程包括开发设计、制造、使用、服务 4 个子过程,因此过程质量是指这 4 个子过程满足明确和隐含需要的能力的总和。保证每一个子过程的质量是保证全过程的质量的前提。

（1）开发设计过程　指从市场调研、产品构思、试验研制到完成设计的全过程。开发设计过程的质量是指所研制产品的质量符合市场需求的程度。因此开发部门首先必须进行深入地市场调研,提出市场、质量、价格都合理的产品构思,并通过研制形成具体的产品固有质量。

（2）制造过程质量　指按产品实体质量符合设计质量的程度进行衡量。

（3）使用过程质量　指产品在使用过程中充分发挥其使用价值的程度。

（4）服务过程质量　指用户对供方提供的技术服务的满意程度。

2.1.2.4　工作质量的质量特性

工作质量是指部门、班组、个人对有形产品质量、服务质量、过程质量的保证程度。良好的工作质量取决于正确的经营、合理的组织、科学的管理、严格可行的制度和规范,操作人员的质量意识和知识技能等因素。

2.1.3　质量观

质量观随着社会的进步和生产力的发展而演变,可分为符合型质量观和用户型质量观两种观念。

（1）符合型质量观　符合型质量观以产品是否符合设计要求来衡量产品的质量,认为符合设计标准,就应该视为优质。但符合型质量观是流水线工业生产的产物,流水线工业生产制定了各工序的质量规范、标准和技术参数,并以此控制整个生产过程,实现了连续性和高速度,降低了生产成本,适应了社会生产力快速发展和商品经济初级阶段消费者对质量的低层次需要。符合型质量观主要站在供方的立场上考虑问题,较少顾及生产者和用户之间对产品质量在认识上的差异。

（2）用户型质量观　用户型质量观由美国质量管理学家朱兰提出,他认为质量就是适用性,因此用户型质量观也叫适用性质量观。产品的质量最终体现在它的使用价值上,因此不能单纯以符合标准为中心,而应该以用户为中心,以用户满意为最高原则,把"用户第一"的思想贯穿于产品开发设计、生产制造和销售服务的全过程。后来,日本质量管理学家田口玄一进一步发展了用户型质量观,认为质量取决于产品出厂后给用户和社会带来损失的大小,进一步体现了以用户为中心的思想。

用户型质量观是市场经济发展较成熟和社会生产力高度发展阶段的产物,体现了在买方市场条件下,供方意识到唯有以用户为中心才能满足用户的质量要求,才能赢得市场。

2.2 质量管理的基本概念

质量管理是"确定质量方针、目标和职责并在质量体系中通过诸如质量策划、质量控制、质量保证和质量改进使其实施的全部管理职能的所有活动"。

该定义中的术语分别定义如下:

(1)质量方针　质量方针是指"由本组织管理层正式发布的该组织总的质量宗旨和质量方向"。质量方针是本组织较长期的有关质量的指导原则和行动指南,是各职能部门全体人员质量活动的根本准则,具有严肃性和相对稳定性。质量方针应当明确、重点突出,具有激励性。

质量目标是根据质量方针制定的明确可行的具体指标。组织内各部门各人员都应明确自己的职责和质量目标,并为实现该目标而努力。

(2)质量体系　质量体系是"为实施质量管理所需的组织结构、程序、过程和资源"。

定义中的组织结构是指"组织行为使其职能按某种方式建立的职责、权限及其相互关系",包括各级领导的职责权限、质量机构的建立与分工、各部门的职责权限、各部门的职责权限及其相互关系框架、质量工作的网络架构、质量信息的传递架构等。

定义中的程序是指"为进行某项活动所规定的途径"。

质量体系是质量管理的核心和载体,是组织的管理能力和资源能力的集合。质量体系有两种形式:质量管理体系和质量保证体系。质量管理体系是组织根据或参照 ISO 9004 标准提供的指南所构建的,用于内部质量管理的质量体系。而质量保证体系则是供方为履行合同或贯彻法令向供方或第三方提供的证明材料。毫无疑问,质量保证体系的基础是质量管理体系。

食品安全质量体系也可分为食品安全质量管理体系(或者称为食品安全监管体系)和食品安全质量保证体系。食品安全质量保证体系又可以细分为食品安全支持体系(如法律法规等)和食品安全过程控制体系(如 GAP、GMP、HACCP 等)。

(3)质量策划　质量策划是指"确定质量目标以及采用质量体系要素的活动"。质量策划包括收集、比较顾客的质量要求、向管理层提出有关质量方针和质量目标的建议、从质量和成本两方面评审产品设计、制定质量标准、确定质量控制的组织机构、程序、制度和方法、制定审核原料供应商质量的制度和程序、开展宣传教育和人员培训活动等工作内容。

(4)质量控制　质量控制是"为达到质量要求所采取的作业技术和活动"。"作业技术"包括专业技术和管理技术,是质量控制的主要手段和方法的总称。"活动"是运用作业技术开展的有计划、有组织的质量职能活动。

质量控制的目的"在于监视过程并排除质量环节所有阶段中导致不满意的原因,以取得经济效益"。质量控制一般采取以下程序:①确定质量控制的计划和标准;②实施质量控制计划和标准;③监视过程和评价结果,发现存在的质量问题及其成因;④排除不良或危害因素,恢复至正常状态。

(5)质量改进　质量改进是指"为向本组织及其顾客提供更多的效益,在整个组织所采取的旨在提高活动和过程的效益和效率的各种措施"。

质量改进的程序是计划、组织、分析诊断、实施改进,即在组织内制订计划,发现潜在的或现存的质量问题,寻找改进机会,提出改进措施,提高活动的效益和效率。

(6)质量保证　质量保证是指"为了提供足够的信任表明有实体能够满足质量要求,而在质量体系中实施并根据需要进行证实的全部有计划和有系统的活动"。也就是说,组织应建立有效的质量保证体系,实施全部有计划有系统的活动,能够提供必要的证据(实物质量测定证据和管理证据),从而得到本组织的管理层、用户、第三方(政府主管部门、质量监督部门、消费者协会等)的足够的信任。

质量保证可分为内部质量保证和外部质量保证两种类型。内部质量保证取信于本组织的管理层,外部质量保证取信于需方。

(7)质量管理基本概念之间的关系　质量管理涵盖了质量方针、质量体系、质量控制和质量保证等内容。其中质量方针是管理层对所有质量职能和活动进行管理的指南和准则。而质量体系是质量管理的核心,对组织、程序、资源都进行了系统化、标准化和规范化的管理和控制。质量控制和质量保证则是在质量体系的范围和控制下,在组织内采取的实施手段。质量保证对内取得管理层的信任,为内部质量保证,对外取信于需方则为外部质量保证。

2.3　质量管理的发展历程

管理是生产关系,是随着生产力的发展而发展的。在人类生产关系发展的历史上,质量管理可分成以下 5 个阶段。

(1)操作者的质量管理　在生产较不发达时,产品的生产方式以手工操作为主,产品的质量依赖于操作者的技艺和经验,称为操作者的质量管理。我国至今仍有许多以操作者命名的老字号,说明操作者技艺和经验确保了产品具有值得信赖的质量,说明这种质量管理方式对于小规模、手工作坊方式、简单产品来说仍然具有生命力。

(2)工长和领班的质量管理　19 世纪初,随着生产规模的扩大和生产工序的复杂化,操作者的质量管理就越来越无法适应,因此建立起工长的质量管理,由各工序的工长负责质量检验和把关。

(3)检验员的质量管理　第一次世界大战期间,工业化大生产出现,工厂变得很复杂,工长指定专人负责产品检验,最后发展到把检验从生产中独立出来,形成制定标准、实施标准(生产)、按标准检验的三权分立。我国官窑专设握有重权的检验人员,确保皇上使用的瓷器具有绝对高的质量,稍有瑕疵,一律毁掉。这种质量管理方式属于事后把关,检查发现残次品,对生产者来说已经造成了无可挽回的损失,全数检验也增加了质量成本。

(4)统计质量管理阶段　统计质量管理形成于 20 世纪 20 年代,完善于 40 年代第二次世界大战时,以 1924 年美国 Shewart 研制第一张质量控制图为标志。1950 年,美国专家 W. E Deming 到日本推广品质管理,使统计质量管理趋于完善。其主要特点是:事先控制,预防为主,防检结合。把数理统计方法应用于质量管理,建立抽样检验法,改变全数检验为抽样检验。制订公差标准,保证批量产品在质量上的一致性和互换性。统计质量管理促进了工业的发展,特别是军事工业的发展,保证了规模工业生产产品的质量。统计质量管理对制造业的发展起了巨大的推动作用,做出了历史性的贡献。但只关注生产过程和产品的质量控制,没有考虑影响质量的全部因素。

（5）全面质量管理阶段　20 世纪 60 年代以后,生产力迅速发展,科学技术迅猛提高,高新技术不断涌现,市场对品种、质量、服务的要求越来越高,促使了全面质量管理理论的形成与发展。全面质量管理(total quality control, TQC)是"一个组织以质量为中心,以全员参与为基础,目的在于通过让顾客满意和本组织所有成员及社会受益而达到长期成功的管理途径。"我国质量管理协会也给以相近的定义:"企业全体职工及有关部门同心协力,综合运用管理技术、专业技术和科学方法,经济地开发、研制、生产和销售用户满意产品的管理活动。"

（6）全公司质量管理和全集团质量管理　日本在 20 世纪 90 年代实行全公司质量管理(CWQM),认为必须结合全公司或全集团每一个部门的每一个员工,通力合作,构成涵盖配套企业、中心企业、销售企业的庞大的体系,达成共识,对每一环节实行有效管理。

（7）零缺陷质量管理　20 世纪 60 年代美国军工企业在生产导弹时,提出零缺陷概念,即所有生产过程都以零缺陷为质量标准。每个操作者都要通过不懈的努力做到第一次做就完全做对。随着制造设备越来越精良和市场竞争的加剧,各行各业对产品都提出了"超严质量要求",零缺陷质量管理有如下要求:①所有环节都不得向下道环节传送有缺陷的决策、信息、物资、技术或零部件,企业不得向市场和消费者提供有缺陷的产品与服务;②每个环节每个层面都必须建立管理制度和规范,按规定程序实施管理,责任落实到位,不允许存在失控的漏洞;③每个环节每个层面都必须有对产品或工作差错的事先防范和事中修正的措施,保证差错不延续并提前消除;④在全部要素管理中以人的管理为中心,完善激励机制与约束机制,充分发挥每个员工的主观能动性,使之不仅是被管理者,而且是管理者,以零缺陷的主体行为保证产品、工作和企业经营的零缺陷;⑤整个企业管理系统根据市场要求和企业发展变化及时调整、完善,实现动态平衡,保证管理系统对市场和企业发展有最佳的适应性和最优的应变性。

3　食品质量安全管理

食品工业是人类的生命产业,是一个最古老而又永恒不衰的产业。世界食品产业是世界制造业的第一大产业。我国有 13 亿多人口,应当成为食品工业的大国和强国。发展食品工业是我国经济发展的一大战略。

食品是指各种供人食用或者饮用的成品和原料以及按照传统既是食品又是药品的物品,但是不包括以治疗为目的的物品。食品是国民经济重要的行业,是国内第二大支柱产业。食品产业链特长,包括农业领域的食用农产品生产(约 3 万亿元,2008 年数据)、工业领域的食品加工(约 7.8 万亿元,2011 年数据)、服务领域的食品物流(约 1.2 万亿元,2008 年数据)和餐饮业(约 2.0 万亿元,2011 年数据),合计约 14.0 万亿元(其中不乏有重复计算之虑)。食品相关行业还包括食品的包装材料和容器、食品生产经营的工具、设备、食品的洗涤剂、消毒剂等。

3.1　食品质量安全管理概述

食品质量是反映食品满足感官、营养和安全明确需要的和隐含需要的能力的特性之总和。食品质量包括食品感官质量、营养质量和安全质量。众所周知,食品安全质量是食品质量的核心。

食品质量和安全管理是质量管理的理论、技术和方法在食品加工和贮藏过程中的应用。食品质量和安全管理就是为保证和提高食品生产的产品质量或工程质量所进行的调查、计划、组织、协调、控制、检查、处理及信息反馈等各项活动总称,它是食品工业企业管理的中心环节。食品质量和安全管理是一种被广泛认可的科学有效的管理方法,它具有全面性、系统性、长期性和科学性的特点。

食品是一种对人类健康有着密切关系的特殊有形产品,它既符合一般有形产品质量特性和质量管理的特征,又具有其独有的特殊性和重要性。因此食品质量和安全管理也有一定的特殊性。

(1)食品质量和安全管理在空间和时间上具有广泛性　食品质量和安全管理在空间上包括田间、原料运输车辆、原料贮存车间、生产车间、成品贮存库房、运载车辆、超市或商店、运输车辆、冰箱、再加工、餐桌等环节的各种环境。在时间上食品质量和安全管理包括 3 个主要的时间段:原料生产阶段、加工阶段、消费阶段,其中原料生产阶段时间特别长。人们对加工期间的原料、在制品和产品的质量和安全管理和控制能力较强,而对原料生产阶段和消费阶段的质量和安全管理及其控制能力往往鞭长莫及。

(2)食品质量和安全管理的对象具有复杂性　食品原料包括植物、动物、微生物等。许多原料在采收以后必须立即进行预处理、贮存和加工,稍有延误就会变质或丧失加工和食用价值。而且原料大多为具有生命机能的生物体,必须控制在适当的温度、气体分压、pH 等环境条件下,才能保持其鲜活的状态和可利用的状态。食品原料还受产地、品种、季节、采收期、生产条件、环境条件的影响,这些因子都会很大程度上改变原料的化学组成、风味、质地、结构,进而改变原料的质量和利用程度,最后影响到产品的质量。因此,食品质量管理对象的复杂性增加了食品质量管理的难度,需要随原料的变化不断调整工艺参数,才能保证产品质量的一致性。

(3)在有形产品质量特性中安全性必须放在首位　食品的质量特性同样包括功能性、可信性、安全性、适应性、经济性和时间性等主要特性,但其中安全性始终放在首要考虑的位置。一个食品产品其他质量特性再好,只要安全性不过关则就丧失了作为产品和商品存在的价值。1996 年,世界卫生组织在《加强国家级食品安全性指南》中明确规定,食品安全性是对食品按其用途进行制作或食用时不会使消费者受害的一种担保。《中华人民共和国食品安全法》(以下简称《食品安全法》)也规定,食品安全是指食品无毒、无害,符合应当有的营养要求,对人体健康不造成任何急性、亚急性或者慢性危害。

(4)在食品质量和安全监测控制方面存在着相当的难度　质量和安全检测控制常采用物理、化学和生物学测量方法。在电子、机械、医药、化工等行业中,质量检测的方法和指标都比较成熟。食品的质量检测则包括化学成分、风味成分、质地、卫生等方面的检测。感官指标和理化指标的检测往往要借用评审小组或专门仪器来完成。食品卫生的常规检验一般采用细菌总数、大肠菌群、致病菌作为指标,而细菌总数检验技术较落后,耗时长,大肠菌群检验既烦琐又不科学,致病菌的检验准确性欠佳。

(5)食品质量和安全管理对产品功能性和适用性有特殊要求　食品的功能性除了内在性能、外在性能以外,还有潜在的文化性能。文化性能包括民族、宗教、文化、历史、习俗等特性。因此在食品质量管理上还要严格尊重和遵循有关法律、道德规范、风俗习惯的规定,不得擅自做更改。例如,清真食品在加工时有一些特殊的程序和规定,也应列入相应的食品质量管理的范围。许多食品适应于一般人群,但也有部分食品仅仅针对一部分特殊人群,如婴幼儿食品、孕妇食品、老年食品、运动食品等。政府及主管部门对特殊食品制定了相应的法规和政策,建立了审核、检查、管理、监督制度和标准,因此特殊食品质量管理一般都比普通食品有更严格的要求和更高的监管水平。

3.2 食品质量管理的主要研究内容

食品质量管理包括 4 个主要研究方向:质量管理的基本理论和基本方法,食品质量管理的法规与标准,食品安全的质量控制,食品质量检验的制度和方法。

3.2.1 质量管理的基本理论和基本方法

食品质量管理是质量管理在食品工程中的应用。因此质量管理学科在理论和方法上的突破必将深刻影响到食品质量管理的发展方向。相反,食品质量管理在理论和方法上的进展也会促进质量管理学科的发展,因为食品工业是制造业中占据重要份额且发展最快的行业。

质量管理基本理论和基本方法主要研究质量管理的普遍规律、基本任务和基本性质,如质量战略、质量意识、质量文化、质量形成规律、企业质量管理的职能和方法、数学方法和工具等。质量战略和质量意识研究的任务是探索适应经济全球化和知识时代的现代质量管理理念,推动质量管理上一个新的台阶。企业质量管理重点研究的是综合世界各国先进的管理模式,提出适合各主要行业的行之有效的规范化管理模式。数学方法和工具的研究正集中于超严质量管理控制图的设计方面。

3.2.2 食品质量和安全法规与标准

食品质量和安全法规与标准是保障人民健康的生命线,是各行各业生产和贸易的生命线,是企业行为的依据和准绳,因而食品质量和安全法规与标准的研究受到特别的重视。世界各国政府已经认识到,在经济全球化时代,食品质量和安全管理必须走标准化、法制化、规范化管理的道路。国际组织和各国政府制定了各种法规和标准,旨在保障消费者的安全和合法利益,规范企业的生产行为,防止出现疯牛病、三聚氰胺等恶性事件,促进企业的有序公平竞争,推动世界各国的正常贸易,避免不合理的贸易壁垒。

对于我国政府、企业和人民来说,食品质量和安全法规与标准更有着重要的现实意义。我国社会主义市场经济正处于建立、逐步完善和发展阶段,法制建设也处于完善发展阶段,企业在完成原始积累以后正朝着现代企业目标前进,生活水平得到提高的广大人民群众十分强烈地关注食品质量问题,特别是食品的安全质量问题。2008 年,实施的《食品安全法》正是国家、企业和人民的期盼中产生的。

食品质量和安全法规与标准从世界范围看有国际组织的、世界各国的和我国的 3 个主要部分。国际组织和发达国家的食品质量和安全法规与标准是我国法律工作者在制定我国法规与标准时的重要参考和学习对象,食品出口企业在组织生产时也应严格遵照出口对象国的法规与标准进行目标管理,即使内销企业也可同等采用国际标准,提高企业的管理水平和国际竞争力。中国在加入 WTO 以后正在全力组织研究食品法典委员会 CAC、世界贸易组织、国际乳品联合会 IDF、国际葡萄与葡萄酒局 IWO 等国际组织及美国、加拿大、日本、欧盟、澳大利亚等国(地区)的食品法规与标准。为适应市场经济和国际贸易的新形势,我国正在大幅度地制定新的法规标准和修改原有的法规标准,这就要求企业和学术界紧跟形势,重新学习,深入研究。

3.2.3　食品安全的质量控制

食品安全管理是一个系统工程,可分为食品安全监管体系、食品安全支持体系和食品安全过程控制体系。食品安全监管体系包括机构设置、明确责任等。食品安全支持体系包括食品安全法律法规体系、安全标准体系、认证体系、检验检测体系、信息交流和服务体系、科技支持体系及突发事件应急反应机制等。食品安全过程控制体系包括农业良好生产规范 GAP、加工良好生产规范 GMP、关键点控制 HACCP 等。食品良好操作规范(GMP)是食品企业自主性的质量保证制度,是构筑 HACCP 系统和 ISO 9000 标准系列的基础。HACCP 系统是在严格执行 GMP 的基础上通过危害风险分析,在关键点实行严格控制,从而避免生物的、化学的和物理的危害因素对食品的污染。ISO 9000 标准系列是更高一级的管理阶段,包含了 GMP 和 HACCP 的主要内容,体现了系统性和法规性,已成为国际通用的标准和进入欧美市场的通行证。

3.2.4　食品质量和安全检验的制度方法

食品质量和安全检验是食品质量控制的必要的基础工作和重要的组成部分,是保证食品卫生与安全和营养风味品质的重要手段,也是食品生产过程质量控制的重要手段。食品质量和安全检验主要研究确定必要的质量检验机构和制度,根据法规标准建立必需的检验项目,选择规范化的切合实际需要的采样和检验方法,根据检验结果提出科学合理的判定。

3.3　食品质量和安全管理的地位和作用

从 21 世纪开始,我国进入全面建设小康社会,加快推进社会主义现代化的新的发展阶段。今后 5~10 年,是我国经济和社会发展的重要时期,是进行经济结构战略性调整的重要时期,也是完善社会主义市场经济体制和扩大对外开放的重要时期。国民经济的高速发展,经济结构的战略调整,都离不开经济增长、质量和效益的提高,离不开国民经济整体素质的提高,离不开工业、农业、服务业产品质量的提高。

农业和农村经济结构的调整必须走农民按市场需求生产优质的农产品的道路。所谓优质农产品就是符合食品和质量标准的适于加工或食用的营养丰富的农产品。因此农业的产业和现代化也离不开食品质量和安全管理。

我国的工业结构优化升级要以市场为导向,以技术进步为支撑,以提高产品质量为核心。食品工业等传统产业在提升产业技术水平的同时应不断提高食品质量和安全管理水平。三鹿集团的三聚氰胺奶粉事件对每个食品企业来说,都是一个很好的反面材料。

不断提高城乡居民的物质和文化生活水平,是发展经济的出发点和归宿,也是扩大内需、保证经济持续增长的动力。食品质量和安全管理牵涉到居民的消费安全,牵涉到居民的物质和文化生活水平,牵涉到全民健康水平。

食品质量和安全管理与食品的国际贸易关系极大。加强食品质量和安全管理有助于企业按国际通用标准生产出高质量的产品。海关等部门依照我国的法规对进口食品质量和安全进行严格管理,对保护我国人民的健康是必不可少的。在进入 WTO 以后,我国的对外贸易经常面对进口对象国的贸易技术壁垒。我们一方面要加强食品质量和安全管理,提高出口食品的质量和安全水平,促进食品出口;另一方面也要提高我们的检测检验水平,提供有力的质量保证,推动食品的出口。

总之,食品质量和安全管理对国民经济和人民生活关系极大,必须引起政府、农户和企业、全社会的关注和重视,共同努力,确保我国的食品安全和高品质。

3.4 我国食品质量安全管理工作的展望

(1)食品质量和安全管理将越来越受到重视 加强食品质量和安全管理是全球化企业的需要。历史证明,黄金十年,中国在制造行业已经取得成功,积累了很好的质量管理和技术专长,涌现了很多质量管理人才。中国企业必须有更差异化的优质产品和服务,进一步整合形成行业中的领军性公司,成为一个全球化的企业。

加强食品质量和安全管理是产业进化的需要。当前,我国正处于产业升级的潮流之中,从传统产业到自主创新产业,从粗放型到节约型,从汗水型到智慧型,从劳动力密集型到技术密集型,从市场竞争型到质量竞争型,我们更要注重质量管理。

加强食品质量和安全管理是广大人民群众的要求。随着我国经济的增长,随着我国食品质量管理的整体水平逐年提高,我国对食品质量和安全管理方面的人才需求将随之增长。我国人民生活水平的提高,对食品的要求将不再停留在吃饱吃好,进一步向安全、卫生、营养、快捷等方面提出要求。国内外食品贸易的增长也要求加强对食品的质量和安全的监督、管理的力度。

(2)食品质量和安全管理将加快法制化进程 我国已有符合我国国情的食品法规,如《食品安全法》和《农产品安全法》,随着我国法制化建设进程,我国将逐步完善食品质量与安全的法律法规,建立健全管理监督机构,完善审核、管理、监督制度,制定农产品及其加工品的质量安全控制体系和标准系统,对破坏食品质量安全的违法经营行为将增大打击力度。我国的法规标准将与国际先进水平进一步接轨,有逐步趋同的走势。

(3)食品质量和安全管理的理论建设走向成熟 食品质量管理将随着食品工业和国际食品贸易的发展而逐步成熟完善。食品质量管理领域的教育和科研队伍不断壮大,学术水平将不断提高,从事食品质量安全管理的人才将大幅度增加。

【案例分析】

案例1 "三聚氰胺奶粉"导致婴幼儿泌尿系统结石案

【事件回放】2008 年 3 月,南京儿童医院把 10 例婴幼儿泌尿结石样本送至该市鼓楼医院泌尿外科进行检验,而据悉这些患病婴幼儿均曾食用三鹿集团所生产的三鹿婴幼儿奶粉,三聚氰胺奶粉事件开始浮出水面。三鹿牌婴幼儿奶粉事件发生后,国家启动了重大食品安全事故

1级应急响应,卫生部门组织做好婴幼儿免费筛查诊断和患儿医疗救治工作。而后国家质检总局对全国109家在产奶粉企业进行了排查,共检验了这些企业的491批次婴幼儿奶粉。三鹿集团股份有限公司等22家企业69批次产品检出了含量不同的三聚氰胺,原因是在原奶收购的过程中,不法分子为增加原料奶或奶粉的蛋白质含量而人为添加了三聚氰胺。据卫生部统计,截至2008年12月底,全国累计免费筛查2 240.1万人,累计报告患儿29.6万人,住院治疗52 898人,其中6人死亡。各地公安机关共立案侦查与三鹿奶粉事件相关的刑事案件47起,抓获犯罪嫌疑人142名,逮捕60人,相关责任人受到了法律的严惩。

【点评】"三鹿奶粉事件"震惊了全国,也震惊了世界,给国人造成了巨大心理冲击。香港凤凰卫视将其比喻为不亚于5·12汶川大地震给人造成的心灵震撼。"三鹿奶粉事件"不仅伤害了众多无辜的婴幼儿,伤害了社会,伤害了整个中国奶制品行业,而最终更是伤害到中国的整个食品、农产品产业链。食品安全问题再一次成为社会热点话题。而据全球民意调查机构盖洛普发布的"2010年全球幸福度调查"数据表明,在此次民调涉及的124个国家当中,中国人的幸福度排名第92位;88%接受调查的中国人认为,自己的生活远离"美满幸福"的标准,其中生活成本高和房价上涨、社会保障体系不健全、让人不安的食品安全是导致民众幸福指数较低的主要原因,物价、房价和食品安全位列居民最关注的十大热门话题前三位。由此可见,食品安全已经成为一个亟待解决的社会性难题。

案例2 "毒胶囊"重创修正"神话"

【事件回放】2012年4月15日,央视新闻频道《每周质检报告》爆出猛料,经该台长期跟踪调查,河北、江西、浙江一些不法厂商使用重金属铬超标的工业明胶冒充食用明胶,用来生产药用胶囊。央视调查称,"在修正药业生产的羚羊感冒胶囊(产品批号:100901)中,所用药用胶囊铬含量为4.44 mg/kg。超出了国家的相关规定——中国2010年版《中国药典》明胶空心胶囊标准显示,重金属铬的限度在百万分之二,即2 mg/kg。"另外,通化金马清热通淋胶囊的铬含量高达87.57 mg/kg。与此同时,相关部门也采取了对策。卫生部发布通知,明确要求"各级医疗机构要积极配合药监部门,召回铬超标药用胶囊事件相关药品生产企业生产的检验不合格批次药品,立即暂停购入和使用相关企业生产的所有胶囊剂药品"。而节目播出当晚,国家食品药品监管局在官网发布新闻稿称,已立即责成相关省份的食品药品监管局开展监督检查和产品检验,并派员赴现场进行督查。同时,该局要求,"待监督检查和产品检验结果明确后,合格产品继续销售,不合格产品依法处理。对违反规定生产销售使用药用空心胶囊的企业,将依法严肃查处。"

【点评】东南大学法学院教授张马林认为,铬超标事件暴露了监管的漏洞。按程序,这件事恰恰应该由相关监管部门来发现。现实却是跟着媒体的报道后,进行跟踪处理。作为相关监管部门,不能空喊口号,更要有及时和真正的行动。

案例3 "酒鬼"酒深陷"塑化门"

【事件回放】2012年11月19日,有媒体报道称,某人在"酒鬼"酒实际控制者中糖集团的子公司北京中糖酒类有限公司购买了 438 元/瓶的酒鬼酒,并送上海天祥质量技术服务有限公司进行检测。检测报告显示,"酒鬼"酒中共检测出 3 种塑化剂成分,分别为邻苯二甲酸二(2-乙基)己酯(DEHP)、邻苯二甲酸二异丁酯(DIBP)和邻苯二甲酸二丁酯(DBP)。其中,"酒鬼"酒中邻苯二甲酸二丁酯(DBP)的含量为 1.08 mg/kg。而 2011 年 6 月卫生部签发的 551 号文件《卫生部办公厅官员通报食品及食品添加剂中邻苯二甲酸酯类物质最大残留量的函》,这份文件规定 DBP 的最大残留量为 0.3 mg/kg。11 月 21 日,国家质检总局对"酒鬼"酒的检测报告给出官方结果:50°"酒鬼"酒样品中 DBP(邻苯二甲酸酯类物质,俗称"塑化剂")最高检出值为 1.04mg/kg,与媒体之前曝光的"酒鬼"酒塑化剂超标 260% 几乎一致。11 月 22 日晚间,"酒鬼"酒官方做出正式回应:"对近日发生的所谓'酒鬼'酒'塑化剂'超标事件给大家造成的困惑与误解表示诚挚的歉意"。但是,该公司同时声称,国际食品法典委员会、我国及其他国家均未制定酒类中 DBP 的限量标准,故不存在所谓"塑化剂"的超标问题,并对健康无损害。

不仅如此,此事还令整个白酒行业陷入了危机,行业龙头茅台酒也陷在塑化剂检测的泥潭里。

【点评】目前,没有酒类塑化剂限量标准的情况下,大家都拿卫生部的函作为参考,而相关监管部门并没有让"酒鬼"酒召回,也就是说没有给"酒鬼"酒塑化剂"超标"定罪。因此,面对眼下酒企们的恐惧、消费者无所适从、媒体质疑的各种声音,回避不是一种有效的态度。相关部门应该尽快出台白酒塑化剂国家标准,发出统一的、科学的、令公众信服的声音,这样才有利于塑化剂事件的平息,才是真正维护白酒行业,使其健康发展。

案例 4　河南双汇公司"瘦肉精"事件

【事件回放】央视在"3.15 消费者权益日"播出了一期《"健美猪"真相》的特别节目,其中披露了河南济源双汇公司收购使用含"瘦肉精"猪肉的事实。据央视记者调查,在河南省孟州市、沁阳市、温县和获嘉县调查了十几家养猪场,发现几乎家家都在使用"瘦肉精",添加量大小不一,几乎成了公开的秘密。在"瘦肉精"事件被媒体曝光后,农业部第一时间责成河南、江苏彻查,并迅速派出督导组赴河南,参加国务院食安办等部门组成联合工作组督导案件查办工作。经排查,确认"瘦肉精"阳性生猪 134 头,检出率为 0.04%,且集中在案件发生的孟州、沁阳、获嘉、温县 4 县市;"瘦肉精"生产和销售网络也基本查清,对 72 人采取了强制措施;对 53 名公职人员进行调查取证,其中 12 人已移送公安机关。

"瘦肉精"事件发生后,多方信息显示,河南乃至全国的生猪产业都遭受了巨大冲击:问题养猪场濒临破产、部分正常养殖场出现滞销、消费市场萎缩、部分地区生猪价格每斤一度下降了 0.9~1.0 元。消费者的不信任感也在增加(1 斤=500 g)。

【点评】"瘦肉精"事件虽然是个案,发生在局部少数地方,但影响极坏,教训深刻。究其原因,一是利益驱动,极少数不法分子通过"地下链条"铤而走险。二是监管有漏洞。个别基层政府和部门监管缺失,听之任之,有个别执法人员"以罚代法"收钱放行,同时,企业的内控机制也不完善。三是社会面监管机制不到位。四是惩罚不到位。

【能力拓展】

食品物理危害及其控制措施

1.1　食品物理危害

食品物理危害是指在食物中发现的不正常有害异物,当人们误食后可能造成身体外伤、窒息或其他健康问题。比如食品中常见的金属、玻璃、碎骨等异物对人体的伤害。物理危害主要来源于以下几种途径:植物收获过程中掺进玻璃、铁丝、铁钉、石头等;水产品捕捞过程中掺杂鱼钩、铅块等;食品加工设备上脱落的金属碎片、灯具及玻璃容器破碎造成的玻璃碎片等;畜禽在饲养过程中误食铁丝,畜禽肉和鱼剔骨时遗留骨头碎片或鱼刺等。

异物是食品中最常见的物理性有害因素。食品中发现的任何非正常性出现的物理材料都可称之为异物。食品中的异物有几个来源,如被污染的原材料,维护不好的设施和设备,加工过程中不卫生或错误的操作,员工不良的卫生习惯等。

1.2　控制物理性有害因素的措施

(1)把住原材料采购关,要求原料供应商采取有效措施保证原材料的卫生安全,原料进厂后抽样检验合格后方允许使用。

(2)在生产加工过程中采取有针对性的除去某些物理有害因素的措施,如金属探测器能发现食品中的金属微粒、X射线技术能发现食品中各种异物(特别是骨头碎片)、磁铁除去铁质、震筛和过滤器去除较大异物等。

(3)加强操作卫生和个人卫生的管理,防止因不良的操作和卫生习惯而引入异物。

(4)加强对设备设施的维护和保养。

【知识延伸】

二维码 1-1　6S 管理

【思考题】

1.你认为当前食品安全存在哪些问题?

2.质量管理的概念及其企业质量管理的方法是什么?

3.为什么食品质量安全管理特别强调安全质量控制?

4.如何理解全面质量管理的概念?

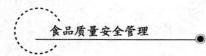

5.何为食品生物性污染？如何防止食品细菌性中毒？

【参考文献】

［1］陈宗道，刘金福，陈绍军.食品质量与安全管理.北京:中国农业大学出版社,2012.

［2］曹斌.食品质量管理.北京:中国环境科学出版社,2006.

［3］张晓燕.食品安全与质量管理.北京:化学工业出版社,2010.

［4］周应恒.现代食品安全与管理.北京:经济管理出版社,2008.

［5］陈兆新.食品质量管理学.北京:中国农业出版社,2004.

［6］马林，罗国英.全面质量管理基本知识.北京:中国经济出版社,2004.

［7］藏大存.食品质量与安全.北京:中国农业出版社,2005.

［8］吴永宁.现代食品安全科学.北京:化学工业出版社,2003.

［9］肖玫，袁界平，陈连勇.食品安全的影响因素与保障措施探讨.农业工程学报,2007,23(2):286-289.

［10］聂凌鸿.微生物污染与食品安全.四川食品与发酵,2003,39(2):52-55.

模块二　食品安全性评价

【预期学习目标】

　　1.理解毒理学的基本概念。

　　2.掌握食品安全风险分析。

　　3.能够对食品进行毒理学安全性的评价。

　　4.学会食品中有害化学物质限量标准的制定。

【理论前导】

　　食品是人类赖以生存的物质基础。食品首要的要求是安全性,其次才是可食性和其他。由于人类食物中含有的天然成分种类繁多,成分复杂,许多成分未经过毒理学鉴定,其对人体健康的影响还不清楚;随着现代社会经济的迅速发展和全球生态环境的剧烈变化,人类发展的各个侧面通过食物链对食品质量和安全性(food safety)的影响明显增大。人类食物中毒性物质的种类、数量及其对人类健康的长远影响都远比以往严重。这不仅关系消费者的身体健康、影响社会稳定,而且还会制约经济的发展。因此为确保人体健康,必须对食品进行安全性评价。

　　为确保食品安全,我国颁布实施的与食品有关的法规有"食品安全性毒理学评价程序""农药安全毒理学评价程序"及"保健食品安全性毒理学评价规范"等。

1　食品安全性评价概述

　　随着社会的发展,人类生存环境中的物质种类和数量正以惊人的速度增长。这些物质通过各种途径进入食品,有的会对机体造成伤害,可以说,我们生活在有害物质的汪洋大海之中。因此,追求食品的绝对安全是不可能的,也无此必要。因为追求绝对安全会使人类失去许多食物甚至是所有食物。重要的是对食物及食物中的某些物质进行科学的、客观的安全性评价,确定其产生危害的水平,并以此制订食品中的允许限量标准,保证人体健康。

1.1　食品安全与食品安全性的评价

　　食品中是否存在危害、危害因素的含量水平以及对人体健康的危害程度,这些信息的获得必须对食品进行安全性评价。安全性评价是利用毒理学的基本手段,通过动物实验和对人的观察,阐明某一物质的毒性及其潜在的危害,为人类使用这些物质的安全性做出评价,为制定预防措施特别是卫生标准提供理论依据。

　　(1)食品安全　1996 年世界卫生组织在《加强国家级食品安全性计划指南》,将食品安全定义为"对食品按其原定用途进行制作和食用时不会使消费者受害的一种担保"。2009 年

6月实施的《中华人民共和国食品安全法》对食品安全的定义,是指食品无毒、无害,符合应当有的营养要求,对人体健康不造成任何急性、亚急性或者慢性危害。

食品安全一方面要求,从数量上使人们既能买得到,又能买得起所需要的食品;另一方面要求,食品的营养全面、结构合理、对人体安全健康。

(2)食品安全性的评价　食品安全问题是关系人民健康和国计民生的重大问题。随着食品工业的发展,食品种类和制作工艺技术日益丰富,特别是新的物质:如食品添加剂、保健食品、新源食品、转基因食品、食品用的容器和包装材料等不断涌现可能带来新的食品安全性问题,对这些食品进行科学的安全性评价,从而为国民提供健康安全营养的食品,一直是各国政府努力的目标。

而食品安全性评价正是针对某种食品的食用安全性展开的评价,是保障食品安全和国民健康的重要基础和前提。食品安全性评价是运用毒理学动物试验结果,并结合人群流行病学调查资料来阐述食品中某种特定物质的毒性及潜在危害,对人体健康的影响性质和强度,预测人类接触后的安全程度。对食品中任何组分可能引起的危害进行科学测试,得出结论,以确定该组分究竟能否为社会或消费者所接受,据此制订相应的标准。

①食物的毒性　食物对机体健康引起有害作用的能力,称为食物的毒性。毒性较高的食物,只要相对较小的剂量,即可对机体造成一定的损害;而毒性较低的食物,需要较大的剂量才呈现毒性。但是食物的"有毒"与"无毒"、毒性大小也是相对的,关键是此种食物与机体接触的量。在一定意义上,只要到达一定的剂量,任何食物对机体都具有毒性。

②危险度评价　在毒理学中,安全性评价是利用规定的毒理学程序和方法评价化学物对机体产生有害效应(损伤、疾病或死亡),并外推在通常条件下接触化学物对人体和人群的健康是否安全。由于安全性难以确切定义和定量,因此近年来危险度评价得到了迅速的发展。

危险度的定义是指在特定的接触条件下,终生接触某环境因素引起个体或群体产生有害效应(损伤、疾病或死亡)的预期频率。危险度可分为归因危险度和相对危险度。归因危险度是指人群接触某因素而发生有害效应的可能频率。如归因危险度为 0.01 表示 100 个接触者中有 1 人可能发生有毒效应,归因危险度为 10^{-6} 表示 100 万个接触者中可能有 1 人发生有害效应。相对危险度是指接触组与对照组的危险度的比值。如相对危险度为 2.5 表示接触组发生有害效应的危险度是对照组(非接触组)的 2.5 倍。对接触外源化学物的危险度进行估计,即危险度评价是毒理学的重要内容。

食品安全性与毒性及其相应的风险概念是分不开的。安全性常被解释为无风险性和无损伤性。可是,没有一种物质是绝对安全的,因为任何物质的安全性数据都是相对的。即使进行了大量的实验,证明某一种物质是安全的,但从统计学上讲,总有机会碰到下一个实验证明该物质不安全。此外,评价一种食品成分是否安全,并不仅仅决定于其内在的固有毒性,而要看其是否造成实际的伤害。事实上,随着分析技术的进步,已发现在越来越多的食品,特别是天然食品中含有多种微量的有毒成分,但这些有害成分并不一定造成危害。

1.2　食品安全性评价的意义与内容

(1)食品安全性评价的意义　食品安全是公共卫生问题,直接关系人类的健康生存和社会经济的发展。食品安全性评价是针对某种食品的食用安全性展开的评价,是保障食品安全和国民健康的重要基础和前提。鉴于食品安全评价在保障食品安全性和消费者健康中的重要性,我国政府历来重视食品安全性评价工作,在政府的大力支持下,在全国各卫生研究机构的努力下,在短短的近十年中,进一步建立修订完善了新资源食品、食品添加剂、保健食品、转基因食品的相关管理法规,出台了对这些不同食品开展安全性毒理学评价的标准和技术规范,发展了食品及转基因食品安全性评价的新方法和新技术,使得我国整体安全性评价水平无论从检验设备、人员素质、还是检验的技术水平等方面均有显著提高,并逐渐与国际接轨,在保障食品安全和确保食品食用安全性方面提供了有力保证。

食品安全性评价的意义在于利用毒理学的基本手段,通过动物实验和对人的观察,阐明某一化学物的毒性及其潜在危害,以便为人类使用这些化学物质的安全性做出评价,为制定预防措施特别是卫生标准提供理论依据。

(2)食品安全性评价的内容　食品安全性与食品中所含的有害成分的毒性作用分不开,因此,食品安全性评价是以毒理学评价为基础,必要时还要进行化学性评价、微生物学评价和营养学评价。食品安全评价是一个复杂的过程,涉及毒理学、流行病学、临床医学、化学、生物统计学、微生物学、计算机模拟、人体试验等,其中毒理学和流行病学较为重要。目前,食品安全性评价还是一个新兴的领域,其原理和方法都处于不断发展和完善中。

一般而言,食品安全性评价包括以下四个方面的内容。

①审查配方　在用于食品或接触食品的是一种由许多化学物质组成的复合成分时,必须对配方中每一种物质进行逐个的审查,已进行过毒性试验而被确认可以使用于食品的物质,方可在配方中保留,若试验结果有明显的毒性物质,则从配方中删除。在配方审查中,还要注意的是各种化学物质所起的协同作用。

②审查生产工艺　从生产工艺流程线审查可推测是否有中间体或副产物产生,因为中间体或副产物的毒性有时比合成后的物质的毒性更高,因此,这一环节应加以控制。生产工艺审查还应包括生产设备有否将污染物带到产品中去的可能。

③卫生检测　卫生检测项目和指标是根据配方及生产工艺经过审查后定的。检验方法一般按照国家有关标准执行。特殊项目或无国家标准方法的,再选择适用于企业及基层的方法,但应考虑检验方法的灵敏、准确及可行性等方面的因素。

④毒理试验　毒理试验是食品安全性评价中很重要的部分。通过毒性试验可制定出食品添加剂使用限量标准和食品中污染物及其有毒有害物质的允许含量标准,并为评价目前迅速开拓发展的新食品资源,新的食品加工、生产等方法,提供科学依据。外来化合物进行毒理学评价主要包括两部分内容。首先是在不同接触条件下,确定外来化合物对各种生物系统的毒性;然后是对人群在一定条件下接触该化学物的安全性或危险度进行评定。

2　食品安全性的风险分析

食品安全风险分析是保证食品安全的一种模式,根本目的在于保护消费者的健康和促进公平的食品贸易。风险分析已被公认为是制定食品安全标准的基础。

2.1 风险分析

对于人类而言,安全是第一需要,安全的含义是"防范潜在的危险"。所谓危险就是可能造成或破坏的根源,或者是可能导致伤害或破坏的某种状态。在社会活动中面临一定的风险是难免的,一般而言,如果遭遇某种风险的概率低于十万分之一,属于低风险,我们稍加提防就能避免;但如果风险概率较高,则必须采取适当的防范措施。

(1)风险与风险分析 风险是指某种特定危险事件(事故或意外事件)发生的可能性和后果的组合。也就是说,风险包括由危险发生的可能性(危险概率)和风险的严重程度两方面。如果某种风险发生的可能性几乎为零,即便风险的严重程度再大,这种风险也仍然是可以接受的。反之,如果风险发生的可能发生的可能性很大,即便风险带来的后果不是特别严重,这样的风险也是必须提高警惕的、积极预防的,如流行性感冒。

风险分析是指一种应用已有的信息确定特定的事件出现的可能性及其可能产生后果程度大小的系统方法。即对于风险的定性描述或定量计算的系统方法,风险分析包括对不希望出现的事件及其原因和后果的预见。

通过对风险进行分析,人们可以主动采取相应的措施来规避风险,这也正是风险分析的主要目的。

(2)食品风险分析 食品安全风险就是由食品中危害物产生的对人类健康不良作用的可能性及强度。食品风险分析是风险分析在食品安全管理中的应用,是分析食源性危害,确定食品安全性保护水平,采取风险管理措施,使消费的食品在食品安全性风险方面处于可接受的水平。

2.2 食品安全风险分析的组成

食品风险分析包括三个部分:风险评估、风险管理与风险交流,其中,风险评估是整个风险分析体系的核心和基础。风险分析的总体目标在于确保公众健康得到保护。风险分析的基本框架如图 2-1 所示。

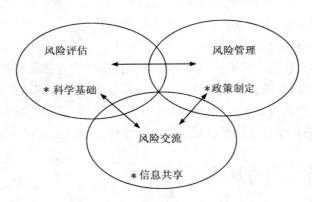

图 2-1 风险分析基本框架图

（1）风险评估 风险评估是对食品中的健康危害物质（食源性健康危害物质）造成健康危害的可能性和严重性进行评估，进而确定食品中健康危害物质并规定其限量标准及其他管理措施的科学研究过程。它是以科学研究为基础，系统地、有目的地就食品某些已知的或潜在的生物、化学或物理因素的暴露对人体健康产生的不良后果进行识别、确认和定量，以此确定食品中有害物质的风险，协助管理部门决策对于这些后果应需采取的管理、监督水平。

风险评估是风险分析体系的基础。风险评估过程分为四个阶段：危害识别、危害特征描述、暴露（摄入量）评估以及风险描述。通常情况下，危害识别采用定性的方法，其他三个步骤可以采用定性的方法，但最好采用定量的方法。

①危害识别 危害识别主要是发现和确定食品中的健康危害物质，在可能时对这种物质导致不良效果的固有性质进行鉴定。首先是确定食品中某种物质对人体健康是否有害，然后对危害性质、特点及表现形式等进行评估。危害识别不是对暴露人群的危险性进行定量的外推，而是对暴露人群发生不良作用的可能性作定性的评价。

危害识别所需资料包括流行病学调查、动物毒理学试验、体外毒理学试验及化合物构效关系等资料。流行病学资料可直接反应人群暴露后所产生的有害特征，不需要进行种属的外推，是危害识别中最有说服力的证据。但由于流行病学研究的局限性，在健康危害评估中的实际应用受到了一定限制，特别是新的食品不可能得到流行病学信息。因此，动物试验的数据往往是危害识别的主要依据，动物毒理学试验研究可以控制暴露情况、暴露对象及效应的测定。体外毒理学资料主要用于毒性筛选，以及更全面的毒理学资料积累和靶器官的特异毒效应研究，为毒性作用机制研究提供重要信息。

②危害特征描述 是指定量、定性地评价由危害产生的健康副作用的性质。对食品中可能存在的生物、化学和物理因素有关的健康不良效果的性质的定性和定量评价。对于化学性致病因子要进行剂量-反应评估；对于生物或物理因子在可以获得资料的情况下也应进行剂量-反应评估。

危害特征描述资料主要来源于动物毒理试验，主要内容是研究剂量-反应关系。食源性危害在食品中的实际含量只有百万分之几，为了达到一定的敏感度，动物毒理学试验的剂量必须很高（一般为百万分之几千），这就需要用高剂量所观察到的动物不良反应来预测人体低剂量暴露的危害。但是，从高剂量向低剂量的外推，以及从动物的危险性向人群危险性的外推，对最终评价具有一定的不确定性。因此，大多数化合物的剂量-反应关系研究的阈值，乘以一个安全系数（100），得出安全水平或人体每日允许摄入量（ADI）。

动物毒理试验方法不适用于遗传毒性致癌物，因为该类物质不存在一个没有致癌危险性的低摄入量，通常采用数学模型估计致癌物的作用强度。

③暴露评估 又称为摄入量评估，指定量、定性地评价由食品以及其他相关方式对生物的、化学的和物理的致病因子的可能摄入量，是风险评估的关键步骤。

暴露评估主要研究人们吃的食品中所含的危害物质在人体吸收的量，所以必须考虑膳食摄入量。摄入量评估有三种方法：总膳食法研究，即将某一国家或地区的食物进行聚类，按当地菜谱烹调成为直接入口的样品，通过化学分析获得整个人群的膳食摄入量；单个食品的选择性研究，是针对某些特殊污染物在典型或代表性地区选择指示性食品进行研究；双份饭法研

究,对于个体污染物摄入量变异研究更有效。

$$危害物的膳食摄入量＝(介质中危害物的浓度×每日摄入量)/体重$$

对微生物危害来说,暴露评估基于食品被致病性细菌污染的潜在程度,以及有关的饮食信息。微生物暴露评估应该描述食品从生产到食用的整个途径,能够预测可能的与食品的接触方式,尽可能反映出整个过程对食品的影响。

④风险描述　在危害确定、危害特征描述和暴露评估的基础上,对给定人群中已知或潜在的副作用产生的可能性和副作用的严重性,做出定量或定性估价的过程,包括伴随的不确定性的描述。风险描述是对所摄入的危害物质对人群健康产生不良作用的可能性估计。

对于有阈值的食源性健康危害物质,可以采用摄入量与 ADI 相比较作为风险描述。若所评价的物质的摄入量比 ADI 值小,则对人体健康产生不良作用的可能性为零。即

$$安全限值(MOS)＝ADI/暴露量$$

若 MOS≤1,该危害物对食品安全影响风险是可以接受的。

若 MOS＞1,该危害物对食品安全影响风险超过了可以接受的限度,应当采取适当的风险管理措施。

对于无阈值的化学危害物,对人群的危害是摄入量和危害程度的综合结果,即

$$食品安全风险＝摄入量×危害程度$$

对于微生物危害的风险描述依据危害识别、危害描述、暴露评估等的考虑和数据。风险描述提供特定菌体对特定人群产生损害作用的能力的定性或定量估计。

风险评估在食品安全领域中的应用主要是制定食品安全标准,以及进出口食品的监督检查,按食品中危害的类别全面地分配各项食品安全管理工作资源,评价食品安全政策法规的效果等。

(2)风险管理　风险管理是权衡选择政策的过程,需要考虑风险评估的结果和与保护消费者健康及促进公平贸易有关的其他因素。如必要,应选择采取适当的控制措施,包括取缔手段。风险管理的首要目标是尽可能有效地控制食品安全风险,从而保障公众健康。

风险管理是进行事前的有效管理。政府行政机构负责食品安全风险评估、食品安全信息公布等宏观管理,食品生产者承担生产安全食品的主要责任,各级政府行政机构有效实施监督管理。风险管理的措施一般包括制定最高限量、食品标签标准、食品安全卫生标准及法律法规,实施公共教育计划,通过使用其他物质或改善种植业、养殖业及规范生产过程以减少某些化学物质的使用等。

(3)风险交流　为了确保风险管理政策能够将风险降低到最低限度,在风险分析的全过程中,相互交流起着十分重要的作用,食品安全的风险交流包括风险评估者、风险管理者及社会相关团体和公众之间各个方面的信息交流。

食品安全管理的最终目标是控制并减少食源性疾病的发生率,保护公众健康。因此,风险交流应确保将所有关于有效风险管理的信息和意见考虑进决策的过程,促进各机构进一步参与风险分析的过程,增进对决策及决策过程的了解,从而做出一致的、透明的和有效的决策。风险情况交流不仅仅是信息的传播,更重要的功能是将对有效进行风险管理至关重要的信息和意见并入决策的过程。

3　食品安全性的毒理学评价

3.1　食品毒理学概述

食品毒理学是研究食品中外源化学物的性质、来源与形成,它们的不良作用与可能的有益作用及其机制,并确定这些物质的安全限量和评定食品的安全性的科学。食品毒理学的作用就是从毒理学的角度,研究食品中可能含有的外源化学物质对食用者的毒作用机理,检验和评价食品(包括食品添加剂)的安全性或安全范围,从而达到确保人类健康的目的。

食品毒理学从毒理学的角度,研究食品中可能含有的外源化学物质对食用者的毒作用机理,检验和评价食品(包括食品添加剂)的安全性或安全范围,从而达到确保人类健康的目的。

(1)毒物及其分类

①毒物　在一定条件下,较小剂量就能够对生物体产生损害作用或使生物体出现异常反应的外源化学物称为毒物。毒物在一定条件下,较小剂量就能引起机体功能性或器质性损伤的外源化学物质;或剂量虽微,但积累到一定的量,就能干扰或破坏机体正常的生理功能,引起暂时或持久性的病理变化,甚至危及生命的物质。

②毒物的分类　毒性物质按其来源可分为:天然、合成和半合成三类,按其用途及分布范围可分为:工业、环境、食品有毒成分、农用、医用、军事、放射性、生物性和化妆品中分布的有害化学物;按其毒性强弱又可分为:剧毒、高毒、中毒、低毒、微毒等。毒性物质主要通过化学损伤使生物体受其损害。所谓化学损害是指通过改变生物体内的生物化学过程甚至导致器质性病变的损伤。如有机磷酯化合物类农药主要通过抑制胆碱酯酶的活性,使生物体乙酰胆碱超常累积,因而导致生物体的极度兴奋而死亡。

食物中毒物来源有天然的或食品变质后产生的毒素、环境污染、农(兽)药残留、生物毒素以及食品接触所造成的污染。毒物按作用、化学性质和分布范围等可以分为如下几类:

a.按毒物的毒理作用。

腐蚀毒:对所接触的机体局部有强烈腐蚀作用的毒物,如强酸、强碱、酚类。

实质毒:吸收后引起实质脏器病理损害的毒物,如砷、汞、铅等重金属,无机磷和某些毒蕈。

酶系毒:抑制特异酶系的毒物,如有机磷、氰化物等。

血液毒:引起血液变化的毒物,如一氧化碳、亚硝酸盐以及某些蛇毒。

神经毒:引起中枢神经系统功能障碍的毒物,如醇类、麻醉药及催眠药。

b.按毒物的化学性质分类。

挥发性毒物:采用蒸馏法或微量扩散法分离的毒物,如氰化物、醇类、有机磷。

非挥发性毒物:采用有机溶剂提取法分离的毒物,分为酸性、碱性和两性毒物三类,如生物碱、吗啡等。

金属毒物:采用破坏有机物的方法分离的毒物,如砷、钡、铬、锌等。

阴离子毒物:采用透析法或离子交换法分离的毒物,如强酸、强碱等。

其他毒物:包括必须根据其化学性质采取特殊方法分离的毒物,如箭毒碱、一氧化碳、硫化氢等。

c.按毒物的用途和分布范围分类。

工业化学品：包括生产时使用的原料、辅助剂以及生产中产生的中间体、副产品、杂质、废弃物和成品等。

食品中的有毒物质：包括天然的或食品变质后产生的毒素，以及各种食品添加剂，如糖精、食用色素和防腐剂等。

环境污染物：如生产过程中产生的废水、废气和废渣中的各种外源化学物。

日用化学品：如化妆品、洗涤用品、家庭卫生防虫杀虫用品等。

农用化学品：包括化肥、农药、除草剂、植物生长调节剂、瓜果蔬菜保鲜剂和动物饲料添加剂等。

医用化学品：包括用于诊断、预防和治疗的外源化学物，如血管造影剂、医用消毒剂、医用药物等。

生物毒素：也统称为毒素，它是由活的生物体产生的一种特殊毒物。根据其来源可分为：植物毒素、动物毒素、霉菌毒素和细菌毒素等。细菌毒素又分为内毒素和外毒素。凡是通过叮咬（如蛇、蚊子）或蜇刺（如蜂类）传播的动物毒素为毒液。一种毒素在确定其化学结构和阐明其特性后，往往按它的化学结构重新命名。

军事毒物：主要指用于军事上的一些外源化学物，如沙林毒气、芥子气、梭曼、塔崩、路易氏毒气等。

（2）毒性及其分级

①毒性 毒性是指外源化学物与机体接触或进入体内的易感部位后，能引起损害作用的相对能力，或简述为外源化学物在一定条件下损伤生物体的能力。包括损害正在发育的胎儿（致畸）、改变遗传密码（致突变）或引起癌症（致癌）的能力等。

毒性是化学物质造成机体损害的固有能力。一种外源化学物对机体的损害作用越大，则其毒性就越高。毒性反映毒物的剂量与机体反应之间的关系，因此，引起机体某种有害反应的剂量是衡量毒物毒性的指标。毒性高的化学物以极小剂量即可造成机体的一定损害，甚至死亡；毒性低的化学则需较大剂量才能呈现毒性。在一定意义上，只要达到一定数量，任何物质对机体都具有毒性。在一般情况下，如果低于一定数量，任何物质都不具备毒性。因此，物质毒性的高低仅具有相对意义。

②毒性分级 毒物毒性的大小，通过生物体所产生的损害性质和程度而表现出来，可用动物实验或其他方法检测。衡量毒物的毒性需要一定的客观指标，如各种生理指标、生化正常值的变化、死亡等。

目前，全世界尚缺乏统一的毒性分级标准。我国卫生部 1994 年在《食品安全性毒理学评价标准》中将各种物质按其对大鼠经口 LD_{50} 的大小分为极毒、剧毒、中毒、弱毒、低毒、实际无毒和无毒 6 大类（表 2-1），世界卫生组织也对农药的危害性进行了分级。一般而言，对动物毒性很低的物质，对人的毒性也很低。不同物质的 LD_{50} 差异很大。例如，肉毒素的 LD_{50}（以体重计）约为 100 mg/kg，而氯化钠的 LD_{50} 约为 40 g/kg，需要消费大量的氯化钠才可以产生毒性。LD_{50} 为 2 g/kg 的一种物质对一个成年人而言，需摄入一杯的量才可以产生毒性，而 LD_{50} 为 1 mg/kg 的极毒物质对一个成年人而言，仅需数滴即可产生毒性。但是，LD_{50} 等急性毒性指标并不能反映出化学物质对人类潜在的危害。许多物质的长期或慢性毒性很严重，其 LD_{50} 却反映不出。特别对一些急性毒性很小的致癌物质来说，即使长期少量摄入也能诱发癌的发生。

表 2-1　化学物质的急性毒性分级

级别	大鼠口服 LD_{50}(以体重计)/(mg/kg)	相当于人的致死剂量	
		mg/kg	g/人
极毒	<1	0.05	0.05
剧毒	1~50	500~4 000	0.5
中毒	51~500	4 000~30 000	5
低毒	501~5 000	30 000~250 000	50
实际无毒	5 001~15 000	250 000~500 000	500
无毒	>15 000	>500 000	2 500

　　毒性较高的物质,只要相对较小的数量,即可对机体造成一定的损害;而毒性较低的物质,需要较多的数量才呈现毒性。物质毒性的高低仅具有相对意义。在一定意义上,只要到达一定的数量,任何物质对机体都具有毒性;如果低于一定数量,任何物质都不具有毒性。与机体接触的量是影响化学毒性的关键因素。除物质与机体接触的数量外,还应考虑与机体接触的途径(胃肠道、呼吸道、皮肤或其他途径)、接触的方式(一次接触或多次接触以及每次接触时间的长短与间隔)。此外,物质本身的化学性质及物理性质都可影响物质的毒性。

　　(3)损害作用与非损害作用　外源化学物在机体内可引起一定的生物学效应,其中包括损害作用和非损害作用。损害作用是外源化学物毒性的具体表现。毒理学的主要研究对象是外来化合物的损害作用。

　　①非损害作用　一般认为,非损害作用所致机体发生的一切生物学变化都是暂时的和可逆的,并在机体代偿能力范围之内,不造成机体机能、形态、生长发育和寿命的改变;不降低机体维持内稳态的能力,不引起机体某种功能容量(如进食量、体力劳动负荷能力等)的降低,也不引起机体对额外应激状态代偿能力的损伤。机体发生的一切生物学变化应在机体代偿能力范围之内,当机体停止接触该外源化合物后,机体维持体内稳态的能力不应有所降低,机体对其他外界不利因素影响的易感性也不应增高。

　　②损害作用　损害作用指引起功能紊乱、损伤、疾病或死亡的生物学效应。损害作用与非损害作用相反,应具有下列特点:a. 机体的正常形态、生长发育过程受到严重影响,寿命亦将缩短;b. 机体功能容量或额外应激状态代偿能力降低;c. 机体维持体内稳态的能力下降;d. 机体对其他某些因素不利影响的易感性增高。

　　损害作用与非损害作用的确定,往往涉及机体许多指标的正常值范围,有时需要对正常值进行测定,但首先必须明确"正常值"仅具有相对意义。在实际工作中,按目前认识水平,认为"健康"或"正常"的个体,对其进行某项观察指标测定,以其平均值±2 个标准差作为正常值范围,可采用统计学方法,确定此项指标变化是否偏离正常值范围。

3.2　毒物的毒效应

　　毒性作用也称毒作用或毒效应,是指毒物本身或其代谢产物在靶器官内达到一定浓度与生物大分子相互作用的结果。毒作用的特点是动物机体接触动物后,表现出各种生理生化功能的障碍,应激能力下降,维持机体的稳态能力下降以及对环境中各种有害因素易感性增高等。毒性作用是毒物与机体相互作用的结果。

毒物的毒作用性质是毒物本身所固有的,但必须在一定的条件下,通过生物体表现为损害的性质和程度。但是,机体接触化学物后是表现出毒作用,以及毒作用的性质和强度受到许多因素的影响,主要包括下列四个方面:

第一,毒物因素。毒物毒性的大小与其化学结构和理化特性有密切关系,物质的化学结构决定其理化特性与化学活性,而后者又可能影响物质的生物活性。化学结构除可影响毒性大小外,还可影响毒作用的性质,如苯有抑制造血机能的作用,当苯环中的氢原子被氨基或硝基取代时就具有形成高铁血红蛋白的作用。影响毒性作用大小的理化特性主要有溶解度、挥发度、分散度和纯度。

第二,接触(染毒)条件。接触条件包括染毒容积与浓度、溶解毒物的溶剂与染毒途径。

在动物实验中一次经口服染毒的容积一般为体重的 $1\%\sim2\%$。静脉注射的上限,鼠类为 $0.5\ \text{mL}$,较大动物为 $2\ \text{mL}$。容积过大可影响毒性反应。在慢性实验中把毒物混入饲料染毒时,如果受试物毒性很低,要防止其容积过大而妨碍食欲,影响营养状况。

染毒前往往要将毒物以不同溶剂配成适当的剂型。常用的溶剂有水、生理盐水、植物油、二甲亚砜等,如选择不当有可能加速或减缓毒物的吸收、排泄而影响其毒性。如 DDT 的油溶液对大鼠的 LD_{50} 为 $150\ \text{mg/kg}$,DDT 水混悬液的 LD_{50} 为 $500\ \text{mg/kg}$,这是由于油能促进该毒物的吸收所致。

染毒途径不同,毒物的吸收、分布及首先到达的靶器官和组织不同,即使染毒剂量相同,其毒性反应的性质和程度也不同。例如,各种染毒途径中以静脉注射吸收最快,其他途径的吸收速度一股依次为:呼吸道>腹腔注射>肌肉注射>经口>经皮。实验研究中要根据毒物的性质、在环境中存在的形式、接触情况以及实验目的等选择适当的染毒途径。

第三,生物体差异。在相同环境条件下,同一毒物对不同种属的动物或同种动物的不同个体或不同发育阶段所产生的毒性有很大差异,这主要是由于机体的感受性和耐受性不同所致,并随动物种属、年龄、性别、营养和健康状况等因素而异。

第四,环境因素。影响毒物毒性的环境因素很多,诸如温度、湿度、气压、季节或昼夜节律以及其他物理因素(如噪声)、化学因素(联合作用)等。如环境温度的改变会影响毒性。高温可使代谢亢进,促进毒物吸收,使毒性增高,温度下降可使毒性反应减轻。

(1)毒作用及其分类　毒性物质主要通过化学损伤使生物体受其损害。所谓化学损害是指通过改变生物体内的生物化学过程甚至导致器质性病变的损伤。如有机磷酯化合物类农药主要通过抑制胆碱酯酶的活性,使生物体乙酰胆碱超常累积,因而导致生物体的极度兴奋而死亡。

外源化学物对机体的毒性作用,可根据毒性作用的特点、发生时间和部位以及机体对化学毒物的敏感性分为以下几类:

①按毒作用发生的时间分类。

a.急性毒性:指机体一次给予受试化合物,低毒化合物可在 24 h 内多次给予,经吸入途径和急性接触,在短期内(<2 周)发生的毒效应。如腐蚀性化学物、神经性毒物、氧化磷酸化抑制剂等,均可引起急性毒作用。

b.亚慢性毒性(短期毒性试验):指机体在相当于 1/20 左右生命期间,少量反复接触某种有害化学和生物因素所引起的损害作用。如职业接触的化学物,多数表现出这种作用。

　　c.慢性毒性(长期毒性试验):指外源化学物质长时间少量反复作用于机体后所引起的损害作用。

　　d.迟发性毒作用:指接触当时不引起明显病变,或者在急性中毒后临床上可暂时恢复,但经过一段时间后,又出现一些明显的病变和临床症状,这种作用称为迟发性毒作用。典型的例子是重度 CO 中毒,经救治恢复神志后,过若干天又可能出现精神或神经症状。

　　e.远期毒作用:指化学物作用于机体或停止接触后,经过若干年后发生中毒病理改变的毒作用。一般指"三致作用",即致突变、致癌和致畸作用。如致癌性外源化学物,人类一般要在初次接触后 10～20 年才能出现肿瘤。

　　一般说来,接触毒物后迅速中毒,说明其吸收、分布快,作用直接;反之则说明吸收缓慢或在作用前需经代谢转化。中毒后迅速恢复,说明毒物能很快被排出或被解毒;反之则说明解毒或排泄效率低,或已产生病理或生化方面的损害以致难以恢复。

　　②按毒作用发生的部位分类。

　　a.局部毒作用:指某些外源化学物在机体接触部位直接造成的损害作用。如接触腐蚀性酸碱所造成的皮肤损伤,吸入刺激性气体引起的呼吸道损伤等,这类作用表现为受作用部位的细胞广泛破坏。

　　b.全身毒作用:化学物经吸收后,随血液循环分布到全身而产生的毒作用。毒物被吸收后的全身作用,其损害一般主要发生于一定的组织和器官系统,受损伤或发生改变的可能只是个别器官或系统,此时这些受损的器官称为靶器官。未受损害的即为非靶生物或非靶器官,常表现为麻醉作用、窒息作用、组织损伤及全身病变。

　　③按毒作用损伤的恢复情况分类。

　　a.可逆毒作用:指停止接触毒物后其作用可逐渐消退。接触的毒物浓度越低,时间越短,造成的损伤越轻;则脱离接触后其毒性作用消失得就越快,所产生的毒作用多是可逆的。

　　b.不可逆毒性作用:指停止接触毒物后,引起的损伤继续存在,甚至可进一步发展的毒作用。例如,外源化学物引起的肝硬化、肿瘤、致突变、致癌、神经元损伤等就是不可逆的。化学物的毒性作用是否可逆,在很大程度上还取决于所受损伤组织的修复和再生能力。例如,肝脏具有较高的再生能力,因此大多数肝损伤是可逆的,反之,中枢神经系统的损伤,多数是不可逆的。机体接触的化学物的剂量大、时间长,常产生不可逆的作用。

　　(2)毒物作用的影响因素　毒性作用是毒物与机体相互作用的结果。但是,机体接触化学物后是否表现出毒作用,以及毒作用的性质和强度受到很多因素的影响。因此,了解污染物毒作用的影响因素,对于设计化学物的毒性方案、全面评价毒理学资料具有重要意义。

　　影响毒物毒作用的因素,从毒理学概括为下列四个方面:

　　①毒物因素　毒物毒性的大小与其化学结构和理化特性有密切关系,物质的化学结构决定其理化特性与化学活性,而后者又可影响物质的生物活性。化学结构除可影响毒性大小外,还可影响毒作用的性质。如苯有抑制造血机能的作用,当苯环中的氢原子被氨基或硝基取代时就具有形成高铁血红蛋白的作用。影响毒性作用大小的理化特性主要有溶解度、挥发度、分散度和纯度。

　　②接触(染毒)条件　接触条件包括染毒容积与浓度、溶解毒物的溶剂及染毒途径。

　　在动物实验中一次经口染毒的容积一般为体重的 $1\%\sim2\%$。静脉注射的上限,鼠类为

0.5 mL,较大动物为 2 mL。容积过大可影响毒性反应。在慢性实验中把毒物混入饲料染毒时,如果受试物毒性很低,要防止其容积过大而妨碍食欲,影响营养状况。

染毒前往往要将毒物以不同溶剂配成适当的剂型。常用的溶剂有水、生理盐水、植物油、二甲亚砜等,如选择不当有可能加速或减缓毒物的吸收、排泄而影响其毒性。如 DDT 的油溶液对大鼠的 LD_{50} 为 150 mg/kg,DDT 水混悬液的 LD_{50} 为 50 mg/kg,这是由于油能促进该毒物的吸收所致。

染毒途径不同,毒物的吸收、分布及首先到达的靶器官和组织不同,即使染毒剂量相同,其毒性反应的性质和程度也不同。例如,各种染毒途径中以静脉注射吸收最快,其他途径的吸收速度一般依次为:呼吸道＞腹腔注射＞肌肉注射＞经口＞经皮。在实验研究中要根据毒物的性质、在环境中存在的形式、接触情况以及实验目的等选择适当的染毒途径。

③生物体差异　在相同环境条件下,同一毒物对不同的种属的动物或同种动物的不同个体或不同发育阶段所产生的毒性有很大差异,这主要是由于机体的感受性和耐受性不同所致,并随动物种属、年龄、性别、营养和健康状况等因素而异。

④环境因素　影响毒物毒性的环境因素很多,诸如温度、湿度、气压、季节或昼夜节律以及其他物理因素(如噪声)、化学因素(联合作用)等。如环境温度的改变会影响毒性。高温可使代谢亢进,促进毒物吸收,使毒性增高,温度下降可使毒性反应减轻。

(3)毒效应图　机体接触外源化学物后,根据外源化学物的性质和剂量,可引起多种变化,产生的毒效应包括肝、肾、肺等实质器官损伤、内分泌系统紊乱、免疫抑制、神经行为改变,出现畸胎、形成肿瘤等多种形式。效应的范围则从微波的生理生化正常值的异常改变到明显的临床中毒表现,直到死亡。毒效应的这些性质与强度的变化构成了外源化学物毒效应谱。具体表现为:①机体对外源化学物的负荷增加;②意义不明的生理和生化改变;③亚临床改变;④临床中毒;⑤死亡。机体负荷是指在体内化学物和/或其代谢物的量及分布。亚临床改变、临床中毒、死亡属于损害作用(毒效应),毒效应还包括致癌、致突变和致畸胎作用。外源化学物对机体的毒效应图见图 2-2。

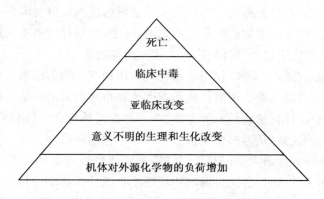

图 2-2　外源化学物对机体的毒效应图

化学物对机体的毒效应受多种因素影响,这些因素可分为外来因素和内在因素。外来因素如化学物结构、剂量、接触的频数、接触途径、其他化合物的存在以及各种环境因素。内在因素如胃肠道状态、肠道微生物群、肝的代谢能力以及潜伏期(对致癌而言)。

3.3　致死剂量或浓度

毒理学是对物质毒性进行定量分析,所以需要了解某一物质对生物体的中间剂量的效应,即剂量范围。在剂量范围内,实验组的供试生物体以相似的方式发生应答(中毒效应);在同一剂量时,有一定比例的生物体出现中毒症状。在一定的剂量范围内,同一种物质的毒效应随着剂量的增加,显示出相应的规律性变化,这称为毒性物质的剂量-效应关系。

(1)剂量及分类　剂量是决定外来化合物对机体损害作用的重要因素。它既可指给予机体的数量或与机体接触的外来化合物的数量,也可指外来化合物吸收进入机体的数量,外来化合物在关键组织、器官或体液中的浓度或含量。由于后者的测定不易准确进行,所以一般剂量的概念,即为给予机体的外来化合物数量或与机体接触的数量。剂量包括以下几种剂量:

①接触剂量　又称外剂量,是指外源化学物与机体(如人、指示生物、生态系统)的接触剂量,可以是单次接触或某一浓度下一定时间的持续接触。

②吸收剂量　又称内剂量,是指外源化学物穿过一种或多种生物屏障,吸收进入人体内的剂量。

③到达剂量　又称靶剂量或生物有效剂量,是指吸收后到达靶器官(如组织、细胞)的外源化学物和/或其代谢产物的剂量。

由于内剂量不易测定,所以一般剂量的概念指给予机体化学物质的数量或被吸入人体的数量或在体液或组织中的浓度。一般多指进入机体的数量。剂量通常采用每千克体重摄取的毫克数(mg/kg)来表示。

表示剂量的单位是每单位体重接触的外来化合物的数量,如 mg/kg 体重。不同剂量的外来化合物对机体可以造成不同发生或不同程度的损害作用。换言之,造成不同性质或程度损害作用的剂量并不一样,因此,提及剂量,还必须与损害作用的性质或程度相联系。

(2)剂量的分级　化学物的毒性大小不同,有些化学物(如大部分饲料添加剂)只有在摄食极大剂量时才能引起动物中毒;而有些化学物质(如氰化物、肉毒杆菌毒素等)极少剂量就能使动物中毒死亡。可以利用两种方法来描述或比较外源化学物的毒性,一种是比较相同剂量外源化学物引起的毒作用强度;另一种是比较引起相同的毒作用的外源化学物剂量,后一种方法更易于定量。

在实验动物体内试验得到的毒性参数可分为两类。一类为毒性上限参数,是在急性毒性试验中以死亡为终点的各项毒性参数;另一类为毒性下限参数,即有害作用阈剂量及最大未观察到有害作用剂量,可以从急性、亚急性、亚慢性和慢性毒性试验中得到。剂量包含致死剂量、阈剂量、最大无作用剂量。

①致死剂量(LD)　致死剂量是指在急性毒性试验中外源化学物引起受试实验动物死亡的剂量称为致死量,一般用 mg/kg 表示;如果当化学物存在于空气中或水中,就叫致死浓度(LC),用 mg/L 表示。但由于群体中,死亡个体数目的多少有很大程度的差别,所需的剂量也不一致,因此,致死量又具有下列不同概念。

a. 绝对毒死量(LD_{100}):指外源化学物引起一组实验动物全部死亡的最低剂量。随着接触(摄入)剂量的增加群体中表现有一种或多种不良反应的个体数目也增加,直到全部对象都出现程度不同的严重毒效应,最后达到一定剂量时先是部分个体然后全体死亡。由于在一个动物群体中,不同个体之间对外源化学物耐受性存在差异,个别个体耐受性过高,故 LD_{100} 常有很大的波动性。因此,一般不把 LD_{100} 作为评价上源化学物毒性高低或对不同外源化学物毒性进行比较的参数。

b. 半数致死量(LD_{50}):指给受试动物一次或者 24 h 内多次染毒后引起实验动物死亡一半时所需要的剂量,是根据实验数据,经数理统计处理获得。LD_{50} 较少受个体耐受程度差异的影响,是所有毒性参数中最敏感和最稳定的,所以 LD_{50} 是评价外源化学物急性毒性大小最主要的参数,也是对不同化学物进行急性毒性分级的基础标准。外源化学物毒性大小于 LD_{50} 成反比,即毒性越大,LD_{50} 越小,反之,LD_{50} 越大。

c. 最小致死量(MLD 或 LD_{01}):指外源化学物使受试动物群体中引起个别动物出现死亡的剂量。从理论上讲,低于此剂量不能引起动物死亡。

d. 最大耐受量(MTD 或 LD_0):指在一个群体中不引起死亡的最高剂量。接触此剂量的个体可以出现严重的毒性作用,但不发生死亡。

②最小有作用剂量(LOEL) 也称阈剂量,是指在一定时间内,一种外源化学物按一定方式或途径与机体接触,使机体开始出现不良反应的最低剂量,即稍低于阈值时效应不发生,而达到或稍高于阈值时效应将发生,也可说是使机体某项观察指标产生超出正常变化范围的最小剂量。一种化学物对每种效应都可有一个阈值,因此一种化学物可有多个阈值。对某种效应,对不同的个体可有不同的阈值。同一个体对某种效应的阈值也可随时间而改变。

阈剂量包括急性阈剂量和慢性阈剂量。阈剂量是制定卫生标准的主要依据,特别是慢性阈剂量是制定车间空气中最高容许浓度时不可缺少的参数。阈剂量应该在实验测定的最大无作用剂量(NOEL)和最小有作用剂量(LOEL)之间,最小有作用剂量稍高于最大无作用剂量。在利用最大无作用剂量或最小有作用剂量时,应说明测定的是什么效应,什么群体和什么染毒途径。阈剂量并不是实验中所能确定的,在进行危险性评价时通常用 NOEL 和 LOEL 问题为阈值的近似值。

③最大无作用剂量(MNEL) 最大无作用剂量是指在一定时间内,一种外源化合物按一定方式或途径与机体接触,用最灵敏的试验方法和观察指标,亦未能观察到任何对机体的损害作用或使机体出现异常反应的最高剂量,又称未观察到的作用剂量(NOLE)。如果涉及外源化学物在环境中的浓度,则称为最大无作用浓度。

一般来说,略高于最大无作用剂量或浓度,即为最小有作用剂量。LOEL 就指在一定时间内,一种外来化合物按一定方式或途径与机体接触,能使某项观察指标开始出现异常变化或使机体开始出现损害作用所需的最低剂量。表示一种外来化合物的最大无作用剂量和最小有作用剂量时,必须说明试验动物的物种品系、接触方式或途径、接触持续时间和观察指标。最大无作用剂量是制定食品安全性风险评估中最基本的参数,是评定外来化合物对机体损害作用的主要依据同,它得之于食品安全性评价程序所限定的动物毒性实验(亚慢性毒性或慢性毒性试验),具有统计学意义和生物学意义。通过将试验动物进行毒理学试验获得的 NOEL 数据外推到人,可制订一种外来化合物的人体每日允许摄入量(ADI)和最高允许浓度(MAC)。ADI 实际上是人的最大无作用剂量。

在亚慢性和慢性毒性试验中,获得最大无效应剂量 NOEL 是最主要目的,NOEL 与 LD_{50} 是食品安全性毒理学评价中最重要的两个指标。前者代表食品或化学物的长期迟发毒性,后者代表急性毒性。需要指出,化学物的 LD_{50} 与 NOEL 之间没有必然的联系。

　　(3)毒物的效应　在毒理学研究中,外源化学物与动物机体接触后引起的有害生物学改变,称为毒物的效应。动物机体对化学毒物的效应包括两大类:一类效应的观察结果属于计量资料,有强度和性质的差别,可以被定量测定,而且所得资料是连续的。如有机磷农药抑制血中胆碱酯酶的活性,其程度可以用酶活性单位的测定值表示。这类效应称为量反应。另一类效应是"全或无"现象的计数资料,没有强度的差别,不能以具体的数值来表示,只有两种可能性,即:发生与不发生。常以"阴性或阳性""有或无"来表示,如死亡或存活、中毒或未中毒,这种效应称为质反应。

　　量反应指接触一定剂量外来化学物后所引起的一个生物、器官或组织的生物学改变。通常用于表示外源化学物在个体中引起的毒效应强度的变化,此种变化的程度用计量来表示,例如,毫克每单位等。例如,某种有机磷化合物可使血液中胆碱酯酶的活力降低,四氯化碳能引起血清中谷丙转氨酶的活力增高,苯可使血液中白细胞计数减少等,均为各种外来化学物在机体引起的效应。

　　质反应指接触某一化学物的群体中出现某种效应的个体在群体中所占比率。用于表示外源化学物质在群体中引起的某种毒效应发生的比例,一般以百分率或比值表示,如死亡率、肿瘤发生率等。其观察结果只能以"有"或"无""异常"或"正常"等计数资料来表示。

　　在一定的条件下,量反应可以转化为质反应。如把血液中转氨酶的活性单位大于或等于80时诊断为肝损伤的指标,低于此值则为肝功能正常,这样以该值为界,即可将量反应转换为质反应。

　　(4)剂量-反应关系　剂量-反应关系表示外源化学物的剂量与个体中发生的量反应强度之间的关系。如在空气中CO浓度增加导致红细胞中碳氧血红蛋白含量随之升高,血液中铅浓度增加引起氨基乙酰丙酸脱氢酶(ALAD)的活性相应下降,都是表示剂量-量反应关系的实例。

　　剂量-质反应关系表示外源化学物的剂量与某一群体中质反应发生率之间的关系。如在急性吸入毒性实验中,随着苯浓度的增高,各试验小组的小鼠死亡率也相应增高,表明存在剂量-质反应关系。

　　剂量-量反应关系和剂量-质反应关系统称为剂量-反应关系,是毒理学的重要概念。剂量-反应关系是指外源化学物质的剂量与在个体或群体中引起某种效应之间的关系。外源化学物的剂量越大,所致的量反应强度应该越大,或出现的质反应发生率应该越高。

　　在毒理学研究中,剂量-反应关系的存在被视为受试物与机体损伤之间存在的因果关系的证据。如果某种外源化学物与机体出现的某种损害作用存在因果关系,则一定存在明确的剂量-反应关系。

3.4　食品安全性毒理学评价程序

　　各类危害人体健康的化学物质,其暴露作用的定性定量分析是一个复杂的过程,涉及毒理学、流行病学、临床医学、化学(分析化学、有机化学、生物化学)和生物统计学等,其中毒理学和流行病学是较为重要的部分。从毒理学试验获得的数据有限时,就要运用流行病学进行分析。

　　食品中危害物质的毒理学数据主要从动物毒理学研究中获得,和流行病学相比毒理学研究具有实验设计优点,所有条件均可保持连续性。进行确定物质的暴露分析、暴露过程和暴露条件(如饮食、气候等)能被仔细监测和控制,并用组织病理学和生物化学方法提供可能的高敏感性的副作用反应研究。和毒理学相比,流行病学是一门观察科学,这是它的强项也是它的弱点。它存在暴露和反应的时间差问题,也许当人们已暴露于某一危害物时,流行病学还未能观察出结果,这样来看对于新化学物,流行病学观察是无用的工作,人们还要依靠毒理学研究。

(1)对不同受试物选择毒性试验的原则　在毒理学安全性评价时,需根据受试物质的种类来选择相应的程序,不同的化学物质所选择的程序不同,一般根据化学物质的种类和用途来选择国家标准、部委和各级政府发布的法规、规定和行业规范中相应的程序。

毒理学评价采用分段进行的原则,即各种毒性试验按一定顺序进行,明确先进行哪项试验,再进行哪项试验。目的是以最短的时间、用最经济的办法取得最可靠的结果。实际工作中常常是先安排试验周期短、费用低、预测价值高的试验。

不同的评价程序对毒性试验划分的阶段性有不同的要求,有些程序要求进行人体或人群试验。我国《食品安全性毒理学评价程序》(GB 15193.1)中对不同受试物进行几个阶段试验原则规定如下:

①凡属我国创新的物质,特别是其化学结构提示有慢性毒性、遗传毒性或致癌性可能的,或产量大、使用面广、摄入机会多的,必须进行全部四个阶段的毒性试验;

②凡属与已知物质(指经过安全性评价并允许使用者)的化学结构基本相同的衍生物或类似物,则可进行前三阶段试验,并按试验结果判断是否需要进行第四阶段试验;

③凡属已知的化学物质,世界卫生组织对其已公布每人每日允许摄入量的,同时能证明我国产品的质量规格与国外产品一致,则可先进行第一、第二阶段试验。如果产品质量或试验结果与国外资料一致,一般不要求进行进一步的毒性试验,否则尚应该进行第三阶段试验。

④农药、食品添加剂、食品新资源和新资源食品、辐照食品、食品工具及设备用清洗消毒剂的安全性毒理学评价试验的选择。

(2)受试物的要求

①收集化学物质有关的基本资料。

a.对于单一的化学物质,应提供受试物(必要时包括其杂质)的物理、化学性质(包括化学结构、纯度、稳定性等)。对于配方产品,应提供受试物的配方,必要时应提供受试物各组成成分的物理、化学性质(包括化学名称、结构、纯度、稳定性、溶解度等)有关资料。

b.提供原料来源、生产工艺、人体可能的摄入量等有关资料。

c.受试物必须是符合既定配方的规格化产品,其组成成分、比例及纯度应与实际应用的相同,在需要检测高纯度受试物及其可能存在的杂质的毒性或进行特殊试验时可选用纯品,或以纯品及杂质分别进行毒性检测。

②选择实验动物的要求。

a.动物种属的选择　动物试验的目的是外推到人,因此选择与人相似的动物更有说服力,但不同动物对各种化学物质的生物学反应不同,为了减少试验动物与人类之间存在的差异,希望在动物试验中所观察到的毒性反应与人类接近,使动物试验结果更能反映人体的情况。一般地,与人类的亲缘关系越接近,其试验结果越有价值,但与人相似的灵长类动物不易获得,且价格昂贵,所以很少采用。为保证人类的安全可选择对受试物敏感的动物进行试验,如黄曲霉素选择雏鸭,氰化物选择鸟类。实际操作中往往不了解受试物对何种动物敏感,通常采用成年小鼠或大鼠。但大、小鼠属于啮齿类动物,无呕吐反射,因此,有呕吐作用的受试物应选择猫等非啮齿类动物。

　　所选择的实验动物种类对受试化学物的代谢方式尽可能与人类相近。在外来化学物的毒理学评价的动物试验中,应优先考虑的是哺乳类的杂食动物。大鼠是杂食动物,而且食性和代谢过程与人类接近,对许多化学物质也比较敏感,且体形较小,自然寿命不太长,价格便宜,比较容易饲养,故在毒理学试验中,除特殊情况外一般多采用大鼠。此外,小鼠、仓鼠、豚鼠、家兔、狗或猴等也可供使用。

　　b.动物品系的选择　所谓品第是指源出于一个共同祖先而具有特定基因的一群生物。不同品系的同种动物,可对同一被检物发生不同性质或不同程度反应,即存在品系差异。为了在同种动物中减少这种遗传特性所决定的品系差异,在毒性试验中,最好采用纯品系,即"纯种"动物。

　　(3)食品安全性毒理学评价具体规定　食品安全性毒理学评价试验分四个阶段:第一阶段为急性毒性试验;第二阶段包括遗传毒性试验、传统致畸试验和30 d喂养试验;第二阶段为亚慢性毒性试验(90 d喂养试验、繁殖试验、代谢试验);第四阶段为慢性毒性试验(包括致癌试验)。

　　①急性毒性试验　指一次给予受试物或在24 h内多次给予受试物所产生的毒性反应。通过急性试验可以确定试验动物对受试物的毒性反应、中毒剂量或致死剂量。致死剂量通常用半数致死量(LD_{50})来表示。

　　a.试验目的　测定LD_{50},了解受试物的毒性强度、性质和靶器官,为进一步毒性试验的剂量和毒性判定指标的选择提供依据,并根据LD_{50}进行毒性分级。

　　b.结果判定　如果投药量大于5 000 mg/kg,无死亡,可认为该品毒性较低,无须做致死量精确测定。如LD_{50}剂量小于人的可能摄入量的10倍,则放弃该受试物用于食品,不再继续其他毒性试验。如大于10倍者,可进行下一阶段的毒理学试验。凡是LD_{50}在10倍左右时,应进行重复试验,或用另一种方法进行验证。

　　急性毒性试验不能反映受试物对人类潜在的长期和慢性危害,特别是对那些急性毒性很小的致癌物质,长期少量摄入能诱发癌症的产生。由于急性毒性试验不能作为安全评价的依据,需进行下面的遗传毒理学试验和代谢试验。

　　②遗传毒性试验、传统致畸试验和30 d喂养试验

　　a.遗传毒性试验　遗传毒性试验主要是指对致突变作用进行测试的试验。在毒性试验中,如果食物中某种物质能引起某些动物或人体细胞发生突变,不论其发生如何,均认为是一种毒性表现,应在食品中严格限制。遗传毒性试验的组合应该考虑原核细胞与真核细胞、体内试验与体外试验相结合的原则。

　　试验目的　对受试物的遗传毒性以及是否具有潜在致癌作用进行筛选。

　　结果判定　如果食物中某种物质能引起某些动物或人体细胞发生突变,则表示该受试物很可能具有遗传毒性和致癌作用,一般应放弃该受试物应用于食品。

　　b.致畸试验　常用试验动物为大鼠、小鼠和家兔,其原理是母体在孕期受到可通过胎盘屏障的某种有害物质作用,影响胚胎的器官分化与发育,导致结构和机能的缺陷,出现胎仔畸形。因此,受孕动物胚胎着床后,并已开始进入细胞及器官分化期时给予受试物,可检出该受试物对胎仔的致畸作用。

　　试验目的　了解受试物是否具有致畸作用。

结果判定　　通过计算致畸指数以比较不同有害物质的致畸强度,计算致畸危害指数表示有害物质在食品中存在时人体受害概率:

$$致畸指数＝雌鼠\ LD_{50}/最小致畸剂量$$
$$致畸危害指数＝最大不致畸量/最大可能摄入量$$

以致畸指数 10 以下为不致畸,10～100 为致畸,100 以上为强致畸。致畸危害指数大于 300 说明该物质对人危害小,100～300 为中等,小于 100 为大。

　　c.30 d 喂养试验　　选择急性毒性试验已证明为对受试物敏感的动物种属和品系,一般选用啮齿类动物,首选品种为大鼠,进行 30 d 喂养试验。

　　试验目的　　对只需进行第一、第二阶段毒性试验的受试物,在急性毒性试验的基础上,通过 30 d 喂养试验,进一步了解其毒性作用,观察对生长发育的影响,并可初步估计最大未观察到有害作用剂量。

　　结果判定　　若短期喂养试验未发现有明显的毒性作用,综合其他各项试验结果可做出初步评价;若试验中发现有明显毒性作用,尤其是有剂量-反应关系时,则考虑进行进一步的毒性试验。

　　③亚慢性毒性试验　　亚慢性毒性试验指实验动物连续多日接触较大剂量的外来化合物出现中毒效应的试验,包括 90 d 喂养试验、繁殖试验、代谢试验。根据以上三项试验中所采用的最敏感指标所得的最大无作用剂量进行评价。

　　90 d 喂养试验　　在了解受试物的纯度、溶解特性、稳定性等理化性质的前提下,并通过急性毒性试验及遗传毒性试验所取得的有关毒性的初步资料之后,进行 90 d 喂养试验。试验时至少应设 3 个剂量组和一个对照组,每个剂量组至少 20 只动物,雌、雄各 10 只。剂量的选择原则上高剂量组的动物在喂饲受试物期间应当出现明显中毒症状但不造成死亡。低剂量组不引起毒作用,互联网最大无作用剂量。在此二剂量间再设一个至几个剂量组,以期获得比较明确的剂量-反应关系。

　　试验目的　　观察受试物以不同剂量水平经长期喂养后对动物的毒性作用性质和靶器官,并初步确定最大无作用剂量。

　　结果判定　　将所有观察的中毒和死亡情况,检测的血液学指标、血液生化指标、组织器官检测和病理组织学检查等进行统计学处理。

　　繁殖试验　　凡受试物引起生殖机能障碍,干扰配子的形成或使生殖细胞受损,其结果除可影响受精卵着床而导致不孕外,尚可影响胚胎的发生及胎儿的发育,如胚胎死亡导致自然流产、胎儿发育迟缓以及胎儿畸形。如果对母体造成不良影响会出现妊娠、分娩和乳汁分泌的异常,也出现胎儿出生后发育异常。

　　试验目的　　了解受试物对动物繁殖及对仔代的致畸作用,为慢性毒性和致癌试验的剂量选择提供依据。

　　结果判定　　将一般健康状况指标(体重、采食量、死亡、产仔总数、平均仔重等)和受孕率、妊娠率、哺乳存活率、胎儿畸形情况等进行统计学处理。

　　代谢试验　　代谢试验是一种阐明外来化学物质进入机体后在体内吸收、分布与排泄等生物转动过程和转变为代谢物的生物转化过程的试验。

　　试验目的　　了解受试物在体内的吸收、分布和排泄速度以及蓄积性,寻找可能的靶器官;

为选择慢性毒性试验的合适动物种、系提供依据;了解代谢产物的形成情况。

结果判定 根据吸收率、组织分布及排泄情况,估计受试物在体内的代谢速率和蓄积性;根据代谢物结构及性质,推断受试物在体内可能的代谢途径及有无毒性代谢物的生成。

亚慢性毒性试验结果的判定 根据 90 d 喂养试验、繁殖试验、传统致畸试验中的最敏感指标所得最大未观察到有害作用剂量进行评价,原则是:

第一,最大未观察到有害作用剂量小于或等于人的可能摄入量的 100 倍表示毒性较强,应放弃该受试物用于食品。

第二,最大未观察到有害作用剂量>100 倍而<300 倍者,应进行慢性毒性试验。

第三,≥300 倍者则不必进行慢性毒性试验,可进行安全性评价。

④慢性毒性试验(包括致癌试验) 慢性试验是观察试验动物长期摄入受试物所产生的毒性反应。在动物的大部分生命周期间,反复给予受试物后观察慢性毒性及剂量-反应关系,尤其是进行性的不可逆毒性作用及肿瘤疾患。

试验目的 了解经长期接触受试物后出现的毒性作用以及致癌作用;最后确定最大未观察到有害作用剂量,为受试物能否应用于食品的最终评价提供依据。

结果判定 根据慢性毒性试验所得的最大未观察到有害作用剂量进行评价,原则是:

a.最大未观察到有害作用剂量小于或等于人的可能摄入量的 50 倍者,表示毒性较强,应放弃该受试物用于食品。

b.最大未观察到有害作用剂量>50 倍而<100 倍者,经安全性评价后,决定该受试物可否用于食品。

c.最大未观察到有害作用剂量≥100 倍者,则可考虑允许使用于食品。

根据致癌试验所得的肿瘤发生率、潜伏期和多发性等进行致癌试验结果判定的原则是:凡符合下列情况之下,并经统计学处理有显著性差异者,可认为致癌试验结果阳性。若存在剂量-反应关系,则判断阳性更可靠。

a.肿瘤只发生在试验组动物,对照组中无肿瘤发生。

b.试验组与对照组动物均发生肿瘤,但试验组发生率高。

c.试验组动物中多发性肿瘤明显,对照组中无多发性肿瘤,或只是少数动物有多发性肿瘤。

d.试验组与对照组动物肿瘤发生率虽无明显差异,但试验组中发生时间较早。

3.5 食品安全性评价时需要考虑的因素

①试验指标的统计学意义和生物学意义 在分析试验组与对照组指标统计学上差异的显著性时,应根据其有无剂量-反应关系、同类指标横向比较与本实验室的历史性对照值范围比较的原则等来综合考虑指标差异有无生物学意义。此外如在受试物组发现某种肿瘤发生率增高,即使在统计学上与对照组比较差异无显著性,仍要给以关注。

②生理作用与毒性作用 在实验中某些指标的异常改变,在结果分析评价时要注意区分是生理学不是受试物的毒性作用。

③人的可能摄入量较大的受试物 应考虑给予受试物量过大时,可能影响营养素摄入量及其生物利用率,从而导致动物某些毒理学表现,而非受试物的毒性作用所致。

④时间-毒性效应关系　对由受试物引起的毒性效应进行分析评价时,要考虑在同一剂量水平下毒性效应随时间的变化情况。

⑤人的可能摄入量　除一般人群的摄入量外,还应考虑特殊和敏感人群(如儿童、孕妇及高摄入量人群)。对孕妇、乳母或儿童食用的食品,应特别注意其胚胎毒性或生殖发育毒性、神经毒性和免疫毒性。

⑥人体资料　由于存在着动物与人之间的种属差异,在评价食品的安全性时,应尽可能收集人群接触受试物后的反应资料,如职业性接触和意外事故接触等。志愿受试者体内代谢资料对于将动物试验结果推论到人具有重要的意义。在确保安全的条件下,可以考虑遵照有关规定进行人体试食试验。

⑦动物毒性试验和体外试验资料　本程序所列的各项动物毒性试验和体外试验虽然仍有待完善,却是目前水平下所得到的最重要的资料,也是进行评价的主要依据。在试验得到阳性结果,而且结果的判定涉及受试物能否应用于食品时,需要考虑结果的重复性和剂量-反应关系。

⑧安全系数　由动物毒性试验结果推论到人时,鉴于动物、人的种属和个体之间的生物学差异,一般采用安全系数的方法,以确保人的安全性。安全系数通常为100倍,但可根据受试物的理化性质、毒性大小、代谢特点、接触的人群范围和人的可能摄入量、食品中的使用量及使用范围等因素,综合考虑增大或减小安全系数。

⑨代谢试验资料　代谢研究是对化学物质进行毒理学评价的一个重要方面,因为不同化学物质、剂量大小,在代谢方面的差别往往对毒性作用影响很大。在毒性试验中,原则上应尽量使用与人具有相同代谢途径和模式的动物种系来进行试验。研究受试物在实验动物和人体内吸收、分布、排泄和生物转化方面的差别,对于将动物试验结果比较正确地推论到人具有重要意义。

⑩综合评价　在进行最后评价时,必须综合考虑受试物的理化性质、毒性大小、代谢特点、蓄积性、接触的人群范围、食品中的使用量与使用范围、人的可能摄入量等因素,在受试物可能对人体健康造成的危害以及其可能的有益作用之间进行权衡。评价的依据不仅是科学试验的结果,而且与当时的科学水平、技术条件以及社会因素有关。因此,随着时间的推移,很可能结论也不同,随着情况的不断改变,科学技术的进步和研究工作的不断进展,有必要对已通过评价的化学物质进行重新评价,做出新的结论。

3.6　安全性毒理学评价中需注意的问题

影响毒性鉴定和安全性评价的因素很多,进行安全性评价时需要考虑和消除多方面因素的干扰,尽可能做到科学、公正地做出评价结论。

(1)实验设计的科学性　化学物质安全性评价将毒理学知识应用于卫生科学,是科学性很强的工作,也是一项创造性的劳动,因此不能以模式化对待,必须根据受试化学物的具体情况,充分利用国内外现有的相关资料,讲求实效地进行科学的实验设计。

(2)试验方法的标准化　毒理学试验方法和操作技术的标准化是实现国际规范和实验室间数据比较的基础。化学物安全性评价结果是否可靠,取决于毒理学实验的科学性,它决定了对实验数据的科学分析和判断。如何进行毒理学科学的测试与研究,要求有严格规范的规定与评价标准。这些规范与基准既符合毒理科学的原理,又是良好的毒理与卫生科学研究实践的总结。因此,毒理学评价中各项试验方法力求标准化、规范化,并应有质量控制。

（3）熟悉毒理学试验方法的特点　对毒理学实验不仅要了解每项试验所能说明的问题,应该了解试验的局限性或难以说明的问题,以便为安全性评价做出一个比较恰当的结论。

（4）评价结论的高度综合性　在考虑安全性评价结论时,对受试化学物的取舍或是否同意使用,不仅要根据毒理学试验的数据和结果,还应同时进行社会效益和经济效益的分析,并考虑其对环境质量和自然资源的影响,充分权衡利弊,做出合理的评价,提出禁用、限用或安全接触和使用的条件以及预防对策的建议,为政府管理部门的最后决策提供科学依据。

3.7　食品中有害化学物质限量标准的制定

制定食品中有害化学物质限量标准时,必须注意科学要求和实际可能性之间的关系,还要考虑当前测定方法的水平。一般食品中有害化学物质限量标准的制定步骤如下:

（1）确定动物最大无作用剂量　最大无作用剂量（MNL）是评定一种外来化学物质毒性作用的主要依据。在制定请允许量标准过程中,确定最大无作用剂量时一般采用该物质各项毒性指标 MNI 中的最具危险者。不仅根据一般慢性毒性动物试验结果,还必须全面考虑该化学物质的致癌、致畸、致突变等效应,并了解它在机体内的蓄积作用、代谢过程、与其他化学物质的联合作用以及形成的有害降解产物等。

（2）人体每日允许摄入量　人体每日允许摄入量（ADI）主要根据动物试验结果所得最大无作用剂量换算而来。

$$ADI(mg/kg) = MNL \times 1/100$$

式中,100 为安全系数,并非十分精确,可以适当调整。

例:某农药的 MNL 为 5 mg/kg 体重,则此农药的人体每日允许摄入量,

$$ADI = (5 \text{ mg/kg 体重}) \times 1/100 = 0.05 \text{ mg/kg 体重}$$

如果一般成人体重以 60 kg 计,则此农药成人 ADI 不应超过

$$(0.05 \text{ mg/kg 体重}) \times 60 \text{ kg} = 3 \text{ mg/(人 · d)}$$

（3）全部摄取食品中最高允许总量　人类每日允许摄入的化学物质不仅来源于食物,还可能来源于饮水和空气等。因此,必须首先确定该物质来源于食品的量占总量的比例,才能据此由 ADI 值计算该物质在食品中的最高允许量。一般情况下,通过食品进入人体的达到 80％～85％,而来自饮水、空气等其他途径者不足 15％。

（4）各种食品中最高允许量　为了确定一种化学物质在人所摄取的各种食品中最高允许量各为多少,首先要通过人群的膳食调查,了解含有该种物质（例如农药）的食品种类,以及各种食品的每日摄取量。此时可能有下列两种情况:

①含该农药的食品只有某种粮食,此种粮食正常人摄取量为 500 g/d,则该粮食中此种农药的最高允许量为 2.4 mg×1 000/500 g＝4.8 mg/kg。

②不仅粮食含有该种农药,而且蔬菜也含有,人体每日摄取粮食和蔬菜量分别为 500 g 和 300 g,故粮食与蔬菜中该农药最高允许量平均为:2.4 mg×1 000/(500＋300)g＝3 mg/kg。

不论含有该农药的食品有多少种,均可如此推算。至于多种食品的最高允许含量之间是否应有差别则可根据具体情况而定。

(5)各种食品中的允许量标准 按照上述方法计算得出的各种食品中该农药的最高允许含量,是该农药在各种食品中允许含量的最高限度,是计算得出的理论值。为了更切合实际情况,对人体安全更有保证,还应根据具体情况作适当调整。

①如果食品中实际含量低于最高允许含量时,则应将实际含量作为允许量标准;如果实际含量高于最高允许量,则必须找出其原因所在并设法降低。原则上允许标准不能超过最高允许含量。

②在具体制定允许量标准的界限数值时,要根据该物质的毒性特点和人类实际摄入情况考虑应该较为严格或稍加放宽。

考虑该化学物质在人体内的积蓄性及代谢特点,不易排泄或解毒者从严。

考虑该化学物质的毒性特点,产生严重后果(如致癌、致畸、致突变等)者从严。

考虑含有该物质的食品的食用发问,长时间大量食用者从严。

考虑食用对象,供儿童、病人食用者从严。

考虑该化学物质在烹调加工过程 中的稳定性,稳定性强者从严。

由上述情况得知,制定食品中某化学物质的允许量标准时,带有一定的相对性。故标准制定后,还应进行验证。此外,随着科学技术的发展,允许量标准还应不断进行修订。

【能力拓展】

食品添加剂安全性评价

随着科技水平的发展,食品添加剂的种类也在不断增加,目前使用的食品添加剂种类达14 000余种,其中直接使用的约5 000种,主要用于饮料、焙烤食品、卤制品、调味品、方便面、冷食制品、巧克力制品及炒类食品。我国在GB 2760《食品添加剂使用标准》中,将食品添加剂定义为:为改善食品品质和色、香、味,以及防腐、保鲜和加工工艺的需要而加入食品中的人工合成或天然物质。营养强化剂、食品用香料、胶基糖果中的基础物质、食品用加工助剂也包括在内。

FAO/WHO下设的食品添加剂联合专家委员会(JECFA)为了加强对食品添加剂安全性的审查与管理,制定出它们的ADI(人体每日允许量),并向各国政府建议。该委员会建议把食品添加剂分为四大类:

第一类为安全使用的添加剂,即一般认为是安全的添加剂,可以按正常需要使用,不得建立ADI。

第二类为A类,是JECFA已经制定的ADI和暂定ADI的添加剂,又分为A1、A2两类。

A1类为经过JECFA评价认为毒理学资料清楚,已经制定出ADI或认为毒性有限,无须规定ADI者。

A2类为JECFA已经制定暂定ADI,但毒理学资料不够完善,暂时许可用于食品者。

第三类为B类,是JECFA曾经进行过安全评价,但毒理学资料不足,未建立ADI,或者未进行过安全评价者,它又分为B1、B2两类。

B1 类为 JECFA 曾进行过安全评价,但毒理学资料不足,未制定 ADI 者。

B2 类为 JECFA 未进行安全评价者。

第四类为 C 类,是 JECFA 进行过安全评价,根据毒理学资料认为应该禁止使用的食品添加剂或应该严格限制使用的食品添加剂,它又分为 C1、C2 两类。

C1 类为 JECFA 根据毒理学资料认为,在食品中应该禁止使用的食品添加剂。

C2 类为 JECFA 认为应该严格限制,作为某种特殊用途使用的食品添加剂。

由于毒理学、分析技术以及食品安全性评价的不断发展,某些原来经 JECFA 评价认为是安全的品种,经过再次评价后,安全评价结果有可能发生变化,如糖精,原来曾经被划分为 A1 类,后经大鼠试验可致癌,经过 JECFA 评价后已暂定其 ADI 为 $0 \sim 2.5$ mg/kg 体重。因此,对于食品添加剂的安全性问题应该及时注意新的发展和变化。

【知识延伸】

食品生产过程中混入某些对人体健康有害的物质称之为食品污染。污染食品的物质称为食品污染。食品中的有害物质除少量来源于天然动植原料本身外,主要来源于外界环境污染。

食品污染物质主要有三类:生物性污染,包括微生物、寄生虫及虫卵、昆虫等;化学性污染,包括农药、重金属、兽药、食品添加剂、其他有害化学物质等;物理性,包括固体杂质、放射性污染等。

生物性污染主要是微生物性污染,包括细菌导致的食品腐败变质,细菌性食物中毒、霉菌及其毒素、食源性传染病等。

化学性污染主要引起急性中毒、慢性中毒和"三致作用"(致癌、致畸形、致突变)。

物理性污染主要是放射性污染,来源于放射性物质的开采、冶炼、生产以及在生活中的应用与排放。食品可吸附或吸收放射性元素,特别是半衰期较长的核素,如 ^{137}Cs(铯)、^{90}Sr(锶),对人体健康危害较大。

【思考题】

1. 概念:食品安全 毒物 毒性 LD_{50} 安全限值
2. 食品毒理学安全性评价程序及其目的是什么?
3. 食品风险分析的构成有哪些内容?
4. 危害评估的组成有哪些内容?
5. 食品中有害化学物质限量标准的制定步骤有哪些?

【参考文献】

[1] 臧大存.食品质量与安全.北京:中国农业出版社,2010.

[2] 张晓燕.食品安全与质量管理.北京:化学工业出版社,2010.

[3] 江汉湖.食品安全性与质量控制.北京:中国轻工出版社,2010.

[4] 刁恩杰.食品安全与质量管理学.北京:化学工业出版社,2009.

[5] 成晓霞,张国顺.食品安全控制技术.北京:中国轻工出版社,2009.

[6] 刘雄,陈宗道.食品质量与安全.北京:化学工业出版社,2009.

[7] 刘爱红.食品毒理学.北京:化学工业出版社,2008.

模块三　食品安全支持体系(上)
食品法律法规与标准体系

【预期学习目标】

1. 理解食品标准。
2. 掌握食品法律法规体系。
3. 能够运用食品法律法规进行监督管理。
4. 会进行食品标准的制定。

【理论前导】

1　食品法规体系

食品法律法规体系是指以法律或政令形式颁布的,对全社会有约束力的权威性规定,包括法律规范和以技术规范为基础所形成的各种法规。具体的食品法规,往往偏重于技术规范。各种技术规范也随着时代的发展而不断地发展和完善。

1.1　食品法律法规

食品法律法规是指由国家制定或认可,以加强食品监督管理,保证食品安全卫生,防止食品污染和有害因素对人体危害,保障人民身体健康,增强人民体质为目的,通过国家强制力保证实施的法律规范的总和。食品法律法规是法律规范的一种类型,由国家制定或认可,具有普遍约束力,以国家强制力为后盾,保证其实施。食品法律法规制定的目的是保证食品的安全,防止食品污染和有害因素对人体的危害,保障人民身体健康,增强人民体质,这也是它与其他法律规范的重要区别所在。

我国的食品法律法规是由国家制定的适用于食品从农田到餐桌各个环节的一整套法律规定,其中食品法律和由职能部门制订的规章是食品生产、销售企业必须强制执行的,而有些标准、规范为推荐内容。食品法律法规是国家对食品进行有效监督管理的基础。中国目前已基本形成了由国家基本法律、行政法规和部门规章构成的食品法律法规体系。

(1)食品法律法规的渊源　法的渊源是指一定的国家机关依照法定职权和程序制定或认可的具有不同法律效力和地位的法的不同表现形式。我国法的渊源是以宪法为核心、以制定法为主。

宪法是国家的根本法,具有综合性、全面性和根本性。

法律指全国人民代表大会及其常务委员会制定的规范性文件,地位和效力仅次于宪法。

行政法规是国务院制定的关于国家行政管理的规范性文件,地位和效力仅次于宪法和法律。地方性法规是地方国家权力机关根据本行政区域的具体情况和实际需要依法制定的本行政区域内具有法律效力的规范性文件。

规章是国务院的组成部门及其直属机构在它们的职权范围内制定的规范性文件,省、自治区、直辖市人民政府也有权依照法定程序制定规章。

国际条约是我国作为国际法主体同外国缔结的双边、多边协议和其他条约、协定性质的文件。

(2)食品法律法规的构成

①我国的食品法律法规体系　依据食品法律法规的具体表现形式及其法律效力层级,我国已建立由不同法律效力层级的规范性文件构成的一整套较为完整的食品法律法规体系。主要包括以下5个方面的内容:

a.法律　全国人民代表大会常务委员会颁布的法律。《中华人民共和国食品安全法》是我国食品安全卫生法律体系中法律效力层级最高的规范性文件,是制定从属性食品安全卫生法规、规章及其他规范性文件的依据。现已颁布实施的与食品相关的法律有《产品质量法》《标准化法》《农业法》《进出口商品检验法》《进出境动植物检疫法》《广告法》《消费者权益保护法》《反不正当竞争法》和《商标法》等。

b.行政法规　行政法规分国务院制定的行政法规和地方性行政法规两类,其地位和法律效力仅次于宪法和法律。

食品行政法规由国务院根据宪法和法律,制定的食品行政管理活动的规范性法律文件。食品行业管理行政法规是指国务院的部委依法制定的规范性文件,行政法规的名称为条例、规定和办法。对某一方面的行政工作做出比较全面、系统的规定,称为"条例";对某一方面的行政工作做出部分的规定,称为"规定";对某一项行政工作做出比较具体的规定,称为"办法"。如《食盐加碘消除碘缺乏危害管理条例》《餐饮业食品卫生管理办法》《食品添加剂卫生管理办法》《保健食品管理办法》等。

地方性食品行政法规是指省、自治区、直辖市人民代表大会及其常务委员会依法制定的规范性文件,这种法规只在本辖区内有效,且不得与宪法、法律和行政法规等相抵触,并报全国人民代表大会常务委员会备案,才可生效。如《河北省食品卫生法实施细则》《河北省食品卫生索证管理办法》等。

c.规章　国务院各行政部门制定的部门规章和地方政府制定的规章。食品规章由国务院行政部门制定,在全国范围有效;或由省、自治区、直辖市以及省级人民政府所在地的市和经国务院批准的较大的市的人民政府制定,仅在有关地区有效。如《食品添加剂卫生管理办法》《有机食品认证管理办法》《转基因食品卫生管理办法》等。

d.规范性文件　规范性文件不属于法律、行政法规和部门规章,也不属于标准等技术规范。这类规范性文件包括国务院或个别行政部门所发布的各种通知,如《食品生产企业危害分析与关键控制点(HACCP)管理体系认证管理规定》等;地方性食品法规由省、自治区、直辖市以及省级人民政府所在地的市和经国务院批准的较大的市的人民代表大会及其常委会制定的适用于本地方的规范性文件,如地方政府相关行政部门制定的食品生产者采购食品及其原料的索证管理办法等。

e.食品标准　标准是生产和生活当中重复性发生的一些事件的一些技术规范。食品标准由于食品法的内容具有技术控制的双重性质,因此食品标准、食品技术规范和操作规程就成为食品法渊源的一个重要组成部分。食品标准是指食品工业领域各类标准的总和,如食品工业领域的各类标准,包括食品产品标准、食品卫生标准、食品分析方法标准、食品管理标准、食品添加剂标准、食品术语标准等。

②我国与食品相关的法律法规 我国已建立了一套完整的食品安全法律、法规体系,为保障食品安全、提升质量水平、规范进出口食品贸易秩序提供了坚实的基础和良好的环境。相关法律包括《中华人民共和国产品质量法》《中华人民共和国标准化法》《中华人民共和国计量法》《中华人民共和国消费者权益保护法》《中华人民共和国农产品质量安全法》《中华人民共和国刑法》《中华人民共和国食品安全法》《中华人民共和国进出口商品检验法》《中华人民共和国进出口动植物检疫法》《中华人民共和国国境卫生检疫法》和《中华人民共和国动物防疫法》等。

行政法规包括《国务院关于加强食品等产品安全监督管理的特别规定》《中华人民共和国工业产品生产许可证管理条例》《中华人民共和国认证认可条例》《中华人民共和国进出口商品检验法实施条例》《中华人民共和国进出口动植物检疫法实施条例》《中华人民共和国兽药管理条例》《中华人民共和国农药管理条例》《中华人民共和国出口货物原产地规则》《中华人民共和国标准化法实施条例》《无照经营查处取缔办法》《饲料和饲料添加剂管理条例》《农业转基因生物安全管理条例》和《中华人民共和国濒危野生动植物进出口管理条例》等。

部门规章包括《食品生产加工企业质量安全监督管理实施细则(试行)》《中华人民共和国工业产品生产许可证管理条例实施办法》《食品添加剂卫生管理办法》《进出境肉类产品检验检疫管理办法》《进出境水产品检验检疫管理办法》《农产品产地安全管理办法》《农产品包装和标识管理办法》和《出口食品生产企业卫生注册登记管理规定》等。

(3)食品法律法规的分类 我国食品法规,根据其调整的范围可以分为综合性法规、单项法规、食品标准等。

综合性法规如《中华人民共和国食品安全法》,是我国安全最基本的法律,不仅规定我国食品安全法的目的、任务和食品安全茶的基本法律制度,而且全面规定了食品安全工作的要求和措施、管理办法和标准的制定,以及食品安全管理、监督、法律责任等。

单项法律法规是针对食品的某一方面所制定的法规,如《进出口食品卫生标准》,以及各种调味品、肉、乳、蛋、水产品、豆制品、包装容器、食品添加剂等制定的卫生标准、管理办法等。

1.2 中国主要的食品质量法律法规简介

我国食品监管关系正逐步形成"预防为主、管理科学、责任明确、综合治理"的食品安全监管体制。通过确立"准入许可、索证索票、检验检测、限期召回、强制退市、连带责任"等一系列制度,强化企业安全意识,明确了执法主体,落实了地方政府揽总责任、职能部门负监管责任、企业为第一责任人的主体责任体系。

(1)《中华人民共和国食品安全法》 《中华人民共和国食品安全法》(以于简称《食品安全法》)于 2009 年 2 月 28 日,经第十一届全国人民代表大会常务委员会第七次会议通过,并于2009 年 6 月 1 日开始实施。

《食品安全法》是国家强制实施的对食品生产、经营实行安全卫生监督管理的法律规范。它调整国家与从事食品生产、经营的单位或个人之间,以及食品生产、经营者与消费者之间在有关食品安全与卫生管理、监督中所发生的社会关系,特别是经济利益关系。

①制定和实施《食品安全法》的意义 《食品安全法》对于防止、控制、减少和消除食品污染以及食品中有害因素对人体的危害，预防和控制食源性疾病的发生，保证食品安全，保障公众身体健康和生命安全，具有十分重要的意义。

②《食品安全法》的适用范围 《食品安全法》第2条明确规定下列活动为该法调整范围：a.食品生产和加工，食品流通和餐饮服务；b.食品添加剂的生产经营；c.用于食品的包装材料、容器、洗涤剂、消毒剂和用于食品生产经营的工具、设备的生产经营；d.食品生产经营者使用食品添加剂、食品相关产品；e.对食品、食品添加剂和食品相关产品的安全管理。

食用农产品则遵守《中华人民共和国农产品质量安全法》的规定监管。但是，制定有关食用农产品的质量安全标准、公布食用农产品安全有关信息，应当遵守本法的有关规定。

③食品安全监管体制

a.对国务院有关食品安全监管部门的职责进行明确规定。国务院质量监督、工商行政管理和国家食品药品监督管理部门依照《食品安全法》和国务院规定的职责，分别对食品生产、食品流通、餐饮服务活动实施监督管理。《食品安全法》第4条规定，国务院卫生行政部门承担食品安全综合协调职责，负责食品安全风险评估、食品安全标准制定、食品安全信息公布、食品检验机构的资质认定条件和检验规范的制定，组织查处食品安全重大事故。

b.在县级以上地方人民政府层面，进一步明确工作职责，理顺工作关系。《食品安全法》第5条规定，县级以上地方人民下放统一负责、领导、组织、协调本行政区域的食品安全监督管理工作，建立健全食品安全全程监督管理的工作机制；统一领导、指挥食品突发事件应对工作；完善、落实食品安全监督管理责任制，对食品监督管理部门进行评议、考核。县级以上人民政府依据本法和国务院的规定确定本级卫生行政、农业行政、质量监督、工商行政管理、食品药品监督管理部门的食品安全监督管理职责。有关部门在各自职责范围内负责本行政区域的食品安全监督管理工作。按照食品安全规定，实行省以下垂直领导的质监部门应当在所在地人民下放的统一组织、协调下，依法做好食品安全监督管理工作。

c.为防止各食品安全监管部门各行其是、工作不衔接，《食品安全法》第6条规定，县级以上卫生行政、农业行政、质量监督、工商行政管理、食品药品监督管理部门应当加强沟通、密切配合，按照各自的职责分工，依法行使职权，承担责任。

d.为了使食品安全监管体制运行更加顺畅，《食品安全法》第4条还规定，国务院设立食品安全委员会，其工作职责由国务院规定。

e.《食品安全法》第103条授权国务院根据实际需要，可以对食品安全监督管理体制做出调整。

④食品安全风险监测和评估制度 食品安全风险监测是对食源性疾病、食品污染以及食品中的有害因素进行的监测。《食品安全法》第11、12条确立食品安全风险监测制度，规定：国务院卫生行政部门会同国务院其他有关部门制定、实施国家食品安全风险监测计划。

食品安全风险评估是对食品中生物性、化学性和物理性危害对人体健康可能造成的不良影响进行科学评估。《食品安全法》第13~17条确立了食品安全风险评估制度，食品安全风险评估结果作为制定或修订食品安全标准和对食品安全实施监督管理的科学依据，并据此对可能具有较高程度安全风险的食品，国务院卫生行政部门应当及时提出食品风险警示，并予以公布。

⑤统一制定食品安全国家标准的原则 为了解决一种食品有食品卫生和食品质量两套标

准的问题,《食品安全法》第19、21条规定,食品安全国家标准由国务院卫生行政部门负责制定、公布,除食品安全标准外,不得制定其他的食品强制性标准。上述规定,从制度上确保了食品安全标准的统一。

《食品安全法》第22条还规定,国务院卫生行政部门应当对现行的食用农产品质量安全标准、食品卫生标准、食品质量标准和有关食品的行业标准中强制执行的标准予以整合,统一公布为食品安全国家标准。

⑥食品生产经营者的社会责任 为强化生产经营者作为保证食品安全第一责任人的社会责任,《食品安全法》确立了以下制度:

a.生产、流通、餐饮服务许可制度 《食品安全法》第29、31条规定,国家对食品生产经营实行许可制度。从事食品生产许可、食品流通许可、餐饮服务许可。

b.索票索证制度 索票索证是为了建立食品安全责任的追溯制度,通过食品、食品原料、食品相关产品的进出货记录,可以追查相关责任人,确保食品安全的全链条监管。《食品安全法》第36条规定,食品生产者应当查验供货者的许可证和食品合格证明文件;食品经营者应当查验供货者的许可证和食品合格证明文件。生产经营者还应当建立并执行进货查验记录制度、出厂检验记录等台账制度。

c.企业食品安全管理制度 《食品安全法》第32条规定,食品安全生产经营企业应当建立健全本单位食品安全管理制度。

d.食品召回和停止经营制度 《食品安全法》第53条规定,食品生产经营者发现其生产经营的食品不符合食品安全标准,应当立即停止生产经营,并召回已经上市销售的食品,通知相关生产经营者和消费者,并记录召回和通知情况。食品生产经营者未按照规定召回或者停止经营不合格食品安全标准的食品的,有关监管部门可以责令共召回或者停止经营。

⑦食品添加剂监管 针对食品生产经营中存在的食品添加剂不规范使用甚至滥用,成为危害食品安全的重要源头问题。

《食品安全法》第43~48条规定,着重加强了对食品添加剂的监管:一是国家对食品添加剂的生产实行许可制度。二是食品添加剂应当在技术上确有必要且经过风险评估证明可靠,方可列入允许使用的范围。三是食品安全生产者应当按照食品安全标准中关于食品添加剂的品种、使用范围、用量的规定使用食品添加剂;不得在食品生产中使用食品添加剂以外的化学物质和其他可能危害人体健康的物质。四是申请食品添加剂新品种和从境外进口食品添加剂新品种,生产者和进口商应当向国务院卫生行政部门申请进行安全性评估。

⑧保健食品监管 《食品安全法》第51条明确规定,国家以声称具有特定保健功能的食品实行严格监管。声称具有保健功能的食品不得对人体产生急性、亚急性或者慢性危害;基标签、说明书不得涉及疾病预防、治疗功能,内容必须真实、应当载明适宜人群、不适宜人群、功效成分或者标志性成分及其含量等;产品的功能和成分必须与标签、说明相一致。

⑨食品检验工作规范 《食品安全法》第57~59条规定,食品检验机构按照国家有关认证认可的规定取得资质认定后,方可从事食品检验活动。本法施行前经国务院有关主管部门设立或者经依法认定的食品检验机构,可以依照本法继续从事食品检验活动。食品检验机构和检验人员对出具的食品检验报告负责。出具虚假报告的,应当依法承担相应的法律责任。

《食品安全法》第60条明确规定,食品安全监督管理部门对食品不得实施免检。第61条规定,食品生产经营企业可以自行对所生产的食品进行检验,也可以委托符合本法规定的食品检验机构进行检验。

⑩食品进出口的管理　《食品安全法》第62～69条进一步明确了对食品的进出口管理规定：进口的食品、食品添加剂和食品相关产品应当符合我国的食品安全国家标准。向我国境内出口食品的出口商或者代理商、境外食品生产企业应当依法分别向国家出入境检验检疫部门备案、注册。出口的食品由出入境检验检疫机构进行监督、抽检。出口食品生产企业和出口食品原料种植、养殖场应当向出入境检验检疫部门备案。

⑪食品安全事故有效处置　食品安全事故危害人民群众生命健康，如果不能及时有效处置，会导致危害结果扩大。为此，《食品安全法》第70～75条进一步完善了食品安全事故处置机制，作了具体明确的规定，主要包括三个方面的制度：

a.报告制度　监管部门在日常监督管理中发现食品安全事故，或者接到有关食品安全事故的举报，应当立即向卫生部门通报。发生重大食品安全事故的，接到报告的县级卫生部门应当按照规定向本级政府和上级政府卫生部门报告。

b.事故处置　卫生部门接到食品安全事故的报告后，应当立即会同有关部门进行调查处理，并采取应急救援、封存可能导致食品安全事故的食品、食品原料、食品用工具等进行检验，对确认被污染的食品及其原料予以召回、停止经营并销毁，做好信息发布工作，依法对食品事故及其处理情况进行发布，并对可能产生的危害加以解释、说明等措施。发生重大食品安全事故的，县级以上政府应当立即成立食品安全处置指挥机构，启动应急预案进行处置。

c.责任追究　发生重大食品安全事故，设区的市级以上政府卫生部门应当会同有关部门进行事故责任调查，督促有关部门履行职责，向本级政府提出事故责任调查处理报告。

⑫惩罚性赔偿制度　为了切实保障人民群众的生命安全和身体健康，《食品安全法》详细规定了相关的刑事、行政和民事责任。在民事责任方面，《食品安全法》确立了惩罚性赔偿制度。即生产不符合食品安全标准的食品，或者销售明知是不符合食品安全标准的食品，消费者除要求赔偿损失外，还可以向生产者或者销售者要求支付价款10倍的赔偿金。同时，第97条还规定了"民事赔偿优先"的原则。违反本法规定，应当承担民事赔偿责任和缴纳罚款、罚金，其财产不足以同时支付时，先承担民事赔偿责任。即在发生食品安全事故的时候，非法生产、销售的企业首先要承担民事责任，使受害的消费者优先得到赔偿。

（2）《中华人民共和国农产品质量安全法》　《中华人民共和国农产品质量安全法》（以下简称《农产品质量安全法》）于2006年4月29日，第十届全国人民代表大会常务委员会第二十一次会议通过审议，自2006年11月1日起施行。

《农产品质量安全法》以提高农产品质量安全水平为核心，以保障农产品消费安全和增强农产品竞争力为目标，建立权责明晰、运转协调、管理高效的农产品质量安全管理体系，满足农产品从农田到市场全程质量安全控制的需要，为农产品质量安全管理工作提供法制保障，推动农业和农村经济持续、健康发展。

《农产品质量安全法》调整的范围包括三个方面的内涵：一是关于调整的产品范围问题，本法所指农产品是指来源于农业的初级产品；二是调整的行为主体问题，既包括农产品的生产者和销售者，也包括农产品质量安全管理者和相应的检测技术机构和人员等；三是关于调整的管理环节问题，既包括产地环境、农业投入品的科学合理使用、农产品生产和产后处理的标准化管理，也包括农产品的包装、标识、标志和市场准入管理。可以说，《农产品质量安全法》对涉及农产品质量安全的各方面都进行了相应的规范，调整的对象全面、具体。

《农产品质量安全法》共分 8 章 56 条,主要内容包括总则、农产品质量安全标准、农产品产地、农产品生产、农产品包装和标识、监督检查、法律责任、附则等。

①政府责任 《农产品质量安全法》第 4、5、10、15、40 条分别规定的各级政府的职责,概括如下:将农产品质量安全管理工作纳入本级国民经济和社会发展规划,并安排经费;统一领导、协调本行政区域内工作;加强法律知识宣传,引导生产者、销售者加强管理;批准禁止生产的区域;采取措施,加强基地建设;事故处理与报告。

②农业行政管理部门的职责

a.农业部门设立风险评估专家委员会、认定快速检测访求、制定禁止生产区、包装标识、检测机构考核管理办法、制定例行监测和监督抽查、事故报告、责任追究等。

b.农业部、各省发布农产品质量安全信息、制定生产要求及生产规程、对农业投入品抽查和结果公布、质检机构质量认定和审核。

c.禁止生产区域的划分和调查。

d.县级以上负责农产品质量安全监督管理工作、建设各类标准化示范区、农业投入品使用管理和指引、对不符合标准的农产品查封扣押。

e.组织实施质量安全标准。

f.各级监管人员不履行职责或滥用责权要行政处分。

③对农产品生产者的要求

a.依照规定合理使用农业投入品 《农产品质量安全法》第 25 条规定,农产品生产者应当按照法律、行政法规和国务院农业主管部门的规定,合理使用化肥、农药、兽药、饲料和饲料添加剂等农业投入品,严格执行农业投入品使用安全间隔期或者休药期的规定,禁止使用国家明令禁止使用的农业投入品,防止因违反规定使用农业投入品危及农产品质量安全。

b.依照规定建立农产品生产记录 《农产品质量安全法》第 24 条规定,农产品生产企业和农民专业合作组织应当建立农产品生产记录,如实记载使用农业投入品的有关情况、动物疫病和植物病虫害的发生和防止情况,以及农产品收获、屠宰、捕捞日期等情况。

c.对其生产的农产品的质量安全状况进行检测 《农产品质量安全法》第 26 条规定,农产品生产企业和农民专业合作经济组织应当自行或委托检测机构对其生产的农产品的质量安全状况进行检测,经检测不符合农产品质量安全标准的不得销售。

④对农产品包装、标识的要求 《农产品质量安全法》第 28 条规定:

a.农产品生产企业、农民专业合作经济组织以及从事农产品收购的单位和个人应当按照规定对其进行包装或附加标识后方可销售。

b.属于农业转基因生物的产品应当按照转基因生物安全管理的规定进行标识。

c.依法需要实施检疫的动植物及其产品,应当附具检疫合格者的标志、证明。

d.农产品在包装、保鲜、贮存、运输中使用的保鲜剂、防腐剂和添加剂等材料,应当符合国家有关强制性的技术规范。

e.销售的农产品符合农产品质量安全标准的,生产者可以申请使用无公害农产品标识,农产品质量符合国家规定的有关优质农产品标准的,生产者可以生产全貌和相应的农产品质量标志。

⑤对批发市场管理者的要求

a.《农产品质量安全法》第 37 条规定,农产品批发市场应当设立或者委托农产品质量安全检测机构，对进场销售的农产品质量安全状况进行抽查检测；发现不符合农产品质量安全标准的，应当要求销售者立即停止销售，并向农业行政主管部门报告。

b.农产品销售企业建立进货检查制度，经检查不合格农产品质量安全标准的不得销售。

⑥对检测机构的要求

a.《农产品质量安全法》第34条明确规定，开展农产品质量安全监督检查检测不得向被抽查人收取费用；抽取的样品不得超过规定的数量；上级农业部门抽查了，下级不得另行重复抽查。

b.《农产品质量安全法》第35条规定，对检测机构的资质做了具体的规定：必须具备相应的检测条件和能力，由省级农业部门或其授权的部门考核合格（认证）；应当依法经计量认证合格。

c.《农产品质量安全法》第36条规定，采用与有关部门认定的快速检测方法如被抽查人员有异议申请复检时，复检不得采取快速检测方法。

1.3　中国食品法律法规的制定与监督管理

法律制定（亦称立法）是指国家机关依照其职权和程序制定、修改和废止各种不同的规范性文件的活动。它既包括拥有立法权的国家机关的立法活动，也包括被授权的其他国家机关制定从属于法律的规范性文件的活动。

法律法规的实施是指通过一定的方式使食品法律规范在社会生活中得到贯彻和实现的活动。

（1）立法机关与立法体制　法律制定涉及立法机关的确定和立法权限的划分。

①立法机关　泛指依法有权制定规范性文件的国家机关，其中主要是拥有立法权的国家机关。中国的最高国家权力机关是全国人民代表大会。只有全国人大及其常务委员会拥有国家立法权。国务院、省和直辖市的人大及其常务委员会、民族自治地区的人大等机关，分别有权制定行政法规、地方性法规和自治条例。

②我国的立法体制　立法体制既包括中央国家机关和地方机关关于立法权限划分的制度，也包括中央国家机关之间及地方各级国家机关之间关于法律制定权限划分的制度。

我国确立了"一元""两级""多层次"的立法体制。所谓"一元"是指根据我国宪法规定，全国范围内只存在一个统一的立法体系，不存在两个或者两个以上的立法体系。所谓"两级"是指根据宪法规定，我国立法体制分为中央立法和地方立法两个等级。所谓"多层次"是指根据宪法规定，不论是中央级立法，还是地方级立法，都可以各自分成若干个层次和类别。

（2）我国立法体制的主要内容　这种立法体制与国情相适应，在最高国家权力机关集中行政立法权的前提下，为了使法律既能通行全国，又能适应地方千差万别的不同情况的需要，在实践中能行得通，根据宪法确定的"在中央的统一领导下，充分发挥地主的主动性、积极性"的原则，确立了我国的统一而又分层次的立法体制。

①全国人大及其常委会行使国家立法权　全国人大制定和修改刑事、民事、国家机构的和其他的法律。全国人大常委会制定和修改除应当由全国人大制定的法律以外的其他法律；在全国人大闭会期间，对全国人大制定的法律进行部分补充和修改，但不得同该法律的基本原则相抵触。

②国务院即中央人民政府有权根据宪法和法律规定相关措施,制定行政法规,发布决定和命令;根据全国人民代表大会及其常务委员会的授权制定暂行规定或条例;改变或者撤销地方各级国家行政机关不适当的决定和命令。

③省、自治区、直辖市的人大及其常委会根据本行政区域的具体情况和实际需要,在不同宪法、法律、行政法规相抵触的前提下,可以制定地主性法规;较大的市的人大及其常委会根据本市的具体情况和实际需要,在不同宪法、法律、行政法规和本省、自治区的地主性法规相抵触的前提下,可以制定地方性法规,报省、自治区的人大常委会批准后施行。

④国务院各部委、中国人民银行、审计署和具体行政管理职能的直属机构,可以根据法律和国务院的行政法规、决定、命令,在本部门的权限范围内制定规章。省、自治区、直辖市和较大的市的人民政府,可以根据法律、行政法规和本省、自治区、直辖市的地方性法规制定规章。

为体现和保证分层次立法体制法的统一性,一方面,明确不同层次法律规范的效力。宪法具有最高的法律效力,一切法律、法规都不得同宪法相抵触。法律的效力高于行政法规,行政法规不得同法律相抵触。法律、行政法规的效力高于地方政府规章,地方政府规章不得同地方性法规相抵触。另一方面,实行立法监督制定。行政法规要向全国人大常委会备案,地方性法规要向全国人大常委会和国务院备案,规章要向国务院备案。全国人大常委会有权撤销同宪法、法律相抵触的行政法规和地方性法规,国务院有权改变或者是撤销不适当的规章。

(3)食品法律法规的制定 食品法律法规的制定是指有权的国家机关依照法定的权限和程序,制定、认可、修改、补充或废止规范性食品相关法律文件的活动,又称为食品立法活动。

狭义的食品法律法规制定,专指全国人大及其常委会制定食品法律的活动。

广义的食品法律法规制定,不仅包括狭义的食品法律法规的制定,还包括国务院制定食品行政法规、国务院有关部门制定食品部门规章、地方人大及其常委会制定地方性食品法规、地方人民制定地方政府食品规章、民族自治地方的自治机关制定食品自治条例和单行条例、特别行政区的立法机关制定食品法律文件等活动。

食品法律法规的制定具有权威性、职权性、程序性、综合性等特点。权威性体现在食品立法是国家的一项专门活动,只能由享有食品立法权的国家机关进行,其他任何国家机关、社会组织和公民个人均不得进行食品立法活动。职权性体现在享有食品立法权的国家机关只能在其特定的权限范围内进行与其职权相适应的食品立法活动。程序性体现在食品立法活动必须依照法定程序进行。综合性体现在食品立法活动不仅包括制定新的规范性食品法律文件的活动,还包括认可、修改、补充或废止等一系列食品立法活动。

(4)食品法律法规的实施 食品法规的实施是指通过一定的方式使食品法规在社会生活中得到贯彻和实现的活动。食品法规的实施过程,是把食品法规的规定转化为主体行为的过程。根据法律实施的主体不同,食品法规的实施主要有食品法规的遵守和食品法规的适用两种方式。

①食品法律法规的适用 食品法规的适用是一种国家活动,不同于一般公民、法人和其他组织实现食品法律法规的活动。它具有权威性、目的的特定性、合法性、程序性、国家强制性和要式性的特点。

食品法律法规的适用是享有法定职权的国家机关以及法律法规授权的组织,其法定的或授予的权限范围内,依法实施食品法规的专门活动,其他任何国家机关、社会组织和公民个人都不得从事此项活动。食品法律法规适用的根本目的是保护公民的生命健康权。这是食品法律法规保护人体健康的宗旨所决定的。

食品法律法规的适用是有关机关及授权组织依照法定程序所进行的活动。有关机关及授权组织对食品管理事务或案件的处理，应当有相应的法律依据。否则无效，甚至还须承担相应的法律责任。

食品法律法规的适用是以国家强制力作为后盾实施食品法律法规的活动，对有关机关及授权组织依法做出的决定，任何当事人都必须执行，不得违抗。食品法律法规适用必须有表明适用结果的法律文书，如食品生产许可证、罚款决定书、判决书等。

②食品法律法规的解释　食品法律法规的解释是指有关国家机关、组织或个人，为适用或遵守食品法规，根据立法原意对食品法规的含义、内容、概念、术语以及适用的条件等所做的分析、说明和解答。食品法律法规的解释是完备食品立法和正确实施食品法所必需的。根据解释的主体和解释法律效力的不同，食品法律法规的解释可以分为正式解释和非正式解释。

正式解释又称为有权解释、法定解释、官方解释，是指有解释权的国家机关按照宪法和法律所赋予的权限对食品法律法规所做的具有法的效力的解释。正式解释是一种创造性的活动，是立法活动的继续，是对立法意图的进一步说明，具有填补法的漏洞的作用，通常分为立法解释、司法解释和行政解释。

立法解释是指有食品立法权的国家机关对有关食品法律文件所做的解释。包括全国人大常委会对宪法和食品法律的解释、国务院对其制定的食品行政法规的解释，地方人大及其常委会对地方性食品法规的解释、国家授权其他国家机关的解释。

司法解释是指是高人民法院和最高人民检察院在审判和检察工作中对具体应用食品法律的问题所进行的解释。包括最高人民法院所做出的审判解释、最高人民检察院做出的检察解释，以及最高人民法院和最高人民检察院联合做出的解释。

行政解释是指有解释权的行政机关在依法处理食品行政管理事务时，对食品法律、法规的适用问题所做的解释。包括国务院及其所属各部门、地方人民政府行使职权时，对如何具体应用食品法律的问题所做的解释。

非正式解释又称作法定解释、无权解释。可分为学理解释和任意解释。学理解释一般是指宣传机构、文化教育机关、科研单位、社会组织、学者、专业工作者和报刊等对食品法律法规所进行的理论性、知识性和常识性解释。任意解释是指一般公民、当事人、辩护人对食品法律法规所做的理解和说明。非正式解释虽不具有法律效力，但对法律适用有参考价值，对食品法律法规的遵守有指导意义。

③法律遵守　又称守法，指凡行为受法律调整的个人和组织，包括一切国家机关和武装力量、各政党和各社会团体、各企事业组织和公民个人都必须遵守宪法和法律。这是我国法律实施的基本方式之一。

食品法律法规遵守是指一切国家机关和武装力量、各政党和各社会团体、各企业事业组织和全体公民都必须恪守食品法规的规定，严格依法办事。食品法律法规的遵守是食品法律法规实施的一种重要形式，也是法治的基本内容和要求。

食品法律法规遵守的主体既包括一切国家机关、社会组织和全体中国公民，也包括在中国领域内活动的国际组织、外国组织、外国公民和无国籍人。

食品法律法规的遵守范围极其广泛，主要包括宪法、食品法律、食品行政法规、地方性食品法规、食品自治条例和单行条例、食品规章、食品标准特别行政区的食品法、我国参加的世界食品组织的章程、我国参与缔结或加入的国际食品条约、协定等。对于食品法律法规适用过程中有关国家依法做出的、具有法律效力的决定书，如人民法院的判决书、调解书、食品行政部门的食品生产许可证、食品行政处罚决定书等非规范性文件，也是食品法规的遵守范围。

食品法规的遵守不是消极的、被动的，它既要求国家机关、社会组织和公民依法承担和履行食品质量安全义务（责任），更包含国家机关、社会组织和公民依法享有权利、行使权利，其内容包括依法行使权利和履行义务两个方面。

（5）食品行政执法与监督　食品行政执法是指国家食品行政机关、法律法规授权的组织依法执行适用法律，实现国家食品管理的活动。食品行政执法是食品行政机关进行食品管理、适用食品法律法规的最主要的手段和途径。

国家行政机关行使职权、实施行政管理时依法所作出的直接或间接产生行政法律后果的行为，称为行政行为。行政行为可以分为抽象行政行为和具体行政行为。抽象行政行为是指行政机关针对不特定的行政相对人制定或发布的具有普遍约束力的规范性文件的行政行为。如卫生部根据法律、法规的规定，在本部门的权限内，发布命令、指示和规章的行为。具体行政行为是指行政机关针对特定的、具体的公民、法人或者其他组织，就特定的具体事项，做出有关该公民、法人或者组织权利义务的单方行为。食品行政执法即指具体食品行政行为。

①食品行政执法的特征　食品行政执法的特征主要有以下几点：

a.执法的主体是特定的　食品行政执法的主体只能是食品行政管理机关，以及法律、法规授权的组织。不是食品行政主体或者没有依法取得执法权的组织不得从事食品行政执法。

b.执法是一种职务性行为　食品行政执法是执法主体代表国家进行食品管理的活动，是行使职权的活动。即行政主体在行政管理过程中，处理行政事务的职责权力。因此，执法主体只能在法律规定的职权范围内履行其责任，不得越权或者滥用职权。

c.执法的对象是特定的　食品行政执法行为会对的对象是特定的、具体的公民、法人或其他组织。特定的、具体的公民、法人或其他组织称为食品行政相对人。

d.执法行为的依据是法定的　食品行政机关做出具体行为的过程，实际上也是适用食品法律法规的过程。食品行政执法的依据只能是国家现行有效的食品法律、法规、规章以及上级食品行政机关的措施、发布的决定、命令、指示等。

e.执法行为是单方法律行为　在食品行政执法过程中，执法主体与相对人之间所形成的行政法律关系，是领导与被领导、管理与被管理的行政隶属关系。食品行政执法主体仅依自己一方的意思表示，无须征得相对人的同意就可以做出一定法律后果的行为。行为成立的唯一条件是其合法性。

f.执法行为必然产生一定的法律后果　食品行政执法行为是确定特定人某种权利或义务，剥夺、限制其某种权利，拒绝或拖延其要求，行政执法主体履行某种法定职责等。因此，必然会直接或间接地产生相关的权利义务关系，产生相应、现实的法律后果。

②食品行政执法的依据与有效条件

a.食品行政执法的依据　食品行政执法活动，是食品行政机关依法对食品进行管理，贯彻落实法律、法规等规范性文件的具体方法和手段。因此，食品行政执法的依据主要是现行有效的有关食品方面的规范性文件。此外凡是我国承认或者参加的国际食品方面的条例、公约或签署的双边或多边协议等也是我国食品行政执法的依据。

b.食品行政执法的有效条件　食品行政执法的有效条件，即食品行政执法行为产生法律效力的必要条件。只有符合有效条件的食品行政执法行为才能产生法律效力。一般情况,食品行政执法行为产生法律效力需要同时具备资格要件、职权要件、内容要件和程序要件四个要件。

③食品行政执法主体与监督

a.食品行政执法主体　食品行政执法主体是指依法享有国家食品行政执法权力,以自己的名义实施食品行政执法活动并独立承担由此引起的法律责任的组织。

食品行政执法的主体是组织而非个人。尽管具体的执法行为是由行政机关的工作人员来行使,但是工作人员不是行政执法主体。在有些情况下,食品行政机关依法委托其他单位或组织行使执法权力,但受委托的单位或组织并不以自己的名义进行执法,执法后果也仍然由食品行政机关承担,因此,受委托的单位或组织也不是食品行政执法主体。

b.食品行政执法的监督　食品行政执法监督是指有权机关、社会团体和公民个人等,依法对食品行政机关及其执法人员的行政执法活动是否合法、合理进行监督的法律制度。

④食品行政执法与监督行为的分类　食品行政执法中,主要常用的执法行为有多种类型,从不同的角度,可以对食品行政执法行为进行不同的分类。根据行为方式不同,行政执法可分为:行政监督、行政处理、行政处罚和行政强制执行四类。

2　食品安全标准体系

标准是构成国家核心竞争力的基本要素,是规范经济和社会发展的重要技术制度。标准化是科技、经济和社会发展的基础。标准化工作对于推动技术进步、规范市场秩序、提高产品竞争力和促进国际贸易发挥了重要的技术基础作用。

2.1　标准与标准化的概念

(1)标准和标准化的含义

①标准　为在一定范围内获得最佳秩序,对活动或其结果规定共同的重复作用、导则或特性文件。该文件经协商一致制定,并经一个公认机构批准。标准以科学、技术和经验的综合成果为基础,以促进最佳的共同效益为目的。标准的定义包含以下5个方面的含义:

a.标准的本质属性是"统一规定"。这种统一规定便是有关各方"共同遵守的准则和依据"。根据《中华人民共和国标准化法》(以下简称《标准化法》)的规定,有的标准属于强制性,有关各方必须严格遵守;有的标准属于推荐性标准,一旦纳入有关法律法规或经济合同中,也就具有法规的属性,必须贯彻执行。此外,这种统一也是相对的,不同级别的标准应在不同范围内统一,不同类型的标准应从不同角度、不同侧面进行统一。

b.制定标准的对象是重复性事物和概念。重复性是指同一事物反复多次出现。对重复出现的事物,才有必要制定标准。它是将以往的经验、选择最佳方案,作为以后实践的目标和依据。这样,既可最大限度地减少不必要的重复劳动,又能扩大"最佳方案"的重复使用范围。

c.标准产生的基础是"科学、技术和经验的综合成果",并且有关各方面协商一致。标准是实践经验的总结,但标准中反映的不应当是局部的、片面的经验,而应当是从全局出发来做出规定,并且还应与当时的科学、技术水平相适应。因此,制定标准应当将科学研究的成就、技术进步的新成果同实践中积累的先进经验相结合,经过分析、比较、选择,然后加以综合,体现其科学性。

d.制定标准的过程是"经有关方面协商一致"。制定标准应当与各有关方面认真讨论、充分协商,使标准具有更好的可行性。

e.标准文件有特定格式和制定、颁布程序。标准是一种特殊的文件,它在一定范围内要贯彻实施。所以,标准的编号、格式、印刷和编写方法应符合国家标准。标准在一定的范围内具有约束性,所以标准应由有关机构批准、发布,并且从标准的起草到批准、发布,有整套工作程序和审批制度。

也就是说,标准是对重复性事物和概念所做的统一规定,它是以科学、技术和实践经验的综合成果为基础,有关方面协商一致,由主管机构批准,以特定形式发布的文件,作为共同遵守的准则和依据。

②标准化　为在一定范围内获得最佳秩序,对实际的或潜在的问题制定共同的和重复作用的规则的活动。标准的定义包含以下 5 个方面的含义:

a.标准化的对象是需要进行标准化的实体。

b.标准化领域是一类相关标准化对象的群体。标准化是一个在一定范围内的活动过程,其活动范围包括生产、经济、技术、科学、管理等各类社会实践领域。标准化不仅包括工业企业的技术活动,也包括生产活动,还包括经济活动、科学和管理等第三产业领域。

c.标准化的内容是使标准对象达到标准化状态的全部活动及其过程。标准化的活动过程包括标准的制定、发布、实施、监督管理以及标准的修订,这是一个完整的工作循环也是标准化的主要内容和基本任务。

d.标准化的本质是统一。标准化可以为各种产品和系统提供接口和互换性,使各种产品和系统的规定零部件实现互连和互换,促进技术改造和技术进步,方便生产和生活。

e.标准化的目的是获得最佳秩序。标准化可以规范社会的生产、经营活动,推动建立最佳秩序,促进相关产品在技术上相互协调和配合。有利于企业之间的生产协作,为社会化专业大生产创造条件。有利于提高产品的适用性和对产品的品种、规格进行合理控制,有利于实现最佳经济效益和社会效益。

标准化是为了所有有关方面的利益,特别是为了求得最佳的全面经济效益,并适当考虑到产品使用条件与安全要求,在所有有关方面的协作下,进行有秩序的特定活动,制定并实施各项规则的过程。标准化的活动过程包括标准的制定、发布、实施、监督管理以及标准的修订。标准化的目的是为了获得最佳秩序和社会效益。

由此可知,标准是一种文件,标准化是一种活动。标准化包括制定标准、实施标准和对标准的实施进行监督等活动,这种活动不是一次就完结,而是一个不断循环和螺旋式上升的过程。每完成一个循环,标准的水平和标准化的效益就提高一步。

③标准化与食品质量管理的关系　标准化是进行质量管理的依据和基础。在食品企业中用一系列的标准和指导设计、生产和使用的全过程,是食品质量管理的基本内容。

标准化活动贯穿于食品质量管理的始终。食品质量管理是全过程管理,可分为设计试制阶段、生产阶段和使用或食用阶段。试制阶段是起草和完成标准制定的过程。生产阶段是实施标准、验证标准的过程。使用或食用阶段可分为修订、完善标准,改善设计,为提高产品质量提供依据。

（2）标准和标准化的基本特性

①经济性　标准和标准化的经济性，是由其目的所决定的。因为标准化就是为了获得最佳的全面的经济效果、最佳的秩序和社会效益。

②科学性　标准化是科学、技术与实验的综合成果发展的产物。它不仅奠定了当前的基础，而且还决定了将来的发展，它始终和发展的步伐保持基本一致。这说明了标准活动是以生产实践和科学实验的经验总结为基础的。标准来自实践，反过来又指导实践；标准化奠定了当前生产活动的基础，还促进了未来的发展。可见，标准化活动具有严格的科学性和规律性。

③民主性　标准化活动是为了所有有关方面的利益，在所有有关方面的协作下进行"有秩序的特定活动"。这就充分地体现了标准化的民主性。各方面的不同利益是客观存在的，为了更好地协调各方面的利益，就必须进行协商与相互协作，这是标准化工作最基本要求。

④法规性　没有明确的规定，就不能成为标准。标准要求对一定的事物（标准化的对象）做出明确的统一的规定，不允许有任何含糊不清的解释。标准的内容应有严格规定，同时又对形式和生效范围做出明确规定。标准一旦由国家、企业或组织发布实施，就必须严格按标准组织生产、产品检验和验收，也成为合同、契约、协议的条件和仲裁检验的依据，说明标准具有法规件。

（3）标准化的目的与作用

①标准化的目的　国际标准化组织认为标准化的主要目的是：在生产和贸易方面，全面地节约人力、物力、财力等；在产品、过程和服务质量方面，保护企业、消费者和社会的利益；保护安全、健康及生命；为有关方面提供表达手段。具体来说有以下几个方面：简化日益增长的产品品种和方便人类生产与生活；改进信息传递；促进经济发展和社会全面进步；保护安全、健康和保护生命；保护消费者和生产者的利益及社会公共利益；消除国际经济贸易壁垒。

②标准化的作用

a. 标准化是实施科学管理的基础　标准化是实施科学管理的基础。一是标准为管理提供目标和依据；二是在企业内各子系统之间，通过制定各种技术标准和管理标准建立生产技术上的统一性，以保证企业整个管理系统功能的发挥；三是标准化使企业管理系统与企业外部的约束条件相协调。

b. 标准化是组织现代化大生产的必要条件　随着科学技术的发展和生产的社会化、现代化，生产规模越来越大，技术要求越来越高，分工越来越细，生产协作也越来越广泛。这种社会化的大生产，必定要以技术上高度的统一与广泛的协作为前提，而标准就是实现这种统一与协调的手段。

c. 标准化是不断提高产品质量和安全性的重要保证　标准化不仅是建立企业质量保证体系不可缺少的基础工作，而且贯穿于质量管理的全过程，标准化活动不仅促进企业内部采取一系列的保证产品质量的技术和管理措施，而且使企业在生产过程中的所有环节都按照标准化要求进行，就可从根本上保证生产质量，维护消费者利益。

d. 标准化是推广应用科技成果和新技术的重要途径　标准化的发展历史证明，标准是科研、生产和应用三者之间的一个重要桥梁。一项科技成果，包括新产品、新工艺、新材料和新技术开始只能在小范围进行示范推广与应用。一旦纳入相应标准，就能进行有效的大面积的推广与应用。因此，标准化可使新技术和新科研成果得到推广应用，从而促进技术进步。

e. 标准化是国家对企业产品进行有效管理的依据　食品关系人民群众的生命，国家有关管理部门对此行业的管理,就离不开食品标准。为了保证国民经济的快速稳定持续发展,国家行政主管部门对食品行业的某些品种进行定期的质量抽查、质量跟踪,以促进产品质量的提高,并根据有关产品的质量情况,进一步确定行业管理的方向。抽查、跟踪都是以相关食品质量标准为依据,并对伪劣产品进行整顿处理,促进产品质量的不断改进。

f.标准化有利于消除贸易障碍,促进国际贸易发展 标准化是企业参与国际市场竞争的重要技术手段。产品在国际市场上具有竞争能力,就必须提高产品质量。提高产品质量离不开标准化工作。世界上各个国家几乎都有产品的质量认证等质量监督管理制度,其实质就是对产品进行具体的标准化管理。只要产品进行了质量谁就会得到世界上多数国家的承认,消除贸易障碍。

g.标准化可促进经济、社会全面发展 标准化应用于科学研究,可以避免在研究上的重复劳动;应用于产品设计,可以缩短设计周期;应用于生产,可使生产在科学的和有秩序的基础上进行;应用于管理,可促进统一、协调、高效率等。标准化还可以促进对自然资源的合理利用,保持生态平衡,维护社会发展的长远利益。

(4)标准化的基本原则与方法原理

①标准化的基本原则 原则是说话或行事所依据的法则或标准。标准化原则是标准化工作者开展标准化工作时遵循的规则。

a.超前预防原则 标准化的对象不仅要在依存主体的实际问题中选取,而且更应从潜在的问题中选取,以避免该对象非标准化造成的损失。

现代标准的制定是依据科学技术与实验的成果为基础的,对于复杂问题如安全、卫生和环境等方面,在制定标准时必须综合分析考虑,对潜在问题实行超前标准化,以避免不必要的人身财产安全问题和经济损失。

b.协商一致原则 标准化的成果应建立在相关各方协商一致的基础上。

标准化活动要得到社会的接受和执行,就要坚持标准化的民主性,经过标准使用各方进行充分的协商讨论,最终形成一致的标准,这个标准才能在实际生产和工作中得到顺利的贯彻实施。如许多国际标准对产品质量的要求尽管很高,但有的国际标准与我国的实际情况不相符合,因此,许多国际标准没有被我国采用。

c.统一有度原则 在一定范围、一定时期和一定条件下,对标准化对象的特性和特征应做出统一规定,以实现标准的目的。

统一有度原则是标准化的本质与核心。统一要先进、科学、合理,等效是统一的前提条件,只有统一后的标准与被统一的对象具有功能上的等效性,才能代替。

d.动变有序原则 标准应依据其所处环境的变化而按规定的程序适时修订,才能保证标准的先进性和适用性。

标准不是永恒不变的,随着科学技术的进步和社会、生活水平的提高而及时对标准进行修订,否则因滞后而丧失生命力。标准的制定是一个严肃的工作,必须按规定时间、规定程序进行修订和批准。国家标准一般每5年修订一次,企业标准每3年修订一次。

e.互相兼容原则 标准应尽可能使不同的产品、过程或服务实现互换和兼容,以扩大标准化效益。

互换性是一种产品、过程或服务能代替另一产品、过程或服务满足同样需要的能力,一般包括功能互换性和尺寸互换性。

　　兼容性是指不同产品、过程或服务在规定条件下一起使用,能满足有关要求而不会引起不可接受的干扰的适宜性。

　　在制定标准时,必须坚持互相兼容的原则产,达到资源共享的目的。如食品加工机械与设备及其零配件等具有统一的规格,是这一原则的应用效果。

　　f.系统优化原则　标准化的对象应该优先考虑其所依存主体系统能获得最佳效益的问题。在标准制定中尤其是系列标准的制定中,通用检测方法标准、不同档次的产品标准和管理标准、工作标准等一定坚持系列优化的原则,减少重复,避免人力、物力、财力和资源的浪费,提高经济效益和社会效益。如食品中微生物的测定方法就是一个比较通用的方法,不同种类的食品都可以引用,也便于测定结果的相互比较,保证产品质量。同时,没有标准化效益的问题,不必实行标准化。

　　g.阶梯发展原则　标准化活动过程是一个阶梯状的上升发展过程。

　　随着科学技术的发展和进步以及人们认识水平的提高,对标准化的发展有明显的促进作用,也使得标准的修订不断满足社会生活的要求,标准的每一次修订就是标准水平的进一步的提高。如我国 GB/1.1 标准,即制定标准的标准已经过三次修订,其发展过程就是最好的例证。

　　h.滞阻即废原则　当标准制约或阻碍储存主体的发展时,应进行更正、修订或废止。任何标准都有二重性。当科学技术和科学管理水平提高到一定阶段后,现行的标准由于制定时的科学水平和认识水平的限制,该标准已经阻碍生产力发展和社会进步的因素,就要立即更正、修订或废止,重新制定新标准,以适应社会经济发展的需要。为了保持标准的先进性,国家标准化行政主管部门或企业标准的批准和发布者,对标准要定时复审,确认其是否适用,以发挥标准应有的作用。

　　②标准化的方法原理

　　a.统一原理　是为了保证事物发展所必需的秩序和效率,对事物的形成、功能或其他特性,确定适合于一定时期和一定条件的一致规范,并是这种一致规范与被取代的对象在功能上达到等效。

　　b.简化原理　是为了经济有效地满足需要,对标准化对象的结构、形式、规格或其他性能进行筛选提炼,剔除其中多余的、低效能的、可替换的环节,精炼并确定出满足全面需要所必要的高效能的环节,保持整体构成精简合理,使之总体功能最佳。

　　c.协调原理　是为了使标准的整体功能达到最佳,并产生实际效果,必须通过有效的方式协调好系统内外相关因素之间的关系,确定为建立和保持相互一致,适应或平衡关系所必须具备的条件。

　　d.最优化原理　是按照特定的目标,在一定的限制条件下,对标准系统的构成因素及其关系进行选择、设计或调整,使之达到最理想的效果。

　　最优化的一般程序为:确定目标→收集资料→建立数学模型→计算求解、提出多个可行方案→评价和决策、从中选出最佳方案。最优方案的选择和设计是凭借科学的计算方法进行宣分析对比的结果。简化、统一需要协调和最佳方案的选择,二者相互依存,是一个反映标准化活动规律的有机整体。

2.2 标准的分类

标准是在一定范围内充分反映各相关方的利益,并对不同意见进行协调,经协商一致由公认机构批准发布,供利益相关方共同使用和重复使用的文件。

食品标准是食品工业领域各类标准的总和,是食品行业中技术规范,与食品安全密切相关,是食品安全卫生的重要保证。食品标准关系到人民健康的前提和保证,是国家标准的重要组成部分。

(1)按标准适用的范围划分 不同层次上进行标准活动而制定的标准,其适用范围也各不相同。

①国际标准 是由全球性的国际组织制定的标准。主要指由国际标准化组织(ISO)和国际电工委员会(IEC)和国际电信联盟(ITU)所制定的标准,以及国际标准化组织确认并公布的国际组织所制定的。国际标准为世界各国所承认,并在各国间通用。

②国际区域标准 由区域标准化组织或区域标准组织通过并公开发布的标准。如欧洲标准化委员会(CEN)发布的欧洲标准(EN)就是区域标准。

③国家标准 由国家标准团体制定并公开发布的标准。国家标准在全国各行业、各地方都适用。中华人民共和国国家标准代号为 GB 和 GB/T。

④行业标准 由行业标准化团体或机构制定、发布在某行业的范围内统一实施和标准,又称为团体标准。中国的行业标准是对没有国家标准而又需要在全国某个行业范围统一的技术要求所制定的标准。行业标准是对国家标准的补充,是专业性、技术性较强的标准。中国行业标准代号由国务院标准化行政主管部门规定,例如,JB、QB、FJ 分别是机械、轻工、纺织行业的标准代号。

⑤地方标准 由一个国家的地方部门制定并公开发布的标准。中国的地方标准是对没有国家标准和行业标准,而又需要在省、自治区、直辖市范围内统一的工业产品的安全和卫生要求所制定的标准。中国地方标准代号由"DB"加上省、自治区、直辖市行政区划代码前两位数字表示。例如,黑龙江省地方标准代号为"DB23"。

⑥企业标准 又称公司标准,由企事业单位自行制定、发布的标准,也是对企业范围内需要协调、统一的技术要求、管理要求和工作根据所制定的标准。企业标准是企业组织生产、经营活动的依据。中国企业标准代号为"Q"。

⑦指导性技术文件 中国对于技术尚在发展中,需要有相应的标准文件引导其发展或具有标准化价值,尚不能制定为标准的项目,以及采用国际标准化组织、国际电工委员会及其他国际组织的技术标准项目,可以制定国家标准化指导性技术文件,供科研、设计、生产、使用和管理等有关人员参考使用。用"GB/Z"表示。

(2)按标准实施的约束力划分

①强制性标准 国家通过法律的形式明确要求对标准所规定的技术内容和要求必须执行,不允许以任何理由或方式加以违反、变更的标准。对违反强制性标准的,国家将依法追究当事人法律责任。一般是国家标准和行业标准中保障人体健康、人身财产安全的标准,以及法律、行政法规规定强制执行的标准,地方标准在本地区内也是强制性标准。

②推荐性标准 国家鼓励自愿采用的具有指导作用而又不宜强制执行的标准,即标准所

规定的技术内容和要求具有普遍的指导作用，允许使用单位结合自己的实际情况，灵活加以选用。推荐性标准是倡导性、指导性、自愿性的标准。通常，国家和行业主管部门制定优惠措施鼓励个来采用。标准代号为"GB/T"。

推荐性标准在一定的条件下可以转化成强制性标准，如被行政法规、规章所引用；被合同、协议所引用；被使用者声明其产品符合某项标准。

2.3 我国的食品标准体系

食品质量标准在保证人民身体健康、促进食品工业的发展、推动食品国际贸易等方面起到了重要作用。我国制定发布实施了大量的食品标准，除了食品工业基础及相关标准、食品卫生标准外，行业或地方的主导产品、名特优产品均制定了国家、行业或地方标准。

制定食品标准的法律依据是《食品安全法》《标准化法》等法律及有关法规。这些法律对食品卫生标准的制定与批准、适用范围、技术内容 3 个方面做了明确规定。

（1）食品的基础标准 通用基础标准是指在一定的范围内作为其他标准的基础普遍使用，并具有广泛指导意义的标准，规定各种标准中最基本的共同的要求。如：名词、术语、符号、代号、标志、方法等标准；计量单位制、公差与配合、形状与位置公差、表面粗糙度、螺纹及齿轮模数标准；优先数系、基本参数系列、系列型谱等标准；图形符号和工程制图；产品环境条件及可靠性要求等。

① 名词术语、图形符号、代号类标准

a. 名词术语标准。GB 1509《食品工业基本术语》规定食品工业常用的基本术语。适用于食品工业生产、科研、教学及其他有关领域，包括一般术语、产品术语、工艺术语、质量及卫生术语。

b. 图形符号、代号标准。GB/T 12529.1《粮油工业用图形符号、代号通用部分》规定粮油工业中各专业工艺流程图通用的图形和代号，适用于生产、科研、设计、教学及其他有关领域；GB/T 13385《包装图样要求》规定运输包装件包装图样绘制的基本要求，适用于产品运输包装件的设计及制造。

② 食品分类标准 对食品大类产品进行分类规范的标准。如 GB/T 10784《罐头食品分类》规定各类罐头食品的分类范畴，适用于将符合要求的原料经处理、分选、修整、烹调（或不经烹调）、装罐（包括马口铁罐、玻璃罐、复合薄膜袋或其他包装材料容器）、密封、杀菌、冷却而制成的具有一定真空度的所有罐头食品。又如 GB/T 8887《淀粉分类》、SB/T 10007《冷冻饮品分类》、SB/T 10033《可式糕点分类》、SC 3001《水产及水产加工品分类与名称》等。

③ 食品包装与标签标准 例如，GB/T 7718《预包装食品标签通则》规定预包装食品标签的基本要求、预包装食品标签的强制标示内容、预包装食品标签强制标示内容的免除、预包装食品标签的非强制标示内容。适用于提供给消费者的所有预包装食品标签。

④ 食品检验标准 食品的检验标准以国家标准为主，其次是行业标准、地方标准、企业标准，有时也引用国际标准。

（2）食品产品标准 产品标准为保证产品的适用性，以产品必须达到的某些或全部特性要求所制定的标准，包括品种、规格、技术要求、试验方法、检验规则、包装、标志、运输和储存等，是判断产品合格与否的主要依据之一。食品产品标准就是为保证食品的食用价值，对食品必须达到的某些或全部要求所做的规定。

食品产品标准既有国家标准、行业标准、地方标准,也有企业标准。但无论哪级标准,标准的内容编排、层次划分、编写的细则等都应符合 GB/T 1.1 的规定。食品产品标准内容较多,一般包括范围、引用标准、相关定义、技术要求、检验方法、检验规则、标志、包装、运输和储存等。

(3)食品卫生标准 指为保护人体健康,政府主管部门根据卫生法律法规和有关卫生政策,为控制与消除食品及其生产过程中与食源性疾病相关的各种因素所做出的技术规定,包括安全、营养和保健 3 个方面。这些规定通过技术研究,按照一定的程序进行审查,由国家主管部门批准,以特定的形式发布。食品卫生标准是食品卫生法律法规体系的重要组成部分,保证了法律体系的系统性和完整性,是实施食品卫生法律法规的技术保障。

①食品卫生标准的意义 保障食品安全与营养的重要技术手段,制定与实施食品卫生标准的根本目的是实现全民的健康保护,是进行法制化食品卫生监督管理的基本依据。食品卫生标准不是通常所说的技术标准,所以,它不同于食品质量标准。食品卫生标准是促进和保障国家经济建设和社会发展的重要措施,对食品进出口贸易产生非常重要的特殊作用。

②食品卫生标准的主要技术要求

a.食用安全相关的技术要求。严重危害健康的指标,如重金属、致病菌、毒素等;反映食品卫生状况恶化或对卫生状况的恶化具有影响的指标,如菌落总数、大肠菌群、酸价、挥发性盐基氮、水分、盐分、感官要求等。

b.食品营养质量技术要求。营养种类与营养效价;营养素含量与配比。

c.保健功能技术要求。具有特定生理功能的食物因子及其含量。

d.生产、运输、经营过程中与食品卫生相关的卫生要求。如原料、食品生产经营条件、食品添加剂和包装材料的使用、储藏与运输条件等。

③各类国家食品卫生标准 卫生部已经制定了各类食品卫生标准。我国食品卫生标准按照适用对象,主要分为以下几种:

a.食品原料与产品卫生标准。依食品的类别又分为 21 类食品卫生标准,包括粮食及其制品卫生标准、食用油脂卫生标准、保健食品卫生标准等。

b.食品添加剂使用卫生标准。

c.营养强化剂使用卫生标准。

d.食品容器与包装材料卫生标准。

e.食品中环境污染物限量卫生标准。

f.食品中激素(植物生长素)及抗生素的限量标准。

g.食品企业生产卫生规范。

h.食品标签标准。

i.辐照食品卫生标准。

j.食品卫生检验方法。包括食品卫生微生物检验方法、食品卫生理化检验方法、食品卫生毒理学安全性评价程序与方法、食品卫生营养素检验方法。

其他的卫生标准包括食品餐饮具洗涤卫生标准、洗涤剂消毒剂卫生标准。

2.4 食品标准的制定

标准制定是指标准制定部门对需要制定标准的项目,进行编制计划,组织草拟、审批、编号、发布的活动。制定标准是标准化的工作任务之一,也是标准化活动的起点,应有计划、有组织地按一定的程序进行。

(1)食品标准规定的内容

①食品卫生与安全 食品安全卫生标准是食品质量标准必须规定的内容。我国食品卫生标准是国务院授权国家卫生部统一制定的,属于强制性标准。食品卫生标准的内容一般有重金属元素限量指标、农药残留量最大限量指标、有毒有害物质如黄曲霉毒素和硝酸盐、亚硝酸盐等限量指标,放射性物质的剂量指标,食品微生物如菌落总数、大肠杆菌和致病菌三项指标以及重金属含量测定方法标准、有毒有害物质测定方法标准、农药残留量测定方法标准、微生物测定方法标准等,必须确保食品安全的需要。

②食品营养 食品营养指标是食品标准必须规定的技术指标,营养水平的高低是食品质量优劣的重要标志,反映产品的实际状况,并对原料选择、加工工艺提出明确的规定。

③食品包装、运输与储藏 食品产品标准除应符合国家规定的产品标准的一般要求外必须明确规定产品包装、标志、运输和储存等条件,确保人们食用的安全。

④引用标准 一个产品标准不可能孤立地存在,必然要引用有关技术标准,执行国家有关食品法规。在标准的引用中有关食品卫生安全、国家法律法规和强制性标准必须贯彻执行的有关规定,绝不能根据自己企业的需要而定。

(2)标准制定的程序 制定标准必须采取有效形式,把各方面专家组织起来,严格按照统一规定的程序和要求开展工作。专业标准化技术委员会是在一定专业领域内从事标准化工作的技术工作组织,主要的工作任务是组织本专业技术标准的起草、技术审查、宣讲、咨询等技术服务工作。技术委员会是一个以科技人员为主体组成的有权威的专家组织,通常包括生产、使用、经销、科研、教学和监督检验等方面具有较高理论水平和较丰富实践经验、熟悉和热心技术标准工作的科技人员。

①标准制定的一般程序

我国国家标准的制定(修订)程序一般划分为以下几个阶段:

a.计划阶段 国家标准和行业标准的修订计划由全国各专业标准化技术委员会根据国务院标准化行政主管部门和行业主管部门制定的国民经济和科技发展计划、标准化发展计划及各专业的标准化体系规划,提出标准计划项目,报行业主管部门和国务院主管部门审查、协调、批准、下达。

地方标准由地方标准化组织或有关单位根据地方国民经济和科技发展,在没有国家标准和行业标准的情况下,对于需要在地方范围内统一要求的,提出标准修订计划项目,由省、自治区、直辖市标准化行政主管部门审查、批准、下达。

企业标准一般由企业的技术部门或标准化管理部门,根据国家和行业标准制定情况以及本企业技术产品和管理的发展更新需要,提出企业标准的修订计划项目,报企业法人代表或法人代表授权的主管领导审查、批准、下达。

b. 准备阶段　准备阶段的主要工作内容包括:组织标准编制计划组、进行调查研究、收集资料、综合分析和试验验证。

在这一阶段必须查阅大量的相关技术资料,其中包括国际标准、有关企业标准,然后进行样品的收集,进行分析测定,确定控制产品质量的主要指标项目,在技术指标中哪些是关键的指标项目,哪些指标项目是非关键指标项目,都是前期准备工作中需要确定的内容,在准备阶段,大量的实验工作是必须进行的,否则,标准的制定就会因缺乏技术含量而失去科学性。

c. 起草阶段　标准起草阶段的主要工作内容有:编制标准草案(征求意见稿)及其编制说明和有关附件,广泛征求意见。在整理汇总意见基础上进一步编制标准草案(送审稿)及其编制说明和有关附件。

d. 审查阶段　国家标准和行业标准的审查分为预审和准审。预审是由各专业技术委员会组织专家进行,对标准的文本、各项技术指标进行严格审查,同时也审查标准草案是否符合《标准化法》和标准化工作导则的要求,技术内容是否实际和科学发展方向等。预审通过后按审定意见进行修改,整理出送审稿,报有关标准化工作委员会进行最终审定。

地方标准送审稿由省、自治区、直辖市标准化行政主管部门组织审查,或委托同级有关行政主管部门、省辖市标准化行政主管部门组织审查。

企业标准的审查,可由本企业技术或标准工作负责部门组织本企业专家或聘请本行业专家和当地质量技术监督部门进行会审。

e. 报批、发布阶段　终审通过的标准可以报批。国家标准由国务院标准化行政主管部门统一审批、编号、发布。行业标准由行业标准归口部门审批、编号、发布。地方标准由省、自治区、直辖市标准化行政主管部门审批、编号、发布。企业标准由企业法人代表或法人代表授权的主管领导批准、发布,并按企业的隶属关系报当地政府标准化行政主管部门和有关行政部门备案。

f. 标准复审　根据《标准化法》第十三条规定:标准实施后,制定标准的部门应当根据科学技术的发展和经济建设的需要适时进行复审,以确认现行标准继续有效或者予以修订、废止。在我国标准化实际工作中,国家标准、行业标准和地方标准的复审周期一般不超过 5 年。标准的确认有效、修改和废止由原标准发布机关审批发布。

②快速程序　为了缩短标准制定周期,适应国家对市场经济快速反应的需要,我国《采用快速程序制定国家标准的管理规定》中规定,制定标准可采用快速程序。所谓快速程序,是在正常制定标准程序的基础上省略起草阶段或省略起草阶段和征求意见阶段的简化程序。

快速程序适用于已有成熟标准草案的项目,如等同、修改采用国际标准或国外先进标准的标准制修订项目或对现在国家标准的修订或我国其他各级标准的转化项目。快速程序特别适用于变化快的高新技术领域。

对等同采用国际标准或国外先进标准的标准制修订项目,可直接由立项阶段进入征求意见阶段,省略起草阶段,将该国际标准或国外先进标准作为标准草案征求意见稿分发征求意见。

对现有国家标准的修订项目或中国其他各级标准的转化项目,可直接立项阶段进入审查阶段,省略起草阶段和征求意见阶段,即将现有标准作为技术标准草案送审稿组织审查。

　　申请采用快速程序的国家标准制修订项目，在立项阶段应严格审查，特别是该项目作为征求意见稿或送审稿使用的标准草案是否成熟。此外，对于采用快速程序的国家标准制修订项目，除允许省略的阶段外，其他阶段不能简化，以确保标准编制质量。

　　产品标准的制定是一项十分严肃的工作，由起草审批、发布、实施中间需经过几稿的讨论和修改，各项技术指标的确定都是在大量试验的基础上确定的，因此符合标准的食品应该是安全的，质量是可靠的。食品标准是食品质量和安全的保证。

【能力拓展】食品企业标准（草案）的起草

　　企业标准是对企业范围内需要协调、统一的技术要求、管理要求和工作要求所制定的标准。企业标准由企业组织制定，并按省、自治区、直辖市人民政府的规定备案。企业标准包括技术标准、管理标准、工作标准。企业标准由企业法人代表或法人代表授权的主管领导批准、发布，由企业法人代表授权的部门统一管理。

1　企业标准的要求

　　企业制定企业标准的一般要求：

　　(1)企业生产的产品在没有国家标准、行业标准或地方标准的情况下，应当制定企业标准。企业标准由企业组织制定和进行技术审查，由企业法定代表人或被授权人批准、发布和组织实施。

　　(2)企业产品标准应当符合国家法律、法规的规定，不得与强制性标准相抵触。标准的结构、格式要符合 GB/T 1.1《标准化工作导则　第一部分：标准的结构和编写规则》和 GB/T 1.2《标准化工作导则　第二部分：标准中规范性技术要素内容的确定方法》标准，内容完整并能准确表述产品的功能和特性。

　　(3)企业应对企业产品标准的合法性、科学性、与强制性标准的符合性以及标准的实施后果负责。

　　(4)企业产品标准应在批准发布后三十日内到当地质量技术监督局备案。

　　(5)企业产品标准备案的有效期为三年，到期未办理相关手续的，备案部门将注销标准备案，并予以公告。

　　标准的编制一般包括五个阶段：计划阶段、准备阶段、起草阶段、审查阶段、报批发布阶段。

2　标准的结构

　　按标准要素的规范性和资料性的性质可分为规范性要素和资料性要素。所谓规范性就是如要声称符合标准就必须遵守的，资料性就是提供一些辅助信息。

　　规范性要素是指要声明符合标准而应遵守的条款的要素，分一般要素和技术要素。资料性要素是指标志标准、介绍标准，提供标准的附加信息的要素，分为概括要素和补充要素。在规范性要素中可以有资料性要素内容，而资料性要素中则一般不应包含规范性要素。

　　标准要素还可分为必备要素和可选要素。在所有标准中都要出现的，如封面、前言、名称、范围等要素就是必备要素,不论其是资料性要素还是规范性要素。而某些要素在标准中不一定出现,如目次、引言、资料性附录、参考文献、索引等是可选要素。

3 标准格式

我国的标准格式符合国际标准格式的规定,无论是国家标准、行业标准、地方标准还是企业产品标准,格式均有统一规定,均应符合我国的标准:GB/T 1.1—2000《标准化工作导则第 1 部分 标准的结构和编写规则》。

(1)封面 封面是标准的必备要素,其主要内容可分为上、中、下三部分:

封面上部内容包括:标准的类别、标准的标志、标准的编号、备案号。

封面中部的内容包括:标准的中文名称、标准对应的英文名称、与国际标准一致性程度的标志。

标准的下部包括:标准的发布及实施的日期、标准发布的部门或单位。

(2)目次 目次是可选的资料性概述要素。一般来说,因标准内容很多、结构复杂时,可设目次。目次反映标准的层次结构、引导阅读和检索。

(3)前言 前言是必备的资料性概述要素。标准的前言由特定部分和基本部分组成。而特定部分在一些标准这是可以省略的,基本部分在任何情况下也不能少。

特定部分的内容主要说明以下内容:标准的结构,采取国际标准的有关情况,标准与其他标准或文件的关系,标准附录的性质(规范性附录和资料性附录)。

基本部分的内容。基本部分的具体编排依次给出下列信息:标准由××××提出,本标准由××××批准,本标准由××××归口,本标准起草单位、主要起草人。

(4)引言 引言是可选的资料性概述要素,不包含要求。引言的内容视标准的具体需求而定,一般包括促使编制标准的原因、目的及作用,有关标准技术内容的特殊信息或说明。引言位于标准首页之前,不分条,一般不编号。

4 标准内容

从标准内容上划分为技术标准、管理标准等其他类标准。从标准层次上划分为:公司标准和部门标准。由两个或两个以上部门使用的标准为公司标准,只适用于一个部门的为部门标准。每个部门制定适宜本部门的部门标准,如设计部门使用的内部标准包括设计数据、设计方法、设计要领等,标准介绍得详尽,提高工作效率。

在每个标准中都注明该部分内容的出处,有正式标准的就在引用前先注明标准代号和名称,摘自手册的注明手册名称,除此还特意注明是自己企业研制开发的还是从别的企业借鉴来的。

【知识延伸】

技术性贸易壁垒是商品进口国以技术为支撑条件,在实施贸易进口管制时,通过颁布法律、法令、条件、规定,建立技术标准、认证制度、卫生检验检疫制度、检验程序以及包装、规格和标签标准等,提高对进口产品的技术要求,增加进口难度,最终达到保障国家安全、保护消费者利益和保持国际收支平衡的目的。

技术性贸易壁垒的主要形式包括:海关关税估价、出口数量限制、出口许可证制度、汇管制、倾销与反倾销措施、补贴与反补贴措施、歧视性政府采购政策、运前检验、原产地规则、卫生与植物卫生措施等。

技术性贸易壁垒的特点:技术性贸易壁垒宣称其目的是保护人类、动物和植物的健康和生命的安全,有其合理性;技术性贸易壁垒具有很强的技术性,有其隐秘性;技术性贸易壁垒由于涉及技术,非常复杂,有其复杂性;技术的不断发展和多样性,有其灵活性。

世界贸易组织(WTO)为了克服技术贸易壁垒,制定了《SPS 协定》和《TBT 协定》。

(1)《SPS 协定》 即《实施卫生与植物卫生措施协定》,其目的在于保护人类、动物、植物的生命和健康,有助于克服新贸易保护主义,有助于解决国际贸易纠纷,促进全球化进程。《SPS 协定》试图在人类安全和自由贸易之间达到一种平衡,解决出口国进入市场的权利和进口国维持特定的健康和安全标准之间的冲突。该协定明确成员国有保护其境内人类、动物和植物生命安全和健康的权利。通过制定法律、法规,限制人的活动,能够达到防止有害生物传播、扩散,造成伤害的目的,从而避免技术性贸易措施被滥用。

《SPS 协定》的原则包括:非歧视原则、区域化原则、透明度原则和预防原则。

《SPS 协定》覆盖的领域包括动物检疫、植物检疫和食品安全,也就覆盖了所有可能直接或间接影响国际贸易的 SPS 措施。《SPS 协定》的措施包括:①免受病虫害、带病有机体或致病有机体传入、定殖或扩散所产生的风险;②免受食品、饮料或饮料中添加剂、污染物、毒素或致病有机体所产生的风险;③免受动物、植物及其产品携带的病害或虫害传入、定殖或扩散所产生的风险;④防止或限制成员境内因有有害生物传入、定殖或扩散所产生的其他危害。

(2)《TBT 协议》 即《技术性贸易壁垒》。由于许多时候 SPS 措施对贸易能产生极大的限制作用,使 SPS 从 TBT 中分离出来成为一个新的协议。

《TBT 协议》的管辖范围是 SPS 措施以外的所有技术法规、标准和合格评定程序,主要涉及技术法规、标准或合格评定程序。虽然没有明确规定《TBT 协议》的 SPS 领域所起的作用,但《TBT 协议》的技术法规、标准和合格评定程序(如检验和标签等方面)仍然起作用。

(3)《TBT 协议》和《SPS 协定》的区别 ①管辖范围不同。TBT 针对所有商品,SPS 针对食品和动物饲料。②措施目标不同。TBT 措施目标是除 SPS 措施以外的所有技术法规、标准和合格评定程序;SPS 措施目标是保护人类或动物健康免受食源性风险的危害,保护人类健康免受动物和植物等有害生物的危害,保护动植物免受有害生物的危害。

【思考题】

1.概念:标准 标准化 行政法规 食品行政执法 标准体系
2.我国的食品法律法规体系包括哪些?
3.标准化的基本原则与方法原理是什么?
4.简述 ISO 标准、CAC 标准与 WTO 的关系。
5.我国食品标准制定的快速程序包括哪些?

【参考文献】

[1] 臧大存.食品质量与安全.北京:中国农业出版社,2010.

[2] 彭珊珊.食品标准与法规.北京:中国轻工出版社,2011.

[3] 马丽卿 王云善.食品安全法规与标准.北京:化学工业出版社,2009.

[4] 张晓燕.食品安全与质量管理.北京:化学工业出版社,2010.

[5] 江汉湖.食品安全性与质量控制.北京:中国轻工出版社,2010.

[6] 钱志伟.食品标准与法规.北京:中国农业出版社,2007.

模块四 食品安全支持体系(中) 食品生产质量管理体系

【预期学习目标】

1. 掌握 ISO 9000 系列标准的主要内容、特点和作用。
2. 了解在食品企业建立食品质量管理体系的步骤和方法。
3. 了解 ISO 22000 系列标准的起源、实施意义及与 HACCP、ISO 9000 间的关系。
4. 掌握 ISO 22000 的基本术语、应用范围、核心内容及实施步骤。
5. 针对某一食品企业生产要求,能够编写程序文件。

【理论前导】

1 ISO 9000 质量管理体系概述

ISO 9000 系列标准自 1987 年 3 月问世以来,受到全世界的广泛关注,现已被 80 多个国家(地区)所采用。只要是面向世界、面向未来、面向市场的组织,无论是工业、商业或政府,还是欧洲、美洲或亚洲,都不得不关注 ISO 9000 系列标准,不得不按 ISO 9000 系列标准去规范自己的经营或管理行为。对那些有战略眼光的经营者或管理者来说,更要自觉地钻研和运用 ISO 9000 系列标准,以求在市场竞争中取得胜利。

贯彻 ISO 9000 系列标准有自觉与被动之分。自觉者把 ISO 9000 系列标准的要求与组织的质量管理相结合,完善自己的质量管理体系,从而提高产品质量,降低成本,获得较大收益。被动者乃是因顾客或政府有强制性的质量认证要求,只有按 ISO 9000 标准去建立质量管理体系,去申请质量认证。但是,只要认真按照 ISO 9000 系列标准去做,就都会取得明显的效益,获得收益。ISO 9000 系列标准已被称为全世界共同的话题,是一项跨世纪的工程。

1.1 ISO 9000 系列标准的产生及实施意义

ISO 9000 系列标准是国际标准化组织(ISO)所制定的关于质量管理和质量保证的一系列国际标准。自问世以来,在全球范围内得到广泛采用,对推动组织的质量管理工作和促进国际贸易的发展发挥了积极的作用。ISO 9000 系列标准是总结各个国家在质量管理与质量保证的成功经验基础上产生的,经历了由军用到民用,由行业标准到国家标准,进而到国际标准的发展过程。

1.1.1　ISO 9000 标准产生的背景

第二次世界大战后,美国的军事工业高速发展,质量保证技术也随着发展。1959 年,美国国防部制定了第一个质量保证标准 MIL-Q-9858《质量大纲要求》。美国的民用工业借鉴其做法,在民品生产中也开展质量保证和质量认证活动,也取得明显的效果。美国把质量保证活动进一步加以规范化,于 1979 年制定了全国通用的质量管理体系标准 ANSI Z1.15《质量体系通则》,其内容更严谨,为 ISO 9004 的起草奠定了基础。其他一些工业国家都借鉴美国的经验,纷纷效仿,制定一系列质量保证规范标准。1979 年英国颁布了三级质量保证规范标准 BS5750;加拿大、法国、挪威、澳大利亚等国家也都制定了有关质量管理和质量保证的国家标准。如加拿大的 CSAZ-299 系列标准,法国的 NF X50-11,挪威的 NS 5801-5803,澳大利亚的 AS 1822 等。随着国际贸易的不断发展,不同国家、企业之间的技术合作、经验交流和贸易也日益频繁,但由于各国采用的评价标准和质量体系的要求不同,企业为了获得市场,不得不付出很大代价去满足各个国家的质量标准要求。另外由于竞争的加剧,有的国家利用严格的标准和质量体系来阻挡商品的进口,这样就阻碍了国际的经济合作和贸易往来。因此,许多质量工作者呼吁制定一套国际上公认的、科学的、统一的质量管理体系标准,作为组织实施质量管理和相关方之间质量管理体系评价及认证的依据,使各国对产品的质量问题有统一认识和共同的语言及共同遵守的规范。在这样的背景下,就导致了 ISO 9000 族标准的产生。

1.1.2　ISO 9000 标准的发展

ISO 9000 标准从 1987 年 3 月问世以来,经过两次大的修改,一次修订后,形成四个版本。

(1)1987 版本　1987 版的质量标准还不够成熟。它包含了 6 个标准,即 ISO 8402:1986《质量-术语》、ISO 9000:1987《质量管理和质量保证标准-选择和使用指南》、ISO 9001~9003:1987 质量体系的三种模式和 ISO 9004:1987《质量管理和质量体系要素指南》。1987 版质量标准过分强调认证,对质量改进有所忽略,对制造业以外的其他行业质量管理的特殊性考虑不周,对欧洲以外的其他各国质量管理经验吸纳不足,因而受到一些批评。但是,ISO 9000 标准一出现,在国际贸易上和国际质量管理界引起了极大反响,被各自纷纷采用,力争自己早日站在质量管理前列。不少组织纷纷推行并申请认证。到 1993 年底,仅英国就有 2 万家组织获得 ISO 9000 的认证证书。

(2)1994 版本　针对 1987 版的缺陷,质量管理和质量保证技术委员会(ISO/TC176)在 1994 年组织专家组保留总体结构和内容的基础上,对 87 版本 ISO 9000 进行了重大补充和完善,对局部技术内容进行了一些修订,提出了一些新的管理概念和术语,并将其正式定义为"ISO 9000 族"。

1994 版标准特点是增加了大量的新标准,以弥补原来 6 个标准的不足,使标准总数达到 24 个。为了克服重复认证给组织带来的负担和麻烦,在世贸组织(WTO)的推动和国际认可论坛(IAF)的努力下,对认可机构实施了同行评审,并在评审获得通过的基础上,由 17 个国家的 16 个认可机构签署了区域性多边承认协议。

但 1994 版 ISO 9000 族标准还存在一些明显的不足和需要解决的问题，例如，适用范围较窄，它主要是针对生产硬件产品的组织，而对生产软件、流程性材料和服务业的组织使用时有许多不便；标准数量偏多，标准之间、标准的要素之间协调性和相关性不好，也不尽合理；三种质量保证模式在实际应用中带来一定的局限性；过多地强调程序和形成文件，在一定程度上限制了改进的机会；忽视了对产品的质量的保证和组织整体的业绩提高，以及缺少对顾客满意度和不满意信息的监视等。

（3）2000 版本 针对 1994 版本中过多的标准，人们提出了意见。ISO/TC176 对 1994 版 ISO 9000 族标准进行了规模空前的修改，于 2000 年 12 月 15 日正式发布新版的 ISO 9000 系列标准，统称为 2000 版 ISO 9000 族标准。2000 版 ISO 9000 族标准包括 4 项核心标准：ISO 9000《质量管理体系-基础和术语》、ISO 9001《质量管理体系-要求》、ISO 9004《质量管理体系-业绩改进指南》、ISO 19011《质量和环境管理体系审核指南》。其特点是：

①内容全面，操作性强 ISO 9000:2000 标准吸收了世界各国质量管理研究的成果，明确提出了八项质量管理原则，并以此为基础，全面系统地向使用者提供了为改进组织的过程、提高组织业绩、评价质量管理体系的完善程度所需考虑的质量管理体系要求，旨在指导组织的管理，通过持续改进和追求卓越，最终使组织的顾客和相关方受益，使 ISO 9004 更趋于全面，更具可操作性。

②采用过程模式结构 ISO 9000:2000 质量体系结构为过程模式结构，质量管理的循环过程由管理职责，资源管理，产品实现，测量、分析、改进四个主要环节构成循环过程。全过程实施过程控制，实际上是对质量管理体系运作过程的描述。这种模式完全脱离了某一具体行业，更具有通用性，也更强调体系的有效性、顾客需要的满足和持续改进等内容。

③具有兼容性 在 2000 版标准中，ISO 9001 阐述了用于证实能力的质量管理体系要求，ISO 9004 则提供了指导内部管理的质量管理体系指南，两者是一对协调的质量管理体系标准，在编写结构、主题内容及章的层次上均保持标题一致，为标准使用者提供了方便。

④标准的通用化 2000 版标准中覆盖通用产品类别方面，特别是在表述产品/服务作业过程的内容方面，更加通用化。如 2000 版在检验方面不再像 1994 版那样，分成进货、进程、最终三阶段进行描述，在词汇使用方面，尽可能使用"测量"而不用"检验"或"试验"，用"纠正或调整"替代原标准中的"返工或返修"，从而兼顾了不同行业，不同规模组织的特点，克服了偏重加工制造业的倾向，为受影响的使用者的具体行业可能制定的要求提供了一个共同的基础，使得 ISO 9000 标准适用于所有组织，特别是在服务业的应用更加方便。

⑤对质量管理体系文件的要求有适当的灵活性 ISO 9000:2000 标准特别强调，在确定质量管理体系文件的范围时，应结合本组织的实际情况。标准规定的程序文件有 6 个，其他文件由组织根据标准规定要求和自身的实际情况做出具体规定。

2000 版 ISO 9000 族标准更加强调了顾客满意及监视和测量的重要性，增强了标准的通用性和广泛的适用性，促进质量管理原则在各类组织中的应用，满足了使用者对标准应通俗易懂的要求，强调了质量管理体系要求标准（ISO 9001）和指南标准（ISO 9004）的一致性。2000 版 ISO 9000 族标准将在更高组织的运作能力、增强国际贸易、保护顾客利益、提高质量认证的有效性等方面产生积极而深远的影响。

（4）2008 版本　按照 ISO 致力于国家标准的建设和不断完善的工作原则,根据 ISO 的有关规则,所有标准都需要定期修订,一般为 5～8 年修订一次,以确保标准内容与思路的及时更新,能及时反映和充分体现被广泛接受的质量管理实践的科学成果与思想,以满足世界范围内标准使用者的需要。因此,国际标准化组织(ISO)多年前就开始考虑对 2000 版的 ISO 9000 族标准进行修正或修订。

①ISO 9000 的修订　2005 年 ISO 颁布了修订后的国际标准 ISO 9000:2005《质量管理体系—基础和术语》,等同转换的国家标准 GB/T 19000—2008《质量管理体系—基础和术语》也于 2009 年 5 月 1 日正式实施。

②ISO 9001 的修订　2004 年,各成员国对 ISO 9001:2000 进行了系统评审,以确定是否撤销、保持原状、修正或修订 ISO 9001:2000。评审结果表明,需要修正 ISO 9001:2000。"修正"是指对规范性文件内容的特定部分的修改、增加或删除。在 2004 年 ISO/TC176 年会上,ISO/TC176 认可了有关修正 ISO 9001:2000 的论证报告,并决定成立项目组对 ISO 9001:2000 进行有限修正。2008 年 11 月 15 日 ISO 颁布了修正后的 ISO 9001:2008 标准《质量管理体系—要求》,等同转换的国家标准 GB/T 19001—2008《质量管理体系—要求》也于 2009 年 3 月 1 日正式实施。

修正 ISO 9001 的目的是更加明确地表述 2000 版 ISO 9001 标准的内容,并且加强标准与 ISO 14001:2004 标准的兼容性。ISO 9001:2008 既没有引入新的要求,也没对 ISO 9001:2000 升级或改变 ISO 9001:2000 标准的意图。

修正后的 ISO 9001 仍然保持标题、范围不变;继续保持过程方法;仍然适用于各行各业不同规模和类型的组织;尽可能提高与 ISO 14001:2004《环境管理体系—要求及使用指南》的兼容性;ISO 9001 和 ISO 9004《持续性管理—质量管理方法》标准仍然是一对协调一致的质量管理体系标准。

③ISO 9004 的修订　目前,ISO 9004 处于修订过程中,并已进入了 DIS 阶段,2008 年 8 月,对 ISO/DIS 9004 标准进行了投票表决,2009 年 1 月底,投票表决结束;2009 年 2 月召开了 TG 1.20(负责修订 ISO 9004 的工作组)会议,对收集的针对 ISO/DIS 9004 标准的意见进行评议,并着手起草 ISO/FDI 9004 标准;2009 年 5 月,对 ISO/FDI 9004 标准进行投票表决,2009 年 7 月,结束投票表决;计划于 2009 年 8 月正式发布 ISO 9004:2009 标准。修订后的 ISO 9004:2009 标准为组织中复杂的、要求更高和不断变化的环境中获得持续成功提供管理指南。

1.1.3　ISO 9000 质量体系实施意义

（1）强化质量管理,提高企业效益;增强客户信心,扩大市场份额。

（2）获得了国际贸易"通行证",消除了国际贸易壁垒。

（3）节省了第二方审核的精力和费用。

（4）在产品质量竞争中永远立于不败之地。

（5）有效地避免产品责任。

（6）有利于国际的经济合作和技术交流。

1.2 2008 版 ISO 9000 系列标准的构成

1.2.1 ISO 9000:2008 标准的分类

根据 ISO 指南《管理体系标准的论证和制定》中的规定，ISO 9000:2008 体系标准分为三类：

（1）A 类标准 向市场提供有关组织的管理体系的相关规范，以证明组织的管理体系是否符合内部和外部要求的标准。

（2）B 类标准 通过对管理体系要求标准各要素提供附加指导或提供非同于管理体系要求标准的独立指导，以帮助组织实施和完善管理体系的标准。如关于使用管理体系要求标准的指导、关于建立管理体系的指导、关于改进和完善管理体系的指导、专业管理体系指导标准。

（3）C 类标准 按管理体系的特定部分提供详细信息或按管理体系的相关支持技术提供指导的标准。如关于管理体系的术语、评审、文件提供、培训、监督、测量绩效评价标准等。

1.2.2 ISO 9000:2008 标准体系的构成及现状

（1）现行标准和文件（表 4-1）。
（2）正在制修订的标准和文件（表 4-2）。
（3）ISO 9000 族的主要标准（表 4-3）。

表 4-1 ISO 9000:2008 现行标准和文件

序号	编号	名称	版次	日期	类型
1	ISO 9000:2005	质量管理体系 基础和术语	4	2005-08-15	A
2	ISO 9001:2008	质量管理体系 要求	2	2008-11-15	B
3	ISO 9004:2000	质量管理体系 业绩改进指南	1	2000-12-15	C
4	ISO 10002:2004	质量管理 顾客满意 组织行为规范指南	1	2007-01-12	C
5	ISO 10001:2007	质量管理 顾客满意 组织处理投诉指南	1	2004-07-01	C
6	ISO 10003:2007	质量管理 顾客满意 组织外部争议解决指南	2	2007-01-12	C
7	ISO 10005:2005	质量管理 质量计划指南	2	2005-06-01	B
8	ISO 10006:2003	质量管理 项目质量管理指南	2	2003-06-15	C
9	ISO 10007:2003	质量管理 技术状态管理指南	2	2003-06-15	B
10	ISO 10012:2003	质量管理体系 测量过程和测量设备的要求	2	2003-04-14	C
11	ISO/TR10013:2003	质量管理体系文件指南	1	2001-07-15	B

续表 4-1

序号	编号	名称	版次	日期	类型
12	ISO 10014:2006	质量管理 实现财务和经济效益的指南	3	2005-09-15	C
13	ISO 10015:1999	质量管理 培训指南	1	1999-12-15	C
14	ISO/TR 10017:2003	ISO 9001:2000 统计技术指南	2	2003-05-15	C
15	ISO 10019:2005	质量管理体系咨询师的选择及其服务使用的指南	1	2005-01-05	C
16	ISO/TS 16949:2002	质量管理体系 汽车生产件及相关维修零件组织应用 ISO 9001:2000 的特别要求	2	2002-03-01	A
17	ISO 19011:2002	质量和(或)环境管理体系审核指南	1	2002-10-01	C
18	ISO 小册子:2008	ISO 9000 标准的选择和使用	2	2008-01	
19	ISO 小册子	质量管理原则及其应用指南	1	2000-11	C
20	ISO 手册:2002	小型组织实施 ISO 9001:2000 指南	2	2002-07	B

表 4-2　ISO 9000:2008 正在制修订标准和文件

序号	编号	名称	版次	制修订阶段	类型
1	ISO 9004	组织持续成功管理 一种质量管理方法	3	DIS	B
2	ISO/TR 10004	监视和测量顾客满意指南	1	CD	C
3	ISO 10018	质量管理 人员参与和能力指南	1	2000-12-15	C
4	ISO/TS 16949	质量管理体系 汽车生产件及其相关维修零件组织应用 ISO 9001:2008 的特别要求	3	2007-01-12	A
5	ISO 手册	小型组织实施 ISO 9001:2008 指南	1	2004-07-01	B

表 4-3　ISO 9000:2008 主要标准

序号	ISO 9000 族的主要标准		
1	GB/T 19000—2008/ISO 9000:2005	质量管理体系 基础和术语
2	GB/T 19001—2008/ISO 9001:2008	质量管理体系 要求
3	GB/T 19004—2000/ISO 9004:2000	质量管理体系 业绩改进指南(修订中)
4	GB/T 19011—2003/ISO 19011:2002	质量和环境管理体系审核指南

1.2.3　实施 ISO 9000:2008 族标准的作用

　　ISO 9000 族标准是在总结了世界经济发达国家的质量管理实践经验的基础上制订的具

有通用性和指导性的国际标准。组织运用 ISO 9000 族标准建立、实施、保持和持续改进质量管理体系,可帮助组织提高质量管理的有效性,提高产品质量,增强顾客和其他相关方法满意程度。总结其作用为以下几点:

(1)有利于提高组织的质量管理体系运作能力　ISO 9000 族标准提供了系统而科学地建立、实施、保持和持续改进质量管理体系的结构框架、要求和指南,鼓励组织采用过程方法,通过识别和管理相互关联的过程,并对这些过程进行系统的管理和连续的监视与控制,以实现顾客接受的产品,达到增强顾客和相关方满意的目的。组织运用 ISO 9000 族标准建立、实施质量管理体系,可使组织的质量管理活动更为系统、规范、科学,使质量管理活动的有效性得以提高。

(2)有利于提高产品质量,增强竞争能力,提高经济效益　现代科学技术快速发展,使产品向高科技、多功能、精细化和复杂化发展,如组织的质量管理体系不健全,则不能适应于内、外部环境的变化和市场竞争的需要,那么组织就无法保证持续地提供满足要求的产品,会影响产品的质量和组织的竞争力。如组织按照 ISO 9000 族标准实施、保持和不断改进质量管理体系,可以通过质量管理体系的有效运行,使组织不断地提高质量管理水平,提升过程能力和改进产品质量,实现产品质量的持续稳定和提高,增强组织的竞争力,提高组织的经济效益。

(3)有利于组织持续改进质量管理体系业绩　组织面临的内、外环境是不断变化和发展的,因此要求组织实施"动态管理",建立和保持有效的持续改进机制,以使组织保持并不断提高其质量管理体系业绩。ISO 9000 族标准提供的正是一个持续改进的质量管理体系运行模式,组织可以按照 ISO 9000 族标准提供的质量管理体系要求和指南,不断提升产品质量和过程能力,提高组织整体的有效性和效率,从而促使整个质量管理体系的业绩得以提高。

(4)有利于组织持续地满足顾客的需求和期望,增强顾客满意程度　顾客要求产品具有满足其需求和期望的特性,这些需求和期望通常在产品的技术要求或规范中表述,但顾客的需求和期望是不断变化的,当产品技术规范本身不完善或不能全面、及时地反映顾客对产品的要求和期望时,组织按产品的技术要求或规范提供的产品很可能不能持续地满足顾客的需求和期望,就要求组织不断地识别顾客不断变化的需求和期望,通过改进组织的产品和过程来持续地满足顾客不断变化的需求和期望。

ISO 9000 族标准将质量管理体系要求和产品要求区分开来,将质量管理体系要求作为产品要求的补充,而质量管理体系要求恰恰为组织持续地改进其产品和过程提供了一条有效途径。组织按照 ISO 9000 族标准提出的质量管理体系要求,根据不断变化的顾客需求和期望来改进产品和过程,从而持续地满足顾客需求,达到增强顾客满意的目的。

(5)有利于提高组织的信誉和形象　组织在市场竞争中竞争的不仅仅是资本和技术,也是信誉和形象的竞争。组织通过运用 ISO 9000 族标准建立、健全质量管理体系,有效地应用质量管理体系来不断提高产品质量和相关方满意程度,向外界证实其持续提供满足要求的产品的能力,以获得顾客和其他相关方的信任,提高组织的信誉和形象。

1.3 ISO 9001 的特点和作用

(1)是 ISO 9000 族质量保证模式标准之一,用于合同环境下的外部质量保证。也可作为供方质量保证的依据,也是评价供方质量体系的依据。

(2)可作为企业企业申请 ISO 9000 族质量体系认证的依据。

(3)是开发、设计、生产、安装和服务的质量保证模式。用于供方保证在开发、设计、生产、安装和服务的各个阶段符合规定要求的情况。

(4)对质量保障的要求最全、要求提供质量体系要素的证据最多,从合同评审开始到最终的售后服务,要求提供全过程严格控制的依据。

(5)要求供方贯彻"预防为主,检验把关相结合原则",健全质量体系有完整的质量体系文件并确保有效运行。

1.4 ISO 9001 标准和其他管理体系标准的相容性

一个组织的管理体系可以包括若干个不同的管理体系,如质量管理体系、环境管理体系、职业健康安全管理体系、财务管理体系、人事管理体系、行政管理体系等,由此可见,质量管理体系只是组织管理体系的一个组成部分。不同的管理体系根据其特点和不同目的有着其不同的要求,ISO 9001 标准中规定的质量管理体系要求中不包括其他管理体系(例如环境管理、职业健康安全管理、财务管理或风险管理)有关的特定要求。

质量管理体系是在质量方面指挥和控制组织的管理体系,是致力于实现组织的质量方针和质量目标的管理体系,以达到持续的顾客满意。而组织的质量方针和质量目标与其他管理体系的方针和目标(如环境、职业健康安全、资金、利润等方针、目标等)是相辅相成、互为补充的。因此,将一个组织的管理体系的各个部分有机地结合或整合成一个整体,形成一体化管理体系,有利于策划、合理配置资源、确定互补的目标并评价组织整体绩效的有效性,这对提高组织的有效性和效率以及资源的综合利用等都是十分有利的。

ISO 9001 标准使组织能够将自身的质量管理体系与相关的管理体系要求结合或整合,ISO 9001 标准中规定的质量管理体系要求和其他管理体系要求标准的内容是相容的,其相容性主要体现在以下方面:

(1)管理体系的运行模式都以过程为基础,用"PDCA"循环的方法进行持续改进。

(2)都是运用设定目标,系统地识别、评价、控制、监视和测量并管理一个由相互关联的过程组成的体系,并使之能够协调地运行。

(3)管理体系标准中要求建立的形成文件的程序(例如,文件控制、记录控制、内部审核、不合格(不符合)控制、纠正措施和预防措施等),在管理要求和方法上都是相似的,因此,依据 ISO 9001 标准的要求制订并保持的形成文件的程序,在其他管理体系中可以共享。

(4)ISO 9001 标准强调了法律法规的重要性,在环境管理体系和职业健康安全管理体系等标准中同样强调了适用的法律法规的重要性。

1.5　质量管理的流程

1.5.1　质量目标管理工作流程

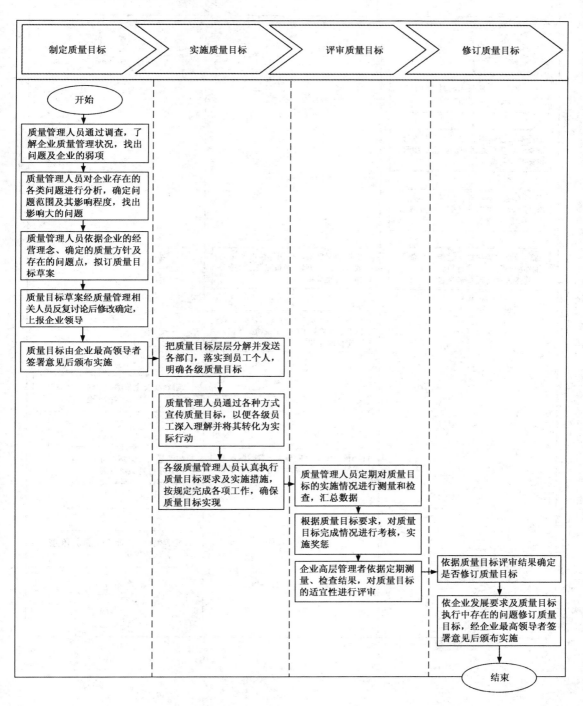

1.5.2 进料检验工作流程

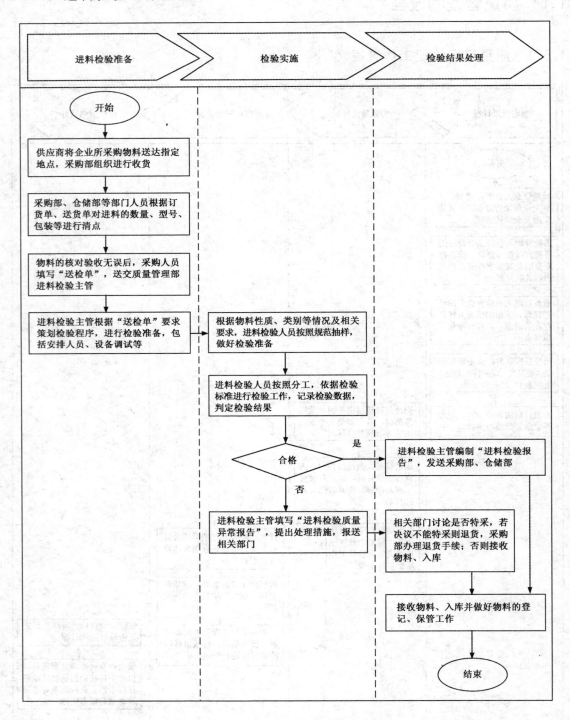

1.5.3　检验状态标识流程

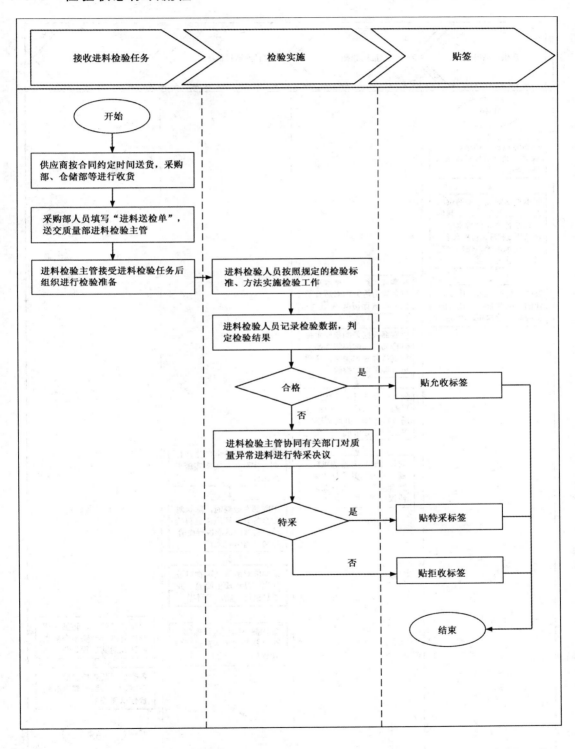

1.5.4 供应商管理工作流程

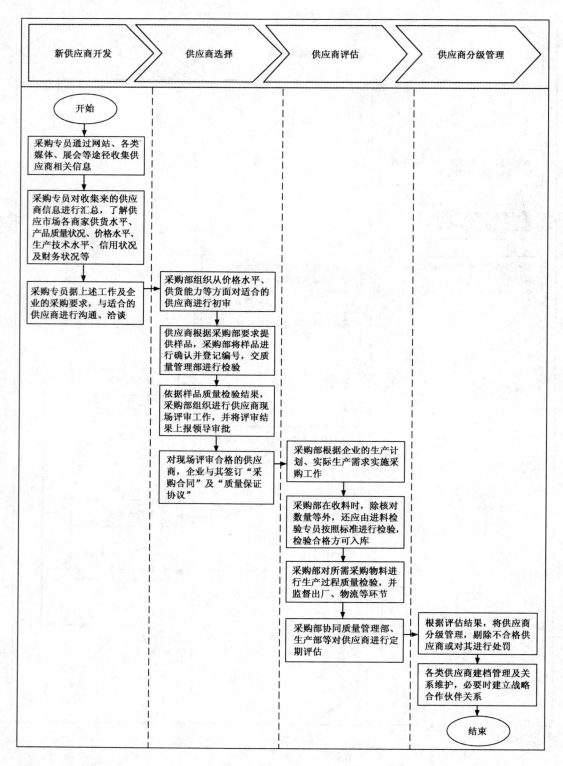

1.5.5 制程质量管理工作流程

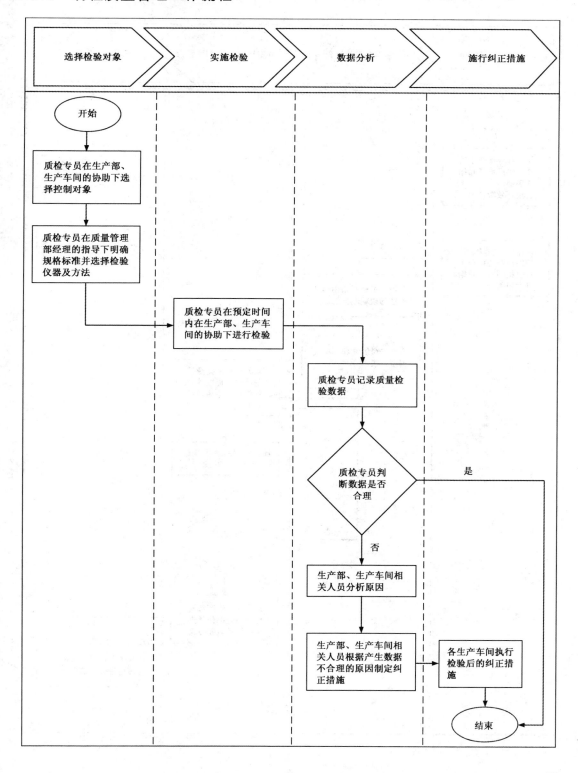

1.5.6 质量分析统计工作流程

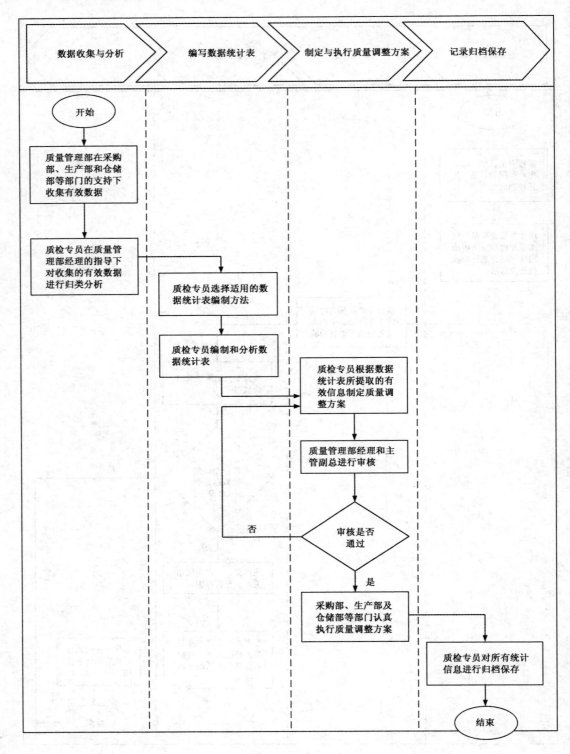

1.5.7　质量指标报告工作流程

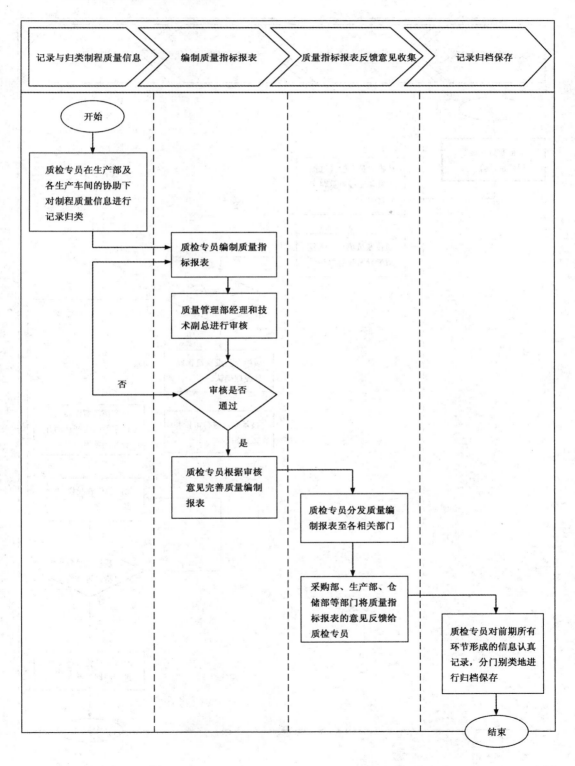

1.5.8　制程质量异常处理工作流程

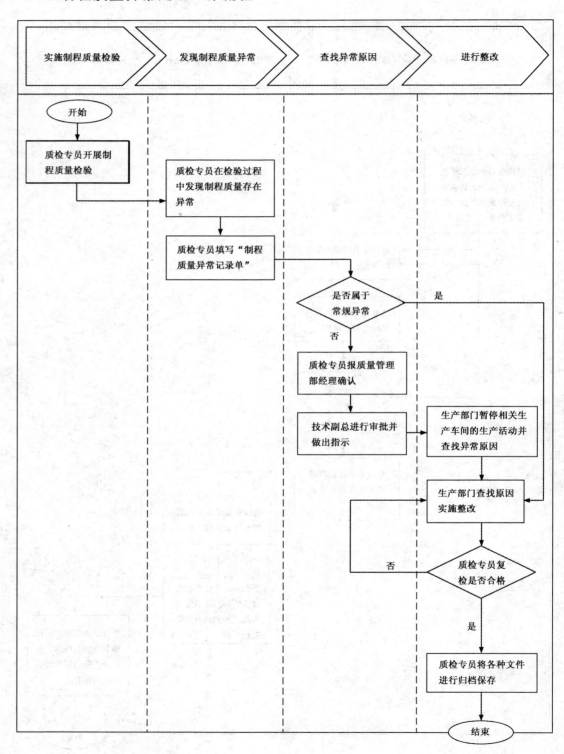

1.5.9　工序质量控制工作流程

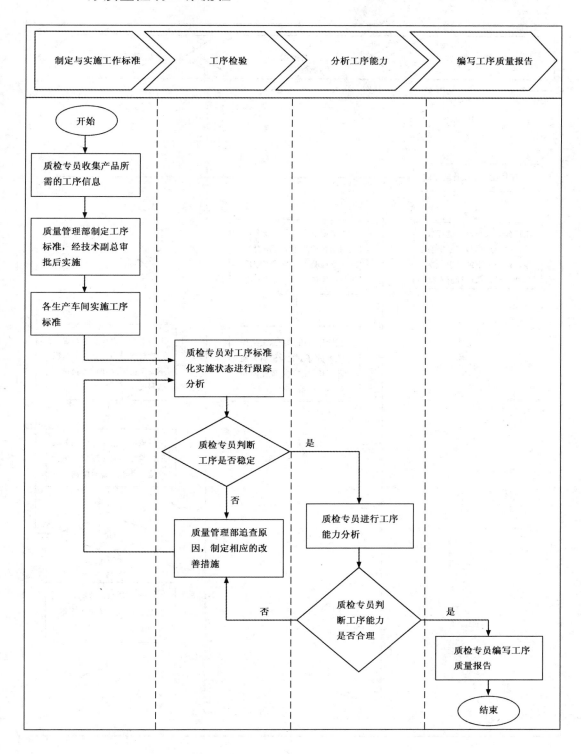

1.5.10 工序质量检验工作流程

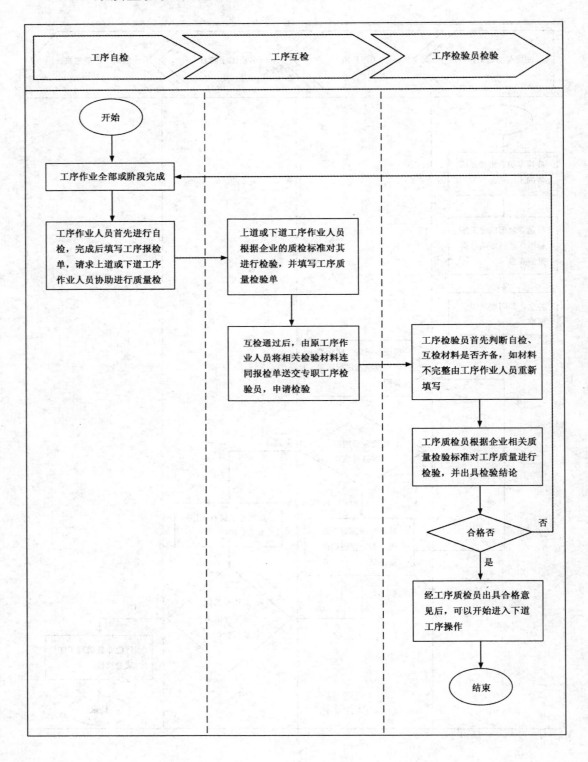

1.5.11　检验计划签审工作流程

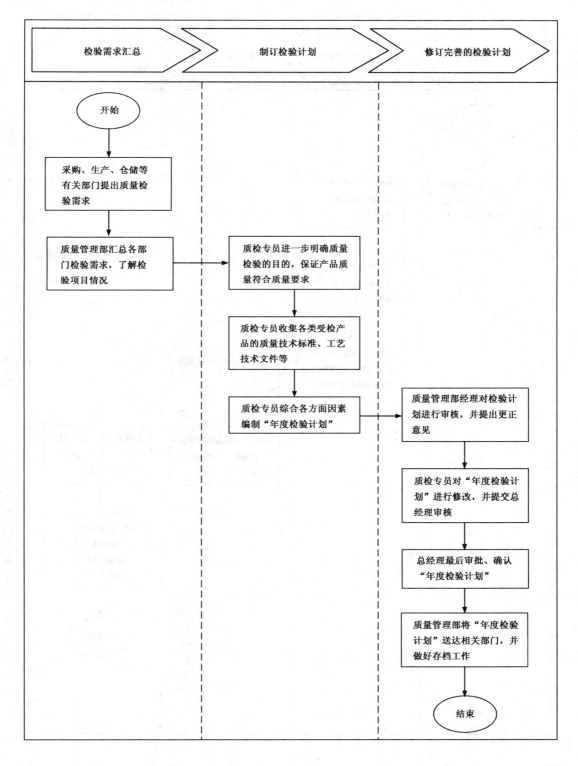

1.5.12 成品抽样检验工作流程

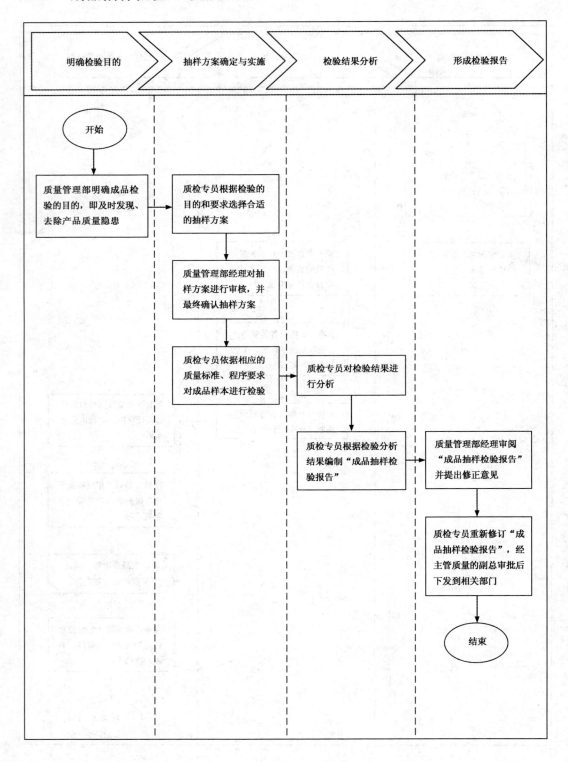

1.5.13 成品入库送检工作流程

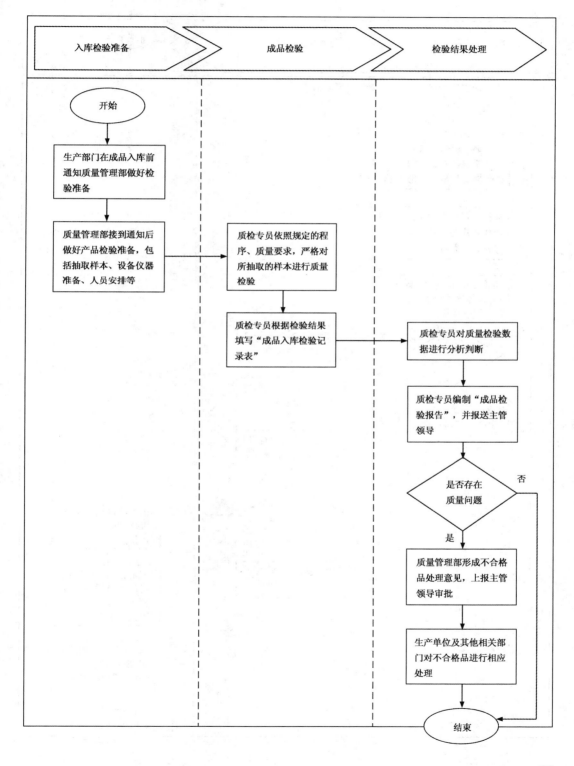

1.5.14 产品样件检验工作流程

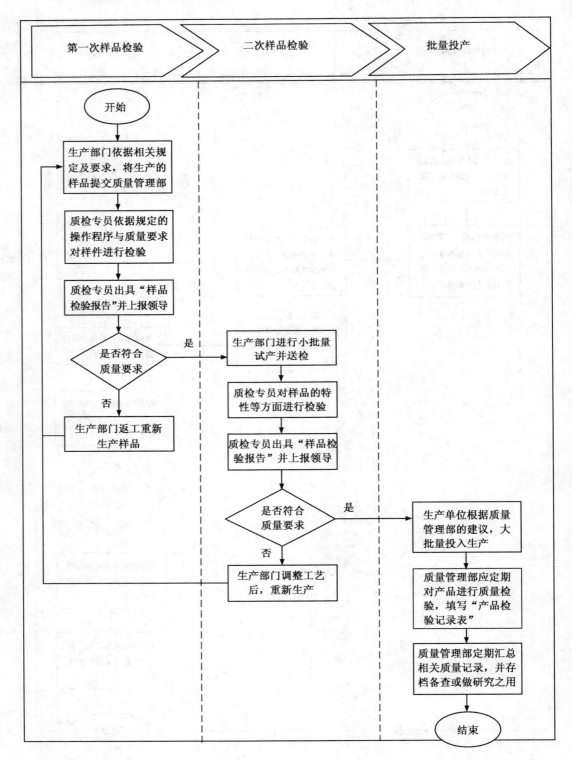

1.5.15 工厂出货送检工作流程

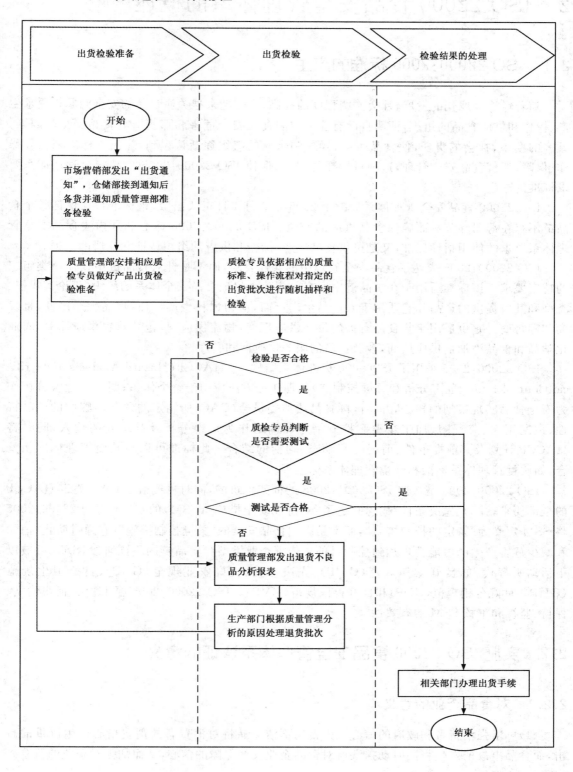

2　ISO 22000 食品安全管理体系的概述

2.1　ISO 22000:2005 标准的产生

随着经济全球化的发展、社会文明程度的提高,人们越来越关注食品的安全问题。要求生产、操作和供应食品的组织,证明自己有能力控制食品安全危害和那些影响食品安全的因素。顾客的期望、社会的责任,使食品生产、操作和供应的组织逐渐认识到,应当有标准来指导操作、保障、评价食品安全管理,这种对标准的呼唤,促使 ISO 22000:2005 食品安全管理体系要求标准的产生。

ISO 22000 食品安全管理体系标准于 2005 年 9 月 1 日正式出版,该标准旨在保证整个食品链不存在薄弱环节从而确保食品供应的安全。ISO 22000:2005 标准既是描述食品安全管理体系要求的使用指导标准,又是可供食品生产、操作和供应的组织认证和注册的依据。

ISO 22000:2005 表达了食品安全管理中的共性要求,而不是针对食品链中任何一类组织的特定要求。该标准适用于在食品链中所有希望建立保证食品安全体系的组织,无论其规模、类型和其所提供的产品。它适用于农产品生产厂商,动物饲料生产厂商,食品生产厂商,批发商和零售商。它也适用于与食品有关的设备供应厂商,物流供应商,包装材料供应厂商,农业化学品和食品添加剂供应厂商,涉及食品的服务供应商和餐厅。

ISO 22000:2005 采用了 ISO 9000 标准体系结构,将 HACCP(Hazard Analysis and Critical Control Point,危害分析和关键控制点)原理作为方法应用于整个体系;明确了危害分析作为安全食品实现策划的核心,并将国际食品法典委员会(CAC)所制定的预备步骤中的产品特性、预期用途、流程图、加工步骤和控制措施和沟通作为危害分析及其更新的输入;同时将HACCP 计划及其前提条件、前提方案动态、均衡的结合。此标准可以与其他管理标准相整合,如质量管理体系标准和环境管理体系标准等。

ISO 22000:2005 是按照 ISO 9001:2008 的框架构筑的,同时也覆盖了 CAC 关于 HACCP的全部要求,并为"先决条件"概念制定了"支持性安全措施"(SSM)的定义。ISO 22000:2005将 SSM 定义为"特定的控制措施",而不是影响食品安全的"关键控制措施",它通过防止、消除和减少危害产生的可能性来达到控制目的。依据企业类型和食品链的不同阶段,SSM 可被以下活动所替代,如良好操作规范(GMP)、先决方案、良好农业规范(GAP)、良好卫生规范(GHP)、良好分销规范(GDP)和良好兽医规范(GVP)。ISO 22000:2005 要求食品企业建立、保持、监视和审核 SSM 的有效性。

2.2　实施 ISO 22000 食品安全管理体系认证的意义

2.2.1　对食品企业的意义

(1)可增强消费者和政府的信心　因食用不洁食品将对消费者的消费信心产生沉重的打击,而食品事故的发生将同时动摇政府对食品企业安全保障的信心,从而加强对企业的监管。

（2）能减少法律和保险支出 若消费者因食用食品而致病,可能向企业投诉或向法院起诉该企业,既影响消费者信心,也增加企业的法律和保险支出。

（3）可增加市场机会 良好的产品质量将不断增强消费者信心,特别是在政府的不断抽查中,总是保持良好的企业,将受到消费者的青睐,形成良好的市场机会。

（4）可降低生产成本,减少食品废弃 因产品不合格使企业产品的保质期缩短,使企业频繁回收其产品,提高企业生产费用。如美国300家肉和禽肉生产企业在实施HACCP体系后,沙门氏菌在牛肉上降低了40%,在猪肉上降低了25%,在鸡肉上降低了50%,所带来的经济效益不言而喻。

（5）可提高产品质量的一致性 HACCP的实施使生产过程更规范,在提高产品安全性的同时,也大大提高了产品质量的均匀性。

（6）提高员工对食品安全的参与 HACCP的实施使生产操作更规范,并促进员工对提高公司产品安全的全面参与。

（7）可降低商业风险 如日本雪印公司金黄色葡萄球菌中毒事件,使全球牛奶巨头日本雪印公司一蹶不振的事例,充分说明了食品安全是食品生产企业的生存保证。

2.2.2 对消费者的意义

（1）可减少食源性疾病的危害 良好的食品质量可显著提高食品安全的水平,更充分地保障公众健康。

（2）增强卫生意识 HACCP的实施和推广,可提高公众对食品安全体系的认识,并增强自我卫生和自我保护的意识。

（3）增强对食品供应的信心 HACCP的实施,使公众更加了解食品企业所建立的食品安全体系,对社会的食品供应和保障更有信心。

（4）提高生活质量（健康和社会经济） 良好的公众健康对提高大众生活质量,促进社会经济的良性发展具有重要意义。

2.2.3 对政府的意义

（1）可改善公众健康 HACCP的实施将使政府在提高和改善公众健康方面,能发挥更积极的影响。

（2）可增强食品监控的有效性 HACCP的实施将改变传统的食品监管方式,使政府从被动的市场抽检,变为政府主动地参与企业食品安全体系的建立,促进企业更积极地实施安全控制的手段。并将政府对食品安全的监管,从市场转向企业。

（3）可减少公众健康支出 公众良好的健康,将减少政府在公众健康上的支出,使资金能流向更需要的地方。

（4）确保贸易畅通 非关税壁垒已成为国际贸易中重要的手段。为保障贸易的畅通,对国际上其他国家已强制性实施的管理规范,须学习和掌握,并灵活地加以应用,减少其成为国际贸易的障碍。

（5）提高公众对食品供应的信心 政府的参与将更能提高公众对食品供应的信心,增强国内企业竞争力。

2.3 ISO 22000 标准的目的和范围

2.3.1 标准的目的

(1)组织实施 ISO 22000 标准准则后,能够确保在按照产品的预期用途食用时对消费者来说是安全的。

(2)通过与顾客的沟通,识别并评价顾客要求中的食品安全的内容以及它的合理合法性,并能与组织的经营目标相统一,从而证实组织就食品安全要求与顾客达成了一致。

(3)组织应建立有效的沟通渠道,识别食品链中需沟通的对象和适宜的沟通内容,并将其中的要求纳入到组织的食品安全管理活动中。

(4)组织应建立获取与食品安全有关的法律法规的渠道,获取适宜的法律法规,并将其中的要求纳入到组织的食品安全管理活动中。

(5)组织应识别相关方的要求,将其要求作为食品安全管理体系策划和更新的输入。

2.3.2 标准的范围

ISO 22000 标准的所有要求都是通用的,无论组织的规模、类型,还是直接介入食品链的一个或多个环节或间接介入食品链的组织,只有其期望建立食品安全管理体系就可采用此标准准则。这些组织包括:饲料加工者,种植者,辅料生产者,食品生产者,零售商,食品服务商,配餐服务商,提供清洁、运输贮存和分销服务的组织及间接介入食品链的组织,如设备、清洁剂、包装材料及其他食品接触材料的供应商。

2.4 ISO 22000 标准的用途和特点

2.4.1 ISO 22000 标准的用途

(1)ISO 22000 标准用作食品安全管理体系的建立和第一方审核 任何类型的组织都可按照 ISO 22000 要求,建立食品安全管理管理体系。组织建立的食品安全管理管理体系可以 ISO 22000 作为内部审核准则,对体系的符合性和有效性进行评价。

(2)ISO 22000 标准用作第二方食品安全管理体系审核 一些组织在选择或评价供方,进行产品和服务采购时,按 ISO 22000 标准的要求,对供方进行食品安全管理体系审核,以满足本标准要求作为合格供方评价的重要条件之一。

(3)ISO 22000 标准用作第三方食品安全管理体系审核 第三方认证机构对组织建立的食品安全管理体系进行认证审核时,ISO 22000 用作认证审核的准则之一,只有符合本标准的要求,才能获得认证证书。

(4)其他用途 如在采购合同中引用,规定对供方食品安全体系要求;为法规引用,作为强制性要求。

2.4.2 ISO 22000 标准的特点

（1）本着自愿性原则，面向所有食品链的组织，其通用性强。

（2）与其他标准如 ISO 9001、ISO 14000、HACCP 等，有较强的兼容性。

（3）标准强调满足食品安全有关的法律法规和其他要求。

（4）标准关注持续改进和食品风险的预防。

（5）食品安全管理体系是建立在 HACCP 计划和操作性前提方案基础上。

2.5 食品安全管理体系对组织的要求

食品安全管理体系(ISO 22000)融合了几个关键原则，它们是：交互式沟通、体系管理、过程控制、HACCP 原理和前提方案。核心是危害分析，并将之与国际食品法典委员会(CAC)所制定的实施步骤、HACCP 的前提条件—前提方案和相互沟通均衡地结合。在明确食品链中各组织的角色和作用的条件下，将危害分析所识别的食品安全危害评鉴并分类，通过 HACCP 计划和操作性前提方案的控制措施组合来控制，能够很好地预防食品安全事件的发生。

组织应按本标准的要求建立质量管理体系，将其形成文件，加以实施和保持，并持续改进其有效性；组织应确定质量管理体系所需的过程及其整个组织中的应用；确定这些过程的顺序和相互作用；确定所需的准则和方法，以确保这些过程的运行和控制有效；确保可以获得必要的资源和信息，以支持这些过的运行和监视；监视/测试（适用时）和分析这些过程；实施必要的措施，以实现所策划的结果和对这些过程的持续改进；组织应按本标准的要求管理这些过程。

组织如果选择将影响产品符合要求的任何过程包括外包，应确保对这些过程的控制。对此类外包过程控制的类型和程度应在质量管理体系中加以规定。

【案例分析】

某食品公司食品安全管理手册

1.1 公司食品安全方针和食品安全目标

1.1.1 公司食品安全方针

质量为本、顾客至上；严格管理，减少风险。

1.1.2 公司食品安全目标

（1）提供 100％安全食品。

（2）食品的各种安全卫生指标符合国家标准。

（3）国家抽检 100％合格。

1.2 企业简介

1.3 公司组织机构与职责权限

1.3.1 总经理

(1)主持公司的全面工作;主持管理评审。

(2)制定食品安全方针和食品安全目标,落实组织机构,采取有效措施保证各级人员都能理解食品安全方针,并坚持贯彻执行。

(3)批准食品安全管理手册。

(4)作为企业产品质量、食品安全第一责任人,确保对质量、食品安全进行策划,对企业的产品质量、食品安全负最终责任。

(5)为保证为食品安全管理体系的有效运行提供充分资源。

(6)贯彻国家方针、政策、法律、法规,主持公司重要的质量、食品安全生产工作会议。

1.3.2 食品安全小组

(1)负责建立前提方案(PRP)、操作性前提方案(OPRP)。

(2)负责危害分析;负责建立、修改 HACCP 计划。

(3)负责监督 HACCP 计划的实施。

(4)负责做好 HACCP 计划、操作性前提方案(OPRP)的确认工作;负责做好 HACCP 计划的验证工作;负责做好单项验证结果的评价工作;负责做好验证结果的分析工作。

(5)负责食品安全管理体系的更新。

1.3.3 供销部

(1)进行市场调研,确定市场对产品的需求,获得产品的供销信息,确定市场需要。了解顾客的要求,协助其确定对产品的特殊需要。

(2)建立顾客档案,将顾客的有关资料予以收集保管。

(3)组织商务洽谈及合同的评审工作并负责产品交付;协助建立并实施产品撤回程序。

(4)对顾客满意度进行评价。

(5)负责组织供方的选择和评价,并建立合格供方档案。

(6)组织编制采购文件并负责物资采购的计划安排和实施。

(7)负责采购信息的收集与分析。

1.3.4 加工厂

(1)编制生产计划并组织实施,编制物料需求计划。

(2)负责设备的维护保养;负责做好设备、工器具的清洁工作。

（3）负责按照工艺、配方要求组织生产。并落实 HACCP 计划、操作性前提方案。

（4）做好生产过程中化学品的使用管理；做好生产中防止交叉污染的工作；保护食品、食品包装材料、食品接触面免受其他物质污染；做好害虫防治工作。

（5）负责 CCP 的监视、纠偏、验证工作；监督做好生产中的各种记录并对其进行审核。

（6）做好生产过程中废弃物分类、管理工作。

（7）组织并督促各车间进行安全和文明生产，确保生产车间的设施、工作环境清洁、卫生，能够满足生产需要。

（8）负责按规定做好产品的标识。

（9）建立员工人事、健康档案，适时组织公司各部门有关人员进行培训。

（10）维持厂区环境的清洁卫生，对作业人员的职业卫生和安全进行管理。

1.3.5 品管部

（1）负责组织新产品的开发，在产品研发过程中贯彻食品安全标准。

（2）负责制定工艺规程，并监督生产部门做好新产品或新工艺的过程控制，负责组织生产中特殊过程进行确认。

（3）负责进行危害分析、明确 CCP 及关键限值。

（4）负责制定产品标准、操作性前提方案、HACCP 计划；负责对控制措施组合进行确认。

（5）协助做好操作性前提方案、HACCP 计划的验证工作。

（6）负责原辅料、包装物料、半成品、成品的验收/检验工作，做好产品的检验和试验状态标识和检验记录。

（7）负责对 CCP 的监控、管理情况进行巡回检查。负责对 CCP 偏离期间生产的产品进行评估和处理。负责对 CCP 的纠偏措施进行验证。

（8）制定员工培训计划，并组织实施。

（9）负责内外信息交流工作；负责对产品信息进行收集与分析；负责有关法律法规文件的获取、确认及使用管理；负责监督执行法律法规和公司管理制度。

（10）对不符合的处理、对纠正和预防措施的执行进行监督；全权处理产品质量、安全问题，全权指挥应急处理工作。

（11）负责检测设备的管理，建立检测设备档案，对检测工作进行监督。

（12）协调解决体系运行中出现的问题，协助处理出厂产品质量问题，组织制订产品召回计划并监督实施。

（13）协助管理者代表做好管理体系运行的组织协调、检查考核工作，对任何违反法律法规的行为制止。

（14）负责各类质量、食品安全事故的汇总统计上报工作，并建立事故档案。

（15）负责不合格品的处理和过程的监控；负责对监视、纠偏过程进行监督检查；负责进行 CCP 点的验证工作。

（16）制定各类产品的标识方法并监督执行；做好产品的状态标识；负责可追溯系统的建立。

（17）负责所有受控文件的发放和管理，并指导各部门进行文件管理。

1.3.6　财务部

(1)负责成本计算和核算。

(2)制订成本控制计划并监督其实施。

(3)建立公司的会计、财务制度并实施。

(4)负责公司的财务运作。

1.3.7　车间管理员

(1)贯彻执行公司各项管理制度,领导车间开展生产管理活动。

(2)对车间人员进行卫生食品安全管理教育,严格执行工艺纪律,做好各项原始记录,负责完成下达的质量指标,均衡地完成生产任务。

(3)负责做好车间的质量、食品安全控制工作和作业环境卫生管理,及时填写、记录有关原始数据和统计报表,及时反馈质量、食品安全信息。

(4)对车间质量、食品安全事故负责,发现质量、食品安全事故立即报告,及时提出改进措施,付诸实施。

1.3.8　仓库管理员

(1)负责对进库的物资进行查点,核对,对未经检验和已经检验的物资区分放置。

(2)做好领料、发料工作,定时对仓库物资进行盘点。

(3)负责物资贮存的食品安全管理工作,如分区保管、定期检查,先进先出,保证库存物资不变质。账、卡、物一致。

1.4　食品安全管理体系

1.4.1　总要求

本公司按 ISO 22000 标准的要求建立食品安全管理体系,编写体系文件(食品安全管理手册、程序文件、作业指导书及相应的表格),并予以实施与保持,在实施过程中,对食品安全管理体系予以不断完善和发展,以提高公司的食品安全管理水平。

为了确保食品安全管理体系的实现,本公司保证做到:

(1)识别和评估合理预期发生的食品安全危害,对这些危害进行控制,并且在控制过程中不能以任何方式伤害消费者。

(2)在食品链范围内沟通与食品安全有关的适宜信息。

(3)在公司内就有关食品安全管理体系的建立、实施和更新进行必要的信息沟通,以确保满足食品安全。

(4)对食品管理体系定期评价,必要时进行更新,确保体系反映公司的活动,并纳入有关需要控制的食品安全危害的最新信息。

目前,本公司无影响终产品符合性的源于外部的过程。今后若有影响终产品符合性的源于外部的过程,公司对这些过程进行控制,并将控制措施形成文件。

1.4.2　文件要求

（1）总则　本公司食品安全管理体系文件包括：

①文件化的食品安全方针、目标。

②食品安全管理手册。

③食品安全管理程序。

④确保食品安全管理体系有效建立、实施和更新所需的文件。

⑤记录。

（2）文件控制　公司通过建立文件化的程序，对食品安全管理体系所要求的文件进行有效控制（记录作为一种特殊的文件按 1.4.2.3 进行控制），以满足：

①为确保文件的充分适用性，所有与食品安全管理体系有关的文件在发布前经相关人员批准。

②当文件不符合 ISO 22000 标准或公司实际情况时，对其进行必要的评审并予以更新，且发放前重新获得批准。

③对文件的更改和现行修订状态通过版本、更改记录的方式进行识别。

④在需要使用文件的现场和部门，确保得到相应有效版本的文件。

⑤确保文件清楚易读、通俗易懂，并保持完整、标识完备和可追溯。

⑥确保外来文件得到识别，并控制其分发。

⑦防止作废文件的非预期使用，及时将作废文件从各使用部门收回。如因各种原因需保留作废文件以备他用时，则应在作废文件上加盖作废章予以标识。

文件控制的详细要求参见 QP/ABC 01—2006《文件控制程序》。

（3）记录控制

①食品安全管理体系运行过程中的结果应进行相应的记录，以证明食品安全管理体系的要求已得到了满足，并持续有效地运行。

②记录的填写应准确、清晰，便于识别和检索。

③建立文件化的程序，对记录标识、储存、保护、检索、保存期限和处置方式进行规定。

记录通常以表格形式出现，控制的详细要求参见 QP/ABC 02—2006《记录控制程序》。

1.5　管理职责

1.5.1　管理承诺

总经理承诺按 ISO 22000:2005 标准的要求建立和实施食品安全管理体系，并通过持续的改进，使食品安全管理体系不断发展和完善。

总经理通过以下方面，确保上述承诺得以实现：

（1）以书面方式确定支持食品安全的经营目标。

（2）采取所有的必要措施（包括培训、会议、墙报宣传、文件等方式），确保将有关满足客户、法律法规、ISO 22000 标准要求的重要性传达到公司各级人员，并使各级人员在工作中严格遵守。

（3）以书面方式确定食品安全方针。

（4）定期进行管理评审。

（5）针对每一项食品安全活动确定资源要求并提供充分的资源，以使食品安全管理体系有效运行，达到满足相关文件食品安全的需要。

1.5.2 食品安全方针、目标

总经理在制定食品安全方针时，应确保食品安全方针满足以下要求：

（1）仪器安全方针、目标的制定、修订、评审，均需听取员工意见。

（2）通过文件分发、会议、宣传栏宣传等方式，确保食品安全方针、目标在公司的各层次得到沟通，并使员工认识到方针、目标与其活动的关联性，以便有效地实施并保持方针、目标。

（3）公司以适当的方式（如建立宣传牌）向公众公开食品安全方针、目标，并保证相关方获得食品安全方针、目标。

（4）定期对食品安全目标进行测量，确保食品安全目标与食品安全方针保持一致。针对影响食品安全目标达成的原因，及时采取改进措施。

（5）在进行管理评审时，将对食品安全方针、目标的适宜性进行评审。必要时，对方针进行更新、修订。

1.5.3 食品安全管理体系策划

（1）为满足食品安全管理体系总要求（见 1.4.1），为实现公司的食品安全目标，公司对现有食品安全管理体系进行策划，包括：

①建立符合 ISO 22000:2005 标准的文件化的食品安全管理体系，这个体系包括食品安全管理手册、程序文件及其他文件，这些文件对公司管理体系所需的过程进行了适宜的规定。

②确认并配备了适宜的资源。

（2）当需要改进和更新现有的食品安全管理体系时，本公司将重新对食品安全管理体系进行策划，策划时要考虑更改内容对相关过程的影响并使之协调一致，以保持管理体系的完整过渡。更改的策划结果应通过食品安全管理体系文件的修改予以表述。

1.5.4 职责和权限

（1）本公司为了使食品安全管理体系充分、有效地实施，建立了完善的组织机构，编制了公司组织机构图。

（2）本公司在相关文件中，规定了与食品安全有关的所有人员的职责、权限与相互关系。

（3）本公司指定有关人员处理与食品安全管理体系有关的问题，并在文件中明确其职责和权限。

（4）所有员工有责任向指定人员汇报与食品安全管理体系有关的问题。指定人员接到汇报后，应适时采取措施并记录所采取的措施。

（5）本公司组织机构图、各部门职责权限见本手册 1.2。

（6）本公司通过培训、文件发布等方式，让每位员工明白自己的职责、权限以及与其他部门（岗位）的关系，以保证全体员工司其职，相互配合，有效地开展各项活动，为食品安全管理水平

的提高做出贡献。

1.5.5 食品安全小组组长

总经理任命食品安全小组组长。

1.5.6 沟通

（1）外部沟通 本公司建立和实施《信息交流控制程序》，明确与外部沟通的职责和权限，并就外部沟通中信息的接收、成文、处理、答复以及记录做出规定。

公司保证通过外部沟通获得充分的食品安全方面的信息，获得顾客和主管部门对食品安全的要求。

公司将把外部沟通获得的信息作为体系更新和管理评审的输入。

当食品安全危害是由食品链中的其他组织控制时，本公司将要求这些组织给本公司提供充分的信息。

本公司与下列机构充分沟通，并做好记录：

①与供方进行沟通。

②与顾客或消费者进行沟通，沟通的内容包括产品信息（包括有关预期用途、特定储存要求以及适宜时含有保质期的说明书）、问询、合同或订单处理及其修改，以及包括抱怨的顾客反馈。

③与食品主管部门进行沟通。

④与对公司食品安全有影响的相关方以及受公司食品安全影响的相关方进行沟通（科研机构、社会团体）。

（2）内部沟通 本公司建立和实施《信息交流控制程序》，明确内部沟通的职责和权限，并就内部沟通中信息的接收、成文、处理、答复以及记录做出规定。

本公司保证在内部有关人员间充分沟通影响食品安全的事项。本公司将把获得的信息体现在食品安全管理体系的更新上，并把这些信息作为管理评审的输入。

本公司保证将下列变更信息及时传递给食品安全小组的相关人员，以便利用这些信息进行食品安全管理体系的更新，以保持食品安全管理体系的有效性。这些变更的信息包括但不限于以下产品：

①产品或新产品；

②原料、辅料或服务；

③生产系统和设备；

④生产场所、设备位置、周边环境；

⑤清洁和卫生方案；

⑥包装、储存和分销系统；

⑦人员资格水平和职责及权限分配；

⑧法律法规要求；

⑨与食品安全危害和控制措施有关的知识；

⑩组织应遵守的顾客、行业和其他要求；

⑪来自外部相关方的有关问询；

⑫表明与产品有关的食品安全危害的抱怨；

⑬影响食品安全的其他条件。

1.5.7 应急准备和响应

本公司建立和实施与本公司食品链中的作用相适宜的《应急准备和响应控制程序》，以管理可能影响食品安全的潜在紧急情况和事故。

相关文件《应急准备和响应控制程序》。

1.5.8 管理评审

(1)本公司建立和实施《管理评审控制程序》，定期对食品安全管理体系(包括食品安全方针、目标)进行评审，以确保其适宜性、充分性和有效性，并识别改进的机会和修改的要求。

(2)管理评审由总经理主持，每年至少一次。

(3)管理评审计划由食品安全小组组长编写，总经理批准后发放至参加管理评审的有关人员。

(4)参加管理评审的人员在收到管理评审计划后，要按要求准备好管理评审输入报告，这些报告的内容包括：

①以往管理评审跟踪措施的实施情况；

②验证活动结果的分析情况；

③可能影响食品安全的环境变化情况，包括与公司食品安全和法律法规有关的发展变化；

④紧急情况、事故和撤回的情况；

⑤体系更新活动的评审结果；

⑥对沟通活动(包括顾客反馈)的评价情况；

⑦外部审核或检验的情况；

⑧改进建议。

提交的报告应与食品安全管理体系的目标相联系，以便于总经理使用并考核目标是否已实现。

(5)按期召开管理评审会议，与会人员根据输入的资料就方针、目标、管理体系进行评价，评价其是否需要变更。

(6)食品安全小组组长负责编制管理评审报告(管理评审输出)，管理评审报告中应写明包括以下决定和措施的管理评审结论：

①食品安全保证；

②食品安全管理体系有效性地改进；

③资源需求；

④食品安全方针和相关目标的修订。

(7)管理评审报告经总经理批准后发给有关部门和人员。

(8)食品安全小组组长负责对管理评审中提出的改进措施的执行情况进行跟踪验证，验证的结果应记录并上报总经理。

1.6　资源管理

1.6.1　资源的提供

本公司为建立、实施、保持和更新食品安全管理体系提供充分的资源。

1.6.2　人力资源

（1）总则　公司根据人员的教育、培训、技能和经验，来安排其工作，以使其能够胜任。

公司保证食品安全小组和其他从事影响食品安全活动的人员具有适应其承担职责的能力。

（2）能力、培训和意识　公司建立和实施《人力资源管理程序》，以便做好下列工作的管理：

①识别从事影响食品安全活动的人员所必需的能力。

②提供必要的培训或其他措施以确保人员具有这些必要的能力。

③确保对食品安全管理体系负责监视、纠正、纠正措施的人员受到培训。

④评价上述①～③的实施及其有效性。

⑤确保这些人员认识到其活动对实现食品安全的相关性和重要性。

⑥确保所有影响食品安全的人员能够理解有效沟通的要求。

⑦保持培训和②③中所述措施的适当记录。

1.6.3　基础设施

本公司提供为建立和实施食品安全管理体系所需要的基础设施。

1.6.4　工作环境

本公司保证提供资源，以建立、管理和保证实现食品安全管理体系所需要的工作环境。

1.7　安全产品的策划和实现

1.7.1　总则

本公司策划和开发实现安全产品所需的过程，并在必要时，对策划的过程进行更改。

本公司实施、运行策划的活动及其更改（包括前提方案（PRP）、操作性前提方案（OPRP）、HACCP计划及其它们的修改），并通过确认、监视和验证确保其有效实施。

1.7.2　前提方案

（1）本公司建立、实施和保持前提方案（PRP），以助于控制：

①食品安全危害通过工作环境进入产品的可能性；

②产品的生物、化学和物理污染，包括产品之间的交叉污染；

③产品和产品加工环境的食品安全危害水平。

（2）本公司制定前提方案时，保证做到：

①与本公司在食品安全方面的需求相适应；

②与本公司运行的规模和类型、生产和处理的产品性质相适宜；

③前提方案能在整个生产系统中实施；

④制定的前提方案应获得食品安全小组的批准。

（3）本公司在制定前提方案时，充分识别有关的法律法规和其他要求（如顾客要求、公认的指南、国际食品法典委员会的法典原则和操作规范等），并在制定前提方案时，对这些法律法规和其他要求予以考虑和利用。

本公司制定前提方案时，充分考虑了以下的内容：

①建筑物和相关设施的布局和建设；

②包括工作空间和员工设施在内的厂房布局；

③空气、水、能源和其他基础条件的提供；

④包括废弃物和污水处理的支持性服务；

⑤设备的适宜性及其清洁、保养和预防性维护的可实现性；

⑥对采购材料（如原料、辅料、化学品和包装材料）、供给（如水、空气、蒸汽、冰等）、清理（如废弃物和污水处理）和产品处置（如储存和运输）的管理；

⑦交叉污染的预防措施；

⑧清洁和消毒；

⑨虫害防治；

⑩人员卫生；

⑪其他适用的方面。

（4）本公司有前提方案及其相关文件中规定如何管理前提方案中包括的活动。

（5）本公司按照《确认、验证、分析控制程序》的要求对前提方案实施的效果进行验证，并且在必要时，根据前提方案需求的变化，对前提方案进行更改。验证和更改的记录按《记录控制程序》的规定进行保管。相关文件包括《确认、验证、分析控制程序》和《记录控制程序》。

1.7.3　实施危害分析的预备步骤

（1）预备工作的总原则　本公司按《危害分析与 HACCP 计划建立控制程序》的要求做好危害分析的预备工作，预备工作的总原则量：

①应收集、保持和更新实施危害分析的所有相关信息，并将这些信息形成文件；

②应保存收集、保持和更新信息的记录。

（2）成立食品安全小组　总经理牵头成立食品安全小组，食品安全小组成员来自公司品管、生产、采购、销售、人力资源、车间等各部门，这些人员应接受过相关培训，具备建立、实施食品安全管理体系的能力。

（3）编写产品特性

①食品安全小组编写所有原料、辅料、与产品接触的材料的特性描述。在编写特性描述时，应识别与描述的内容相关的法律法规。

特性描述的内容一般包括：化学、生物和物理特性；配制辅料的组成，包括添加剂和加工助剂；产地；生产方法；包装和交付方式；贮存条件和保质期；使用或生产前的预处理；原料和辅料的接收准则或规范。接收准则和规范中,应关注与原料和辅料预期用途相适宜的食品安全要求。

②食品安全小组编写终产品的特性描述(含终产品的预期用途)。在编写特性描述时,应识别与描述的内容相关的法律法规。

终产品特性描述的内容一般包括:产品名称或类似标识;成分;与食品安全有关的化学、生物和物理特性;预期的保质期和贮存条件;包装;与食品安全有关的标识及使用说明书;适宜的消费者;销售方式。

(4)绘制产品/过程流程图,并编制工艺描述

①食品安全小组绘制清晰、准确和详尽的产品/过程流程图。包括:操作中所有步骤的顺序和相互关系;源于外部的过程和分包工作;原料、辅料和中间产品投入点;返工点和循环点;终产品、中间产品和副产品放行点及废弃物的排放点。

②食品安全小组编制工艺描述,对流程图中的每一步骤的控制措施进行描述。工艺描述的内容包括过程参数及其实施的严格度、工艺控制方法及要求、工作程序,还包括可能影响控制措施的选择及其严格程度的外部要求(如来自顾客或主管部门)。

1.7.4   危害分析

(1)本公司按《危害分析与 HACCP 计划建立控制程序》的要求实施危害分析,以确定:

①需要控制的危害;

②危害的可接受水平;

③危害所需的控制措施的组合。

(2)危害识别和可接受水平的确定

①食品安全小组流程产中每个步骤的所有潜在危害。危害识别时应全面考虑产品本身、生产过程和实际生产设施涉及的生物性、化学性、物理性三个方面的潜在危害。

危害识别时应充分利用信息:根据 1.7.3 收集的预备信息和数据;本公司的历史经验,如本公司曾发生的食品安全危害;外部信息,尽可能包括流行病学和其他历史数据;来自食品链中,可能与终产品、中间产品和消费食品的安全相关的食品安全危害信息。

②食品安全小组在识别危害的同时,确定危害的可接受水平。在确定危害的可接受水平时,应考虑:销售所在地的产品接收准则;顾客达成一致的可接受水平;通过科学文献和专业经验获得的食品安全信息。

(3)危害评估   食品安全小组根据危害发生的可能性和危害后果的严重性对识别出来的危害进行评估,以确定危害是不是显著危害,以及危害是否需要得到控制。

(4)控制措施的选择和评价   对需控制的危害,食品安全小组应选择适宜的控制措施对其进行控制。控制措施应通过 OPRP 或 HACCP 计划来管理。

CCP 的控制措施由 HACCP 计划来管理,其余危害的控制措施由 OPRP 来管理。

OPRP 或 HACCP 计划在实施前,要按《确认、验证、分析控制程序》的要求对其有效性进行确认。确认的记录按《记录控制程序》的要求进行管理。

1.7.5   操作性前提方案的建立

(1)食品安全小组根据危害分析的结果,编制操作性前提方案。操作性前提方案应至少包

括下列内容:

①由方案控制的食品安全危害;

②食品安全危害的控制措施;

③能够证实操作性前提方案实施的相关监视程序;

④当监视显示操作性前提方案失控时,采取的纠正和纠正措施;

⑤职责和权限;

⑥监视的记录。

(2)操作性前提方案在实施前,要按《确认、验证、分析控制程序》的要求对其有效性进行确认。

1.7.6 HACCP 计划的建立

(1)本公司按《危害分析与 HACCP 计划建立控制程序》的要求编制包括程序或作业指导书的 HACCP 计划,对 CCP 进行管理。

HACCP 计划包括下列内容:

①关键控制点所控制的食品安全危害;

②控制措施;

③关键限值;

④监视程序;

⑤关键限值超出时,应采取的纠正和纠正措施;

⑥职责和权限;

⑦监视的记录。

(2)关键控制点的确定 食品安全小组通过 CCP 判断树,并结合专业知识,判断某一步骤是不是 CCP。

(3)确定 CCP 的关键限值 食品安全小组为每个 CCP 建立关键限值,以确保终产品食品安全危害不超过其可接受水平。

①关键限值确定依据:确定关键限值要有科学依据,要参考的资料:食品销售地国家的法律法规;食品销售地国家标准、行业标准;实验室的检测结果;相关专业科技文献;公认的惯例;客户、专家、消费者协会的建议等。

应将上述资料、证据形成 HACCP 计划的支持性文件。

②确定关键限值的注意事项

a. 关键限值要合理、适宜、实用,要具有直观性、可操作性,要易于监测。关键限值可以是一个控制点,也可以是一个控制区间,也即关键限值是一个或一组最大值或最小值。

b. 关键限值要适宜,不要过严。否则即使没有发生影响到食品安全危害的情况,也要采取纠偏行动,导致生产效率下降和产品的损伤;不要过松,否则就会使产生不安全产品的可能性增加。

c. 应仅基于食品安全的角度来考虑建立关键限值。当然企业还要综合考虑能源、工艺、产品风味等问题。

d. 要保证关键限值的监测能在合理的时间内完成。

e. 偏离关键限值时,最好只需销毁或处理较少产品就可采取纠偏措施。

f. 最好不打破常规方式。

g. 不违背法规和标准。

h. 不需混合同于前提方案或操作性前提方案。

i. 基于感官检验确定的关键限值,应形成作业指导书/规范,由经过培训,考核合格的人员进行监视。

j. 每个 CCP 必须有一个或多个关键限值。

（4）建立关键控制点的监视系统

①食品安全小组为每个关键控制点建立监视系统。监视系统包括所有针对关键限值的、有计划的测量或观察。

监视系统由"HACCP 计划表"及相应的程序文件、作业指导书和表格构成。

②监视系统的要素及其要求如下所述：

a. 监视的对象：监视的对象是关键限值的一个或几个参数。

b. 监视的方法：监视的方法应能保证快速（实时）提供结果以便快速判定关键限值的偏离,保证产品在使用或消费前得到隔离。

c. 监视的设备：应根据监视对象和监视方法选择监视设备。

d. 监视的地点（位置）：在所有的 CCP 处进行监视。

e. 监视的频次：监视可以是连续的,也可以是非连续的,如果条件许可,最好采用连续监控。监控的频率应能保证及时发现关键限值的偏离,以便在产品使用或消费前对产品进行隔离。

f. 监视的实施者以及监视结果的评价人员：监视的实施者一般是生产线上的操作者,设备操作者,质量控制人员等。应明确监视人员的职责和权限。监视结果的评价人员一般是有权启动纠正措施的人员。应用文件明确评价人员的职责。

g. 监视的记录：每个 CCP 的监视记录都要有监视人员和评价人员的签名。

h. 监视结果的评价：对监视结果要进行评价,以确定成功的领域,以及需要采取的纠偏措施。

（5）建立纠偏措施　食品安全小组在"HACCP 计划表"及相应的程序文件（《纠正和预防措施控制程序》）、作业指导书中规定偏离关键限值时所采取的纠正和纠正措施。

纠正和纠正措施由两个方面完成：

①纠正、消除产生偏离的原因,使 CCP 重新恢复受控,并防止再发生;

②按《不合格品控制程序》的要求隔离、评估和处理在偏离期间生产的产品。

1.7.7　预备信息的更新、规定前提方案和 HACCP 计划的文件的更新

在下列情况下,根据需要,应对危害分析的输入（产品特性、预期用途、流程图、过程步骤、控制措施）进行更新,重新进行危害分析,并对 OPRP、HACCP 计划进行更新。

（1）原料的改变。

（2）产品或加工的改变。

（3）复查时发现数据不符或相反。

（4）重复出现同样的偏差。

（5）有关危害或控制手段的新信息。

（6）生产中观察到异常情况。

（7）出现新的销售或消费方式。

1.7.8 验证的策划

（1）本公司策划验证活动，以保证：前提方案得以实施；危害分析的输入持续更新；HAC-CP计划中的要素和操作性前提方案得以实施且有效；危害水平在确定的可接受水平之内；公司要求的其他程序得以实施，且有效。

（2）本公司在《确认、验证、分析控制程序》中对验证活动的目的、方法、频次和职责进行了规定，对记录验证结果进行了规定，并要求将验证结果传达到食品安全小组以进行验证结果的分析。

（3）本公司的验证项目一般包括：前提方案与操作性前提方案的验证、HACCP计划的验证、CCP的验证、食品安全管理体系内部审核、最终产品的微生物检测。

当验证基于终产品的测试，且测试的样品不符合食品安全危害的可接受水平时，受影响的批次产品应按照潜在不安全产品进行处置。

1.7.9 可追溯性系统

本公司建立和实施《产品标识和可追溯性控制程序》，对生产过程中的产品进行唯一性标识和记录，并通过"出厂成品→成品生产批号→成品检验记录→生产记录→进出库记录→进货检验单→原辅料、包装材料"这一追溯链条实现可追溯。

本公司可追溯性标识、记录建立在法律法规、顾客要求的基础上，本公司按《记录控制程序》的要求保存可追溯性记录，以满足体系评价、潜在不安全产品的处置和撤回的需要。

1.7.10 不符合控制

（1）纠正

①本公司建立和实施《纠正和预防措施控制程序》，对纠正进行管理。

②本公司的纠正要做到：确保关键控制点超出关键限值或操作性前提方案失控时，受影响的产品得到识别和控制；评审所采取的纠正的有效性；纠正应得到相关负责人的批准，要做好纠正记录，记录包括不符合的性质及其产生原因和后果，以及不合格批次的可追溯信息。

③本公司在关键限值失控时，采取如下纠正：使CCP重新恢复受控；按《不合格品控制程序》的要求隔离、评估和处理在偏离期间生产的产品。

④本公司在操作性前提方案失控时，采取以下措施：使操作性前提方案重新恢复受控；对于在操作性前提方案失控条件下生产的产品，应根据不符合原因及其对食品安全造成的后果对其进行评价并记录评价结果；必要时，按《不合格品控制程序》的要求对其进行处置。

（2）纠正措施

①公司授权有能力的人员评价操作性前提方案和关键控制点监视的结果，以便启动纠正措施。

②在关键限值、操作性前提方案失控时，公司将采取纠正和纠正措施。

③公司建立和实施《纠正和预防措施控制程序》对纠正措施进行管理。这些管理措施包括：评审不合格或潜在不合格（包括顾客抱怨以及可能表明向失效发展的监视结果的趋势）；确

定不合格的原因；评价采取纠正措施的需求；确定纠正措施并实施；对纠正措施的有效性进行跟踪评审；记录纠正措施的结果。

（3）潜在不安全产品的处置

①本公司建立和实施《不合格品控制程序》，对不合格品/潜在不安全产品的识别、记录、评审、处置进行管理。

②根据对不合格品/潜在不安全产品的评估结论，对不合格品/潜在不安全产品实施以下处置：

a. 评估时，如满足以下要求，产品均可放行：

△ 相关的食品安全危害已降至规定的可接受水平。

△ 相关的食品安全危害在产品进入食品链前将降至确定的可接受水平。

△ 尽管不符合，但产品仍能满足相关食品安全危害规定的可接受水平。

b. 评估时，如果符合下列任一条件，潜在不安全产品可以放行。

△ 除监视系统外的其他证据证实控制措施有效。

△ 证据表明，针对特定产品的控制措施的组合作用达到预期效果。

△ 抽样、分析和其他验证活动证实受影响批次产品符合相关食品安全危害确定的可接受水平。

c. 评估时，如认为产品不能放行，则需：

△ 在公司内部或公司外重新加工或进一步加工，以确保食品安全危害消除或降至可接受水平。

△ 销毁或按废物处理。

△ 对已交付的产品，应按《产品召回控制程序》的要求将产品召回，以防止危害扩散。

（4）撤回

①本公司成立产品召回应急小组并明确产品召回应急小组成员的职责，当出现产品召回情况时，产品召回应急小组按职责的要求迅速开展工作。

②本公司建立《产品召回控制程序》，程序中应规定如何通知相关方、如何处置受影响的产品以及召回工作各项措施的顺序。

③食品安全小组组长每年组织进行一次产品召回演习以验证《产品召回控制程序》的有效性。应根据演习中发现的问题对相关文件进行必要的修改。

④本公司按《产品召回控制程序》的要求做好召回产品的隔离、封存和标识，并按《不合格品控制程序》的要求对召回产品进行评价和处理。

⑤产品召回完成后，食品安全小组组长应组织产品召回应急小组和有关部门对产品召回的情况进行总结。在总结中，应查明召回事故发生的原因，应明确产品召回涉及的销售区域及产品种类、召回产品的处理结果、召回对公司信誉的影响、召回给公司造成的经济损失等情况。总结的结论应上报总经理，作为管理评审的输入。

1.8　食品安全管理体系的确认、验证和改进

1.8.1　总则

（1）食品安全小组应按《确认、验证、分析控制程序》的要求对控制措施和控制措施的组合

107

进行确认,对食品安全管理体系进行验证。

(2)食品安全小组按《更新控制程序》《纠正和预防措施控制程序》的要求对仪器安全管理体系进行改进。

1.8.2 控制措施组合的确认

(1)在 OPRP 和 HACCP 计划实施之前以及变更后,食品安全小组应按《确认、验证、分析控制程序》的要求对它们进行确认,确保它们或它们的组合能将食品安全危害控制在预期的水平。

(2)当确认结果表明 OPRP 和 HACCP 计划不能对食品安全危害进行预期的控制时,应对它们进行修改、重新评价和确认。

修改还可能包括控制措施(即过程参数、严格度或其组合)的变更,或原料、生产技术、终产品特性、分销方式、终产品预期用途的变更。

1.8.3 监视和测量的控制

(1)公司建立和实施《监视和测量装置控制程序》,以确保所采用的监视、测量设备和方法是适宜的。

(2)根据监测对象和所需测试项目要求选择合适的监测设备。

(3)按照国家发布的有关校准规程,做好监测设备使用前的首次校准和周期校准,并做好校准记录。没有国家发布的校准规程的,本公司应将校准的依据写成文件。

(4)监测设备应有表明其校准或检定状态的标识,标识上注明编号、检定有效期及检定人。

(5)发现监测设备偏离校准状态时,品管部应重新评定已监测结果的有效性以及对食品安全的可能影响。根据评定结论的要求,采取必要的改进措施,以防止影响扩大。如评定认为应对被检产品重检,则应按评定要求的范围追回被检产品进行重新监测。同时,品管部应对监测设备进行故障分析、维修并重新校准。

(6)采取措施保证监测设备在搬运、维护保养和储存期间,其准确度和适用性保持完好。

(7)保证监测设备的校准和使用场所,均有适宜的环境条件。

(8)对监测设备进行调整或再调整时,应遵守有关要求。防止监测设备因调整不当而使其定位失效。所有监测设备,未经品管部批准,不得擅自修理。

(9)本公司无法校准的监测设备,应定期送法定检定机构校准。

(10)当软件作为合适的监测手段时,使用前应进行确认,以证明其能用于验证生产过程中产品的合格性,并在必要时进行再确认。

(11)按《记录控制程序》的要求保存监测设备的校准、检定记录。

1.8.4 食品安全管理体系的验证

(1)内部审核

①公司制定并实施《内部审核控制程序》,以确定食品安全管理体系是否符合策划的安排、ISO 22000 标准的要求以及本公司所确定的食品安全管理体系的要求;是否得到有效实施和保持。

②食品安全小组组长进行审核方案的策划,并据此制定内部审核方案,内容包括审核的准

则、范围、频次、方法等，策划时应考虑拟审核的过程和区域的状况、重要性，以及以往审核的结果。

③内部审核每年至少一次，同时也应考虑公司变化、相关方投诉、市场反馈、食品安全事故等因素，适时地进行内部审核。

④内审员应经过培训，考核合格并经总经理任命方可具备内审员资格。

⑤每次进行内部审核前应做好审核准备，包括任命审核组长、审核员，制定审核专用文件（如内审计划表、内审检查表、不符合项报告等）以及准备审核所依据的文件。审核组长负责编制每次内审的内审计划表。

⑥确保审核员不审核自己的工作，确保审核工作的客观公正。

⑦按规定程序实施审核，审核的具体内容按内审检查表进行。

⑧审核员通过交谈、查阅文件、记录、现场检查，收集证据，现场发现问题时应让受审核方确认。

⑨每次审核结束均要编制审核报告，做出审核结论。审核报告应报送总经理及有关部门负责人。

⑩受审核部门按要求对不符合项采取纠正措施，审核组对纠正措施的实施进行监督、跟踪、验证，并将验证结果报告给食品安全小组组长及相关部门。

（2）单项验证结果的评价

①食品安全小组按《确认、验证、分析控制程序》的要求对各项验证结果进行评价，以确定验证结果的正确与完整。

评价的责任如下：

△ 食品安全小组组长对前提方案、操作性前提方案、HACCP 计划的验证结果进行评价；

△ 品管部主管对 CCP 的验证结果进行评价；

△ 食品安全小组组长对食品安全管理体系内、外部审核结果进行评价；

△ 品管部主管对最终产品的检测结果进行评价。

②当验证表明不符合时，相关验证人员应要求有关部门采取纠正和预防措施。采取纠正和预防措施时，应至少考虑对下列方面进行评审，检查是否在这些方面出现问题：

△ 现有的程序和沟通渠道；

△ 危害分析的结论、已建立的操作性前提方案和 HACCP 计划；

△ PRP；

△ 人力资源管理和培训活动有效性。

（3）验证活动结果的分析

①在每次管理评审前或必要时，食品安全小组组长组织小组成员对验证结果（包括内部审核和外部审核的结果）进行分析，包括：

证实体系的整体运行满足策划的安排和本组织建立食品安全管理体系的要求；识别食品安全管理体系改进或更新的需求；识别表明潜在不安全产品高事故风险的趋势；建立信息，便于策划与受审核区域状况和重要性有关的内部审核方案；证明已采取纠正和纠正措施的有效性。

②将验证分析的结果和由此产生的活动记录在相应的报告中，应将报告提交公司总经理作为管理评审输入，同时应根据验证分析的结果适时对食品安全管理体系进行更新。

1.8.5 改进

(1)持续改进

①本公司按《更新控制程序》的要求持续改进食品安全管理体系,以提高食品安全管理体系的有效性。

②本公司在实施食品安全管理体系的持续改进时,将充分利用下列活动与方法:

△ 通过内外部沟通、内部审核、单项验证结果的评价、验证活动结果的分析、控制措施组合的确认,不断寻求改进的机会,并做出适当的改进活动安排。

△ 在管理评审中评价改进效果,确定新的改进目标和改进措施。

△ 施纠正措施和食品安全管理体系更新以实现改进。

(2)食品安全管理体系的更新

①食品安全管理小组按《更新控制程序》的要求,定期对下列住处进行分析:内部和外部沟通的信息;验证结果分析报告;管理评审报告;其他有关食品安全管理体系适宜性、充分性和有效性的信息。

②在信息分析的基础上,对食品安全管理体系做出评价(必要时还需对危害分析、OPRP、HACCP 计划进行评价),以决定是否对其进行更新。

③做好食品安全管理体系更新的记录。更新引起的文件更改招待公司《文件控制程序》。应将食品安全管理体系的更新情况形成报告,作为管理评审输入。

【能力拓展】

食品企业质量管理体系的建立与实施

组织贯彻 ISO 9000 标准,就是建立和完善质量管理体系并被确认的过程,这是一项系统、严密、扎实而又艰巨的工作,必须有通盘的策划和计划。

1.1 ISO 9001 质量管理体系的建立

(1)领导决策,统一思想,达成共识 建立和实施质量管理体系关键在领导,领导要做出推行 ISO 9000 的决定,统一认识,向员工表明最高管理层推进的决心。领导要明确职责和将来可能投入的工作量。

(2)组织落实,建立机构 组织需要成立一个 ISO 9000 专门机构,从事文件编写、组织实施等工作。

(3)制订工作计划 制订贯彻标准的计划,包括时间、内容、责任人、验证等,要求具体详细,一丝不苟。

(4)提供资源,进行质量意识和标准培训 组织领导应给予提供包括人力、物力、时间等资源。还要对贯彻标准的班子和成员进行培训,在此基础上,有计划地对各级领导、管理人员、技术人员或具体操作人员进行必要的培训,提高每个员工的质量意识。

以上工作中,企业管理层的认识与投入是质量管理体系建立与实施的关键,组织和计划是保证,教育和培训是基础。

(5)建立体系

①选择国际标准　质量管理体系的国际标准有两个,一是 ISO 9001,是质量管理体系的基本标准,一般用于认证的目的;二是 ISO 9004,是质量管理体系较高的标准,一般不以认证为目的,而是以企业业绩改进为目标。组织如果仅希望获得质量管理体系认证或希望快速地改变落后的管理现状,可选用 ISO 9001,它比较简单易行。如果组织以提升管理水平和业绩为目标,则应选择 ISO 9004。

②识别质量因素　找出影响产品或服务质量的决策、过程、环节、部门、人员、资源等因素。

(6)编写体系文件　对照 ISO 9001 或 ISO 9004 国际标准中的各个要素逐一地制定管理制度和管理程序。凡是标准要求文件化的要素,都要文件化;标准没有要求的,可根据实际情况决定是否需要文件化。ISO 9001 或 ISO 9004 国际标准要求必须编写的文件包括:

①质量方针和质量目标。

②质量手册　质量手册是按组织规定的质量方针和适用的 ISO 9000 族标准描述质量体系的文件,其内容包括组织的质量方针和目标;组织结构、职责和权限的说明;质量体系要素和涉及的形成文件的质量体系程序的描述;质量手册使用指南等。质量手册是最根本的文件,ISO 10013《质量手册编制指南》规定了质量手册的内容和格式。

③质量体系程序文件　质量体系程序是为了控制每个过程质量,对如何进行各项质量活动规定有效的措施和方法,是有关职能部门使用的纯技术性文件。一般包括文件控制程序、记录控制程序、内部审核程序、不合格品控制程序、纠正措施程序、预防措施程序等。程序文件应具有系统性、先进性、可行性及协调性。

④其他质量体系文件　其他质量体系文件可根据组织具体情况认为有必要制定的文件,包括作业指导书、报告、质量记录、表格等,是工作者使用得更加详细的作业文件。

⑤运作过程中必要的记录　记录既是操作过程中所必需的,也是满足审核要求所必需的。

1.2　ISO 9001 质量管理体系的实施

(1)发布文件　这是实施质量管理体系的第一步,一般要召开"质量手册发布大会",把质量手册发到每个员工手中,统一意识,提高认识。

(2)全员培训　由 ISO 9000 小组成员负责对全体员工进行培训,培训的内容是 ISO 9000 族标准和本组织的质量方针、质量目标和质量手册,以及与各个部门有关的程序文件,与各个岗位有关的作用指导书,包括要使用的记录,便于员工都懂得 ISO 9000,增强质量意识,了解本组织的质量管理体系,理解质量方针和质量目标,尤其是让每个人都认识自己所从事的工作的相关性和重要性,确保为实现质量目标做出贡献。

(3)执行文件　质量管理体系要求一切按照程序办事,一切按照文件执行,使质量管理体系符合有效性的要求。

1.3　ISO 9001 质量管理体系的评价

质量管理体系实施的效果如何,必须通过检查才知道。ISO 9001 和 ISO 9004 规定的检查方式有:对产品的检验和试验;对过程的监视和测量;向顾客调查;测量顾客满意度;进行数据分析;内部审核等。

(1)顾客反馈　就是通过调查法、问卷法、投诉法了解顾客对组织的意见,从中发现不符合项。

(2)内部审核　内部审核可以正规、系统、公正、定期地检查出不符合项。所有有关管理体系的国际标准都规定了内部审核的要求。

通过顾客反馈和内部审核,如果发现不符合项目,必须立即采取纠正和预防措施。纠正措施是针对不符合的原因采取的措施,目的就是为了防止不符合的再发生。预防措施是针对潜在的不符合原因采取的措施,目的是防止不符合的发生,两者都是经常性的改进。不论是在顾客反馈或内部审核等处发现的不符合,只要坚持采取纠正和预防措施,就可达到不断改进质量管理体系的目的。

(3)管理评审　管理评审是通过最高管理者定期召开专门评价质量管理体系评审会议来实施。管理评审时,要针对所有已经发现的不符合项进行认真的自我评价,并针对已经评价出的有关质量管理体系的适宜性、充分性和有效性方面的问题分别对质量管理体系的文件进行修改,从而产生一个新的质量管理体系。

1.4 ISO 9001 质量管理体系的保持和持续改进

保持就是继续运行新的质量管理体系,在运行中经常检查新的质量管理体系的不符合项并改进之,通过这一个周期的管理评审评价新的质量管理体系的适宜性、充分性和有效性,经过改进得到一个更新的质量管理体系,在实施新的质量管理体系过程中,继续进行检查和改进,得到更新的质量管理体系。如此循环运行,不断地进行改进。

【知识延伸】

二维码 4-1　食品安全管理体系相关术语

【思考题】

1.简述实施 ISO 22000 食品安全管理体系认证对企业的意义。

2.组织实施 ISO 22000 标准的目的是什么?

3.简述 ISO 22000 标准的用途。

4.ISO 22000 标准具有什么特点?

5.简述食品安全管理体系的运行步骤。

6.简述 2000 版 ISO 9000 族标准的特点。

7.简述实施 ISO 9000:2008 族标准的作用。

8.简述 2008 版 ISO 9000 标准的基本原则。

9.简述编写文件需考虑的因素。

10.简述 ISO 9000:2008 标准的分类。

【参考文献】

[1] 何计国.食品卫生学.北京:中国农业大学出版社,2003.

[2] 钱和.HACCP 原理与实施.北京:中国轻工业出版社,2003.

[3] 张建新,陈宗道.食品标准与法规.北京:中国轻工业出版社,2006.

[4] 史贤明.食品安全与卫生学.北京:中国农业出版社,2002.

[5] 欧阳喜辉.食品质量安全认证指南.北京:中国轻工业出版社,2003.

[6] 江汉湖.食品安全性与质量控制.北京:中国轻工业出版社,2005.

[7] 杨沽彬,王晶,王柏琴,等.食品安全性.北京:中国轻工业出版社,1999.

[8] 李怀林.食品安全控制体系.北京:中国标准出版社,2002.

[9] 黄丽彬,等.食品工业中 HACCP 应用现状和未来发展.食品科技,2001(4).

[10] 汤天署,等.我国食品安全现状和对策.食品工业科技,2002(4).

[11] 余伯良,叶光武.食物污染与食品安全.北京:中国轻工业出版社,1992.

模块五 食品安全支持体系(下) 食品质量安全(QS)市场准入制度

【预期学习目标】

    1. 理解 QS 市场准入制度的基础知识。

    2. 掌握 QS 市场准入制度认证所需要提供的资料。

    3. 掌握 QS 认证、审核、检验的程序。

    4. 针对企业提交的 QS 认证材料能够进行初步审查。

    5. 能够对不同的食品企业进行 QS 认证审核。

【理论前导】

1 食品质量安全市场准入制度概述

在日常生活中,当我们随意地走进各大超市购物时,均能看到琳琅满目的商品上几乎都印有⬛这样的一种标志,那为什么要加印这种标志? 它的加印代表着什么? 它是如何产生的? 又要经过怎样的认证、审核和检验程序才能够有资格在商品上加印呢?

1.1 QS 的起源与现状

2002 年 7 月 9 日,国家质检总局下发了"关于印发《加强食品质量安全监督管理工作实施意见》的通知",正式发布在我国建立实施食品质量安全市场准入制度即"QS"制度。"QS"是英文"质量安全"(quality safety)的字头缩写,是工业产品生产许可证标志的组成部分,也就是取得工业产品生产许可证的企业在其生产的产品外观上标示的一种质量安全的外在表现形式。其基本含义是:为保证产品的质量安全,具备规定条件的生产者才允许进行生产经营活动、具备规定条件的食品才允许生产销售的监督制度。根据《中华人民共和国工业产品生产许可证管理条例实施办法》第 86 条规定:"工业产品生产许可证标志由质量安全英文字头'QS'和'质量安全'中文字样组成。标志主色调为蓝色,字母'Q'与'质量安全'四个中文字样为蓝色,字母'S'为白色"。

2002 年国家质检总局按照国务院批准的三定方案确定的职能,依据《中华人民共和国产品质量法》《中华人民共和国标准化法》《工业产品生产许可证试行条例》等法律法规以及《国务院关于进一步加强产品质量工作若干问题的决定》的有关规定,制定了对食品及其生产加工企业的监管制度。

食品质量安全已成为影响食品工业发展的一个关键因素,严格食品和食品生产企业的市场准入,建立一套完整的食品质量安全市场准入体系是解决食品安全问题最有效的办法。加强食品质量安全监管符合国家和人民群众的利益,也是国际上通行的做法。

我国在食品上实行食品质量安全市场准入制度,主要是借鉴美国已立法强制实施的食品GMP认证。我国是全世界第二个强制实行食品质量安全认证的国家,美国是第一个,其他国家如日本、加拿大、新加坡和德国等,均采取劝导方式。

按照国家有关规定,凡在中华人民共和国境内从事以销售为最终目的的食品生产加工活动的国有企业、集体企业、私营企业、三资企业以及个体工商户、具有独立法人资格企业的分支机构和其他从事食品生产加工经营活动的每个独立生产场所,都必须申请《食品生产许可证》。获得《食品生产许可证》的企业,其产品经出厂检验合格的,在出厂销售之前,都必须在最小销售单元的食品包装上标注食品质量安全生产许可证编号,并加印或加贴食品质量安全市场准入标志,也就是QS标志。带有QS标志的说明此产品经过强制性检验合格,准许进入市场销售。这就是依托食品生产许可证制度的食品质量安全市场准入制度。没有食品质量安全市场准入标志的,不得出厂销售。从2002年10月1日起,我国首先在大米、食用植物油、小麦粉、酱油和醋五类食品行业中实行食品质量安全市场准入制度。

1.2　QS目前在我国的实施情况

1.2.1　第一批纳入无证查处范围的食品

从2002年10月至2003年年底,对五大类产品实行了质量安全市场准入制度,即QS认证。从2004年开始,未取得食品生产许可证的下述五大类食品生产企业将被叫停,经销企业不得再经营未取得生产许可证和未加贴QS标志的五大类食品。五大类食品具体包括:

(1)小麦粉　包括所有以小麦为原料加工制作的通用小麦粉和专用小麦粉。通用小麦粉包括特制一等小麦粉、特制二等小麦粉、标准粉、普通粉、高筋小麦粉和低筋小麦粉等。

(2)大米　包括所有以稻谷为原料加工制作的大米。

(3)食用植物油　包括以菜籽、大豆、葵花籽、棉籽、亚麻籽、油茶籽、玉米胚和红花子等植物制取的毛油为原料,经过加工制作的半精炼食用植物油(一级油、二级油)和全精炼食用植物油(调和油、高级烹饪油、色拉油),不包括芝麻油(香油)。

(4)酱油　包括酿造酱油和配制酱油。

(5)食醋　包括酿造食醋和配制食醋,不包括保健食醋。

1.2.2　第二批纳入无证查处范围的食品

从2003年10月至2007年7月1日,对十类食品进行了第二批QS认证。从2005年7月1日起,不得无证生产下列十类食品,7月1日前生产的未加印(贴)QS标志的合格产品,可在其保质期内继续销售。

十类食品具体包括：

（1）肉制品　实施准入制度管理的肉制品包括四个发证单元：腌腊肉制品（咸肉类、腊肉类、腊肠类和火腿类等），酱卤肉制品（白煮肉类、酱卤肉类、肉松类和肉干类等）；熏烧烤肉制品（熏烧烤肉类和肉脯类等）；熏煮香肠火腿制品（熏煮香肠类和熏煮火腿类）。

（2）乳制品　实施准入制度管理的乳制品包括三个发证单元：液体乳（巴氏杀菌乳、灭菌乳、酸牛乳等）；乳粉（全脂乳粉，脱脂乳粉、全脂加糖乳粉、调味乳粉等）；其他乳制品（炼乳、奶油、干酪等）。

（3）饮料　实施准入制度管理的饮料的六个发证单元包括瓶（桶）装饮用水、碳酸饮料、茶饮料、果（蔬）汁及果（蔬）汁饮料、含乳饮料和植物蛋白饮料及固体饮料。

①瓶（桶）装饮用水包括饮用天然矿泉水、瓶（桶）装饮用纯净水以及瓶（桶）装饮用水，不包括矿物质水。

②碳酸饮料包括碳酸饮料、充气运动饮料，不包括由发酵法自身产生二氧化碳的饮料。

③茶饮料包括以茶叶的水提取液或其浓缩液、速溶茶粉为原料制成的饮料，不包括以茶作为调味料加工成的各种茶味饮料，如菊花茶饮料等。

④果（蔬）汁及果（蔬）汁饮料包括所有以各种果（蔬）或其浓缩汁（浆）为原料加工而成的各种果（蔬）汁及其饮料产品，不包括原果汁低于 5％ 的果味饮料。

⑤含乳饮料及植物蛋白饮料包括以鲜乳或乳制品为主要原料加工而成的含乳饮料，以蛋白质含量较高的植物果实、种子或核果类、坚果类的果仁等为原料，加工而成的植物蛋白饮料产品。

⑥固体饮料包括以糖、乳或乳制品、蛋或蛋制品、果汁或植物提取物等为主要原料制成的固体制品，不包括烧煮型咖啡，对纳入准入管理的特殊用途饮料和固体饮料中的豆奶粉，暂不实施无证查处。

（4）糖和味精　实施准入制度管理的糖包括以甘蔗、甜菜为原料加工制成的白砂糖、绵白糖、赤砂糖，以及经进一步加工而成的冰糖、方糖。实施准入制度管理的味精产品是指以粮食及其制品为原料，经发酵提纯的含谷氨酸钠 80％ 以上的产品，包括谷氨酸钠（99％的味精）、味精（强力味精和特鲜味精）。

（5）方便面　实施准入制度管理的方便面包括油炸方便面、热风干燥方便面，不包括保鲜湿面。

（6）饼干　实施准入制度管理的饼干包括酥性饼干、韧性饼干、发酵饼干、薄脆饼干、曲奇饼干、实心饼干、威化饼干、蛋圆饼干、蛋卷、粘花饼干、水泡饼干，不包括烤馒头片和干面包片。

（7）罐头　实施准入制度管理的罐头食品包括畜禽水产罐头、果蔬罐头、其他罐头。不包括婴幼儿专用的各类辅助食品罐头。其他罐头是指不在畜禽水产罐头、果蔬罐头范围的罐头产品，包括花生米罐头、琥珀核桃仁罐头、咸核桃仁罐头、盐水红豆罐头、八宝粥罐头等。

在"其他罐头"申证单元中，无国家标准、行业标准或地方标准的产品尚未列入发证范围，如玉米罐头、板栗罐头、龟苓膏罐头等。

（8）冷冻饮品　实施准入制度管理的冷冻饮品包括冰淇淋、雪糕、雪泥、冰棍、食用冰、甜味冰。

（9）速冻米面食品　实施准入制度管理的速冻米面食品是指以面粉、大米、杂粮等粮食为主要原料，可配以肉、禽、蛋、水产品、蔬菜、果料、糖、油、调味品等为馅料，经加工成型或熟制后，采用速冻工艺加工包装并在冻结条件下贮存、运输及销售的各种面、米制品，不包括以肉、鱼为主要原料的速冻鱼丸、贡丸。

（10）膨化食品　实施准入制度管理的膨化食品包括以谷物、豆类、薯类等为主要原料，采用膨化工艺制成的体积明显增大，具有一定膨化度的酥脆食品。分为焙烤型、油炸型、直接挤压型、花色型四种。不包括直接由水果、蔬菜（包括薯类、豆类等）为主要原料，经真空油炸脱水等工艺生产的水果、蔬菜脆片；麻花、沙琪玛、鱼皮花生；经过膨化工艺，但最后粉碎成粉状的产品，如膨化米粉等。

1.2.3　第三批纳入无证查处范围的食品

于 2005 年 9 月 1 日起，对糖果制品、茶叶、葡萄酒及果酒、啤酒，黄酒、酱腌菜、蜜饯、炒货食品、蛋制品、可可制品、焙炒咖啡、水产加工品、淀粉及淀粉制品等十三类食品进行了食品质量安全市场准入工作。至此，国家对 28 大类食品全部实施了市场准入见表 5-1。

表 5-1　实施市场准入的 28 大类食品

序号	食品类别名称	已有细则的食品	具体产品	细则发布日期	无证查处日期
1	粮食加工品	小麦粉（0101）	特制一等小麦粉、特制二等小麦粉、标准粉、普通粉、高筋小麦粉、低筋小麦粉、面包用小麦粉、面条用小麦粉、饺子用小麦粉、馒头用小麦粉、发酵饼干用小麦粉、酥性饼干用小麦粉、蛋糕用小麦粉、糕点用小麦粉等	2002 年发布 2005 年修订	2003 年 12 月 31 日
		大米（0102）	大米	2002 年发布 2005 年修订	2003 年 12 月 31 日
		挂面（0103）	普通挂面、花色挂面、手工面等	2006 年	2008 年 1 月 1 日
	其他粮食加工品（0104）	谷物加工品	高粱米、小米、糙米、黑米等	2006 年	2008 年 1 月 1 日
		谷物碾磨加工	玉米碴、荞麦粉、燕麦片等		
		谷物粉类制品	生切面、饺子皮、通心粉、米粉等		
2	食用油、油脂及其制品	食用植物油（0201）	食用植物油（半精炼、全精炼）	2002 年发布 2005 年修订	2003 年 12 月 31 日
		食用油脂制品（0202）	食用氢化油、人造奶油（人造黄油）、起酥油、代可可脂等	2006 年	2008 年 1 月 1 日
		食用动物油脂（0203）	食用猪油、食用牛油、食用羊油等	2006 年	2008 年 1 月 1 日

117

续表 5-1

序号	食品类别名称	已有细则的食品	具体产品	细则发布日期	无证查处日期
3	调味品	酱油(0301)	酿造酱油、配制酱油	2002年发布2005年修订	2003年12月31日
		食醋(0302)	酿造食醋、配制食醋	2002年发布2005年修订	2003年12月31日
		味精(0304)	谷氨酸钠(99％味精)、味精(强力味精和特鲜味精)	2003年发布2005年修订	2005年10月1日
		鸡精调味料(0305)	鸡精	2006年	2008年1月1日
		酱类(0306)	甜面酱、黄酱、豆瓣酱等	2006年	2008年1月1日
	调味料产品(0307)	固态调味料	鸡粉调味料、畜禽粉调味料、海鲜粉调味料、各种风味汤料、酱油粉以及各种香辛粉等	2006年	2008年1月1日
		半固态(酱)调味料	各种非发酵酱(花生酱、芝麻酱、辣椒酱、番茄酱等)、复合调味酱(风味酱、蛋黄酱、色拉酱、芥末酱、虾酱)、油辣椒、火锅调料(底料和蘸料等)		
		液体调味料	鸡汁调味料、烧烤汁、蚝油、鱼露、香辛料调味汁、糟卤、调料酒、液态复合调味料等		
		食用调味油	花椒油、芥末油、辣椒油、香辛料调味油等		
4	肉制品(0401)	腌腊肉制品	咸肉类、腊肉类、风干肉类、中国腊肠类、中国火腿类、生培根类和生香肠类等	2003年发布2006年修订	2005年10月1日
		酱卤肉制品	白煮肉类、酱卤肉类、肉糕类、肉冻类、油炸肉类、肉松类和肉干类		
		熏烧烤肉制品	熏烧烤肉类、肉脯类和熟培根类等		
		熏煮香肠制品	熏煮香肠类和熏煮火腿类等		
		发酵肉制品	发酵香肠类和发酵肉类等		
5	乳制品(0501)	液体乳	巴氏杀菌乳、高温杀菌乳、灭菌乳、酸乳	2003年发布2006年修订	2005年10月1日
		乳粉	全脂乳粉、脱脂乳粉、全脂加糖乳粉、调味乳粉、特殊配方乳粉、牛初乳粉		2008年1月1日
		其他乳制品	炼乳、奶油、干酪、固态成型产品		2008年1月1日
	婴幼儿配方乳粉(0502)	婴幼儿配方乳粉	婴儿配方乳粉、较大婴儿配方乳粉、幼儿配方乳粉等	2006年修订	2005年10月1日

续表 5-1

序号	食品类别名称	已有细则的食品	具体产品	细则发布日期	无证查处日期
6	饮料（0601）	瓶（桶）装饮用水类	饮用天然矿泉水、饮用天然泉水、饮用纯净水、饮用矿物质水以及其他饮用水等	2003 年发布 2006 年修订	2005 年 10 月 1 日
		碳酸饮料（汽水）类	碳酸饮料（汽水）		
		茶饮料类	茶饮料		
		果汁及蔬菜汁类	果汁及蔬菜汁		
		蛋白饮料类	蛋白饮料		
		固体饮料类	固体饮料		
		其他饮料类	其他饮料		2008 年 1 月 1 日
7	方便食品（0701）	方便面	油炸方便面、热风干燥方便面	2003 年发布 2006 年修订	2005 年 10 月 1 日
		其他方便食品	主食类,如方便米饭、方便粥、方便米粉（米线）、方便粉丝、方便湿米粉、方便豆花、方便湿面等；冲调类,如麦片、黑芝麻糊、红枣羹、油茶等		2008 年 1 月 1 日
8	饼干（0801）	饼干	酥性饼干、韧性饼干、发酵饼干、薄脆饼干、曲奇饼干、夹心饼干、威化饼干、蛋圆饼干、蛋卷、粘花饼干、水泡饼干	2003 年发布 2005 年修订	2005 年 10 月 1 日
9	罐头（0901）	罐头	畜禽水产罐头、果蔬罐头、其他罐头	2003 年发布 2006 年修订	2005 年 10 月 1 日
10	冷冻饮品（1001）	冷冻饮品	冰淇淋、雪糕、雪泥、冰棍、食用冰、甜味冰等	2003 年发布 2005 年修订	2005 年 10 月 1 日
11	速冻食品（1101）	速冻面米食品	速冻面米食品(生制品、熟制品),如速冻水饺、速冻汤圆等	2003 年发布 2006 年修订	2005 年 10 月 1 日
		速冻其他食品	速冻肉制品、速冻果蔬制品及速冻其他制品		
12	薯类和膨化食品	膨化食品（1201）	膨化食品	2003 年发布 2005 年修订	2005 年 10 月 1 日
		薯类食品（1202）	干制薯类、冷冻薯类、薯泥（酱）类、其他薯类	2006 年	2008 年 1 月 1 日

续表 5-1

序号	食品类别名称	已有细则的食品	具体产品	细则发布日期	无证查处日期
13	糖果制品（含巧克力及制品）（1301）	糖果制品	硬质糖果类、硬质夹心糖果类、乳脂糖果类、凝胶糖果类、抛光糖果类、胶基糖果类、充气糖果类、压片糖果类、其他糖果类	2004 年发布2006 年修订	2007 年 1 月 1 日
		巧克力及巧克力制品	巧克力（黑巧克力、牛奶巧克力、白巧克力）、巧克力制品（混合型巧克力制品、涂层型巧克力制品、糖衣型巧克力制品、其他型巧克力制品）		
		代可可脂巧克力及代可可脂巧克力制品	—		2008 年 1 月 1 日
	果冻（1302）	果冻	凝胶果冻、杯形果冻、长杯形凝胶果冻、长条形凝胶果冻、异形凝胶果冻、可吸果冻	2006 年	2008 年 1 月 1 日
14	茶叶及相关制品	茶叶（1401）	绿茶、红茶、乌龙茶、黄茶、白茶、黑茶、花茶、袋泡茶、紧压茶	2004 年	2007 年 1 月 1 日
		含茶制品及代用茶（1402）	含茶制品：速溶茶类、其他类代用茶：叶类产品（苦丁茶、绞股蓝、银杏茶、桑叶茶、薄荷茶、罗布麻茶、枸杞叶茶）、花类产品（菊花、茉莉花、桂花、玫瑰花、金银花、玳玳花）、果（实）类（含根茎）产品（大麦茶、枸杞、苦瓜片、胖大海、罗汉果等）及混合类产品	2006 年	2008 年 1 月 1 日
15	酒类	白酒	—	—	2007 年 1 月 1 日
		葡萄酒及果酒（1502）	葡萄酒、山葡萄酒、苹果酒、山楂酒等	2004 年	2007 年 1 月 1 日
		啤酒（1503）	熟啤酒、生啤酒、鲜啤酒、特种啤酒	2004 年	2007 年 1 月 1 日
		黄酒（1504）	黄酒	2004 年	2007 年 1 月 1 日
	其他酒类（1505）	配制酒	参茸酒、竹叶青、利口酒等	2006 年	2008 年 1 月 1 日
		其他蒸馏酒	白兰地、威士忌、俄得克、朗姆酒、各种水果白兰地和水果蒸馏酒等	2006 年	2008 年 1 月 1 日
		其他发酵酒	清酒、米酒（醪糟）、奶酒等	2006 年	2008 年 1 月 1 日

续表 5-1

序号	食品类别名称	已有细则的食品	具体产品	细则发布日期	无证查处日期
16	蔬菜制品（1601）	酱腌菜	榨菜、方便榨菜、酱渍菜、盐渍菜、酱油渍菜、虾油渍菜、糖醋渍菜、盐水渍菜、糟渍菜	2004 年发布 2006 年修订	2007 年 1 月 1 日
		蔬菜干制品	自然干制蔬菜、热风干燥蔬菜、冷冻干燥蔬菜、蔬菜脆片、蔬菜粉及制品等		2008 年 1 月 1 日
		食用菌制品	干制食用菌、腌渍食用菌		
		其他蔬菜制品			
17	水果制品	蜜饯（1701）	蜜饯类、凉果类、果脯类、话化类、果丹（饼）类和果糕类	2004 年	2007 年 1 月 1 日
		水果干制品和果酱（1702）	水果干制品（葡萄干、蔬菜脆片、荔枝干、椰干、香蕉脆片、槟榔干果等）、果酱（苹果酱等）	2006 年	2008 年 1 月 1 日
18	炒货食品及坚果制品（1801）	炒货食品及坚果制品	烘炒类（炒瓜子、炒花生等）、油炸类（油炸青豆、油炸琥珀桃仁等）、其他类（水煮花生、糖炒花生、糖炒瓜子仁等）、核桃粉、芝麻粉（糊）、杏仁粉等	2004 年发布 2006 年修订	2007 年 1 月 1 日
19	蛋制品（1901）	再制蛋类	卤鸡蛋、茶叶蛋等	2004 年发布 2006 年修订	2007 年 1 月 1 日
		干蛋类	蛋黄粉、蛋白粉等		
		冰蛋类	冻蛋液		
		其他类			
20	可可及焙烤咖啡产品	可可制品（2001）	可可液块、可可粉、可可脂	2004 年	2007 年 1 月 1 日
		焙炒咖啡（2101）	焙炒咖啡豆、咖啡粉	2004 年	2007 年 1 月 1 日
21	食糖	糖（0303）	白砂糖、绵白糖、赤砂糖、冰糖、方糖、冰片糖等	2003 年发布 2006 年修订	2005 年 10 月 1 日
		淀粉糖（2302）	葡萄糖、饴糖、麦芽糖和异构化糖等	2006 年	2008 年 1 月 1 日

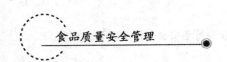

续表 5-1

序号	食品类别名称	已有细则的食品	具体产品	细则发布日期	无证查处日期
22	水产制品（2201）	干制水产品	干海参、虾米、虾皮、干贝、鱿鱼干、干裙带菜叶、干海带、紫菜、烤鱼片、调味鱼干、鱿鱼丝、烤虾、虾片等	2004 年	2007 年 1 月 1 日
		盐渍水产品	盐渍海蜇皮、盐渍海蜇头、盐渍裙带菜、盐渍海带等		
		鱼糜制品	熟制鱼糜灌肠、冻鱼糜制品等		
	其他水产加工品（2202）	水产调味品	—	2006 年	2008 年 1 月 1 日
		水生动物油脂及制品	—		
		风味鱼制品	—		
		生食水产品	—		
		水产深加工品	—		
23	淀粉及淀粉制品（2301）	淀粉	谷类淀粉、薯类淀粉、豆类淀粉	2004 年	2007 年 1 月 1 日
		淀粉制品	粉丝、粉条、粉皮		
24	糕点（2401）	糕点	烘烤类糕点、油炸类糕点、蒸煮类糕点、熟粉类糕点、月饼	2006 年	2008 年 1 月 1 日
25	豆制品（2501）	发酵性豆制品	腐乳、豆豉、纳豆等	2006 年	2008 年 1 月 1 日
		非发酵性豆制品	豆腐、干豆腐、腐竹、豆浆等		
		其他豆制品	大豆组织蛋白、豆沙、豆馅、豆蓉		
26	蜂产品（2601）	蜂产品	蜂蜜、蜂王浆（含蜂王浆冻干口）	2006 年	2008 年 1 月 1 日
27	特殊膳食食品				
28	其他食品				

1.3　QS 的发展与动态

1.3.1　食品包装产品的 QS 认证

近年来，我国食品安全质量明显提高，但食品包装产品存在严重的安全隐患。我国加强了对食品包装产品的认证认可工作，对食品包装产品实施强制性产品认证管理制度，即 QS 市场准入制度。业内人士认为，该认证是我国对食品包装制品企业实行的第一个市场准入强制认证制度,将对食品包装生产业产生重大影响。

国家质量监督检验检疫总局公告(2007年第123号)关于开展食品用塑料包装容器工具等制品生产许可证无证查处工作的公告:为保证食品用塑料包装容器工具等制品生产许可制度实施效果,维护企业和消费者合法权益,保障食品安全,根据《中华人民共和国工业产品生产许可证管理条例》和《关于印发〈食品用包装、容器、工具等制品生产许可通则〉和〈食品用塑料包装、容器、工具等制品生产许可审查细则〉的通知》(国质检食监[2006]334号)(以下简称《实施细则》)的要求,国家质检总局决定自2008年1月1日起,在全国范围内查处未获食品用塑料包装容器工具等制品生产许可证的生产销售行为。现将有关事宜公告如下:

(1)自2008年1月1日起,未获得列入第一批目录(表5-2)的食品用塑料包装容器工具等制品生产许可证的企业,不得生产该产品,销售单位不得销售无生产许可证的产品。

(2)新投产、新转产上述产品的企业,应当及时向企业所在的省、自治区、直辖市质量技术监督局申请办理生产许可证。

(3)2008年1月1日以前生产的食品用塑料包装容器工具等制品(以生产日期为准),无论是否加印(贴)QS标志,不在无证查处范围之内,允许合格产品在保质期内继续销售。

表5-2　实施市场准入制度的食品用塑料包装、容器、工具等制品目录(第一批)

产品分类	产品单元	产品品种	产品标准	备注
包装类	1.非复合膜袋	1.聚乙烯自粘保鲜膜	GB 10457—1989	
		2.商品零售包装袋(仅对食品用塑料包装袋)	GB/T 18893—2002	
		3.液体包装用聚乙烯吹塑薄膜	QB 1231—1991	
		4.食品包装用聚偏二氯乙烯(PVDC)片状肠衣膜	GB/T 17030—1997	
		5.双向拉伸聚丙烯珠光薄膜	BB/T 0002—1994	*
		6.高密度聚乙烯吹塑薄膜	GB/T 12025—1989	
		7.包装用聚乙烯吹塑薄膜	GB/T 4456—1996	
		8.包装用双向拉伸聚酯薄膜	GB/T 16958—1997	
		9.单向拉伸高密度聚乙烯薄膜	QB/T 1128—1991	
		10.聚丙烯吹塑薄膜	QB/T 1956—1994	
		11.热封型双向拉伸聚丙烯薄膜	GB/T 12026—2000	
		12.未拉伸聚乙烯、聚丙烯薄膜	QB 1125—2000	*
		13.夹链自封袋	BB/T 0014—1999	*
		14.包装用镀铝膜	BB/T 0030—2004	*

续表 5-1

产品分类	产品单元	产品品种	产品标准	备注
	2.复合膜袋	15.耐蒸煮复合膜、袋	GB/T 10004—1998	
		16.双向拉伸聚丙烯（BOPP）/低密度聚乙烯（LDPE）复合膜、袋	GB/T 10005—1998	
		17.双向拉伸尼龙（BOPA）/低密度聚乙烯（LDPE）复合膜、袋	QB/T 1871—1993	
		18.榨菜包装用复合膜、袋	QB 2197—1996	
		19.液体食品包装用塑料复合膜、袋	GB 19741—2005	
		20.液体食品无菌包装用纸基复合材料	GB 18192—2000	
		21.液体食品无菌包装用复合袋	GB 18454—2001	
		22.液体食品保鲜包装用纸基复合材料(屋顶包)	GB 18706—2002	
		23.多层复合食品包装膜、袋	GB/T 5009.60—2003 已备案的企业标准	＊
	3.片材	24.食品包装用聚氯乙烯硬片、膜	GB/T 15267—1994	
		25.双向拉伸聚苯乙烯(BOPS)片材	GB/T 16719—1996	
		26.聚丙烯(PP)挤出片材	QB/T 2471—2000	
	4.编织袋	27.塑料编织袋	GB/T 8946—1998	
		28.复合塑料编织袋	GB/T 8947—1998	
容器类	5.容器	29.聚乙烯吹塑桶	GB/T 13508—1992	
		30.聚对苯二甲酸乙二醇酯(PET)碳酸饮料瓶	QB/T 1868—2004	
		31.聚酯(PET)无汽饮料瓶	QB 2357—1998	
		32.聚碳酸酯(PC)饮用水罐	QB 2460—1999	
		33.热罐装用聚对苯二甲酸乙二醇酯(PET)瓶	QB/T 2665—2004	
		34.软塑折叠包装容器	BB/T 0013—1999	
		35.包装容器　塑料防盗瓶盖	GB/T 17876—1999	
		36.塑料奶瓶、塑料饮水杯(壶)、塑料瓶坯	GB 14942—1994 GB 13113—1991 GB 17327—1998 经备案的企业标准	＊
工具类	6.食品用工具	37.密胺塑料餐具	QB 1999—1994	
		38.塑料菜板	QB/T 1870—1993	
		39.一次性塑料餐饮具	GB 9688—1988 GB 9689—1988 经备案的企业标准	

注:表中带"＊"为适用于包装、盛放食品的制品。

1.3.2　加强 QS 准入和监管的信心平台建设

随着我国国民经济和社会进入全面、协调、可持续的发展轨道，质量监管信息化深入发展，对提高我国产品质量水平、保障产品质量安全、规范市场经济秩序、强化出入境检验检疫监管、加强认证认可监督管理和标准化管理、强化执法把关及对外经贸服务等方面具有十分重要的意义。

在食品质量安全监管中采用信息技术是提升食品市场监管能力和水平的有效手段（图5-1）。通过 QS 监管信息平台建设，可以使监管部门及时全面地了解和掌握食品市场的准入和监管动态，逐步实现"监管立体化、决策科学化、反应迅速化、执法规范化、管理信息化"，提高监管水平和服务质量，从而大大提高了工作效率。另外，平台的建设也是统一协调食品安全信息体系的一个不可或缺的部分。

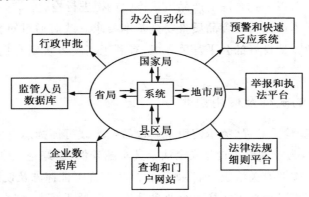

图 5-1　QS 准入和监管信息平台建设框架

2　食品市场准入制度具体内容

2.1　食品质量安全市场准入标志

实行食品质量安全市场准入标志制度，是在建立食品质量安全市场准入制度的同时，创建一种既能证明食品质量安全合格，又便于监督，同时也方便消费者辨认识别，全国统一规范的食品市场准入标志，从市场准入的角度加强管理。

"QS"标志是食品质量安全市场准入标志，表明食品符合质量安全基本要求。

质量标志是指由有关主管部门或组织，按照规定的程序颁发给生产者，用以表明该企业生产的该产品的质量达到相应水平的证明标志，目前常见的质量标志有国家免检产品标志、"QS"标志、生产许可证标志等。

质量标志的作用是表明产品质量的水平，是实物产品的质量信誉标志。它与厂名、厂址、商标等有着显著的区别。后者具有专用性和专有性，必须依法注册登记。质量标志无此特征。质量标志必须由发证机关或组织颁发，并需经过一定的审查、考核程序，获准后方可使用。

2.1.1 食品质量安全市场准入标志的作用

QS标志属于质量标志,食品外包装加印(贴)QS标志代表着生产加工企业对所生产食品做出的明显保证。食品加印(贴)QS标志后有三个方面的作用:

第一,是表明该食品的生产加工企业经过了保证产品质量必备条件审查,并取得了食品生产许可证,企业具备生产合格食品的环境、设备、工艺条件,生产中使用的原材料符合国家有关规定,生产过程中检验、质量管理达到国家有关要求,食品包装、贮存、运输和装卸食品的容器、包装、工具、设备安全、清洁,对食品没有污染。

第二,是表明该食品出厂已经过检验合格,食品各项指标均符合国家有关标准规定的要求。未取得食品生产许可证及未经出厂检验合格的食品不得使用"QS"标志。对于不具备检验能力和条件的企业,可以委托合法的产品质量检验机构进行检验。

第三,是企业明示本产品符合食品质量安全基本要求。政府通过对食品市场准入标志监督管理,有利于为企业创造良好的公平竞争环境,有利于消费者辨别真伪,更好地保护自己的合法权益。

2.1.2 "QS标志"的式样及使用说明

国家质量监督检验检疫总局《关于使用企业食品生产许可证标志有关事项的公告》(总局2010年第34号公告),为贯彻落实食品安全法及其实施条例,做好企业食品生产许可工作,提高食品安全保障水平,按照有关法规,现将企业食品生产许可证标志及使用办法公告如下:

(1)企业食品生产许可证标志式样 企业食品生产许可证标志以"企业食品生产许可"的拼音"Qiyeshipin Shengchanxuke"的缩写"QS"表示,并标注"生产许可"中文字样。其统一制定式样如图5-2至图5-5所示。

(2)企业食品生产许可证标志使用的要求 企业食品生产许可证标志由食品生产加工企业自行加印(贴)。企业使用企业食品生产许可证标志时,可根据需要按式样比例放大或者缩小,但不得变形、变色。

图5-2 标志图形文字组合构成

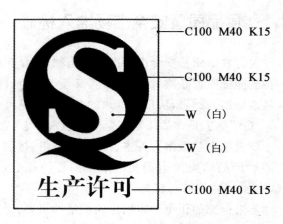

图5-3 标志专用色

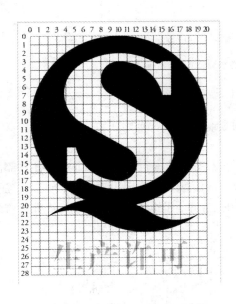

图 5-4　标志图落格

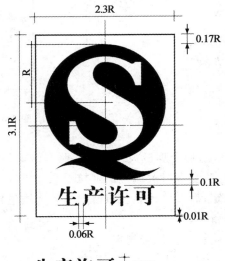

图 5-5　标志图形各部分尺寸

从 2010 年 6 月 1 日起,新获得食品生产许可的企业应使用企业食品生产许可证标志。之前取得食品生产许可的企业在 2010 年 6 月 1 日起 18 个月内可以继续使用原已印制的带有旧版生产许可证标志包装物。

QS 标志使用时需要注意的几个问题:

①使用"QS"标志必须按照规定的颜色。

②使用"QS"标志必须严格按照规定的尺寸进行同比例缩放。

③使用"QS"标志必须按照规定的式样,图案必须准确。需要指出的是,"QS"标志图案的外框也是"QS"标志图案的一个组成部分。

④"QS"标志使用者必须建立标志使用制度,定期向所在地质量技术监督部门报告"QS"标志使用情况。

⑤"QS"标志只准使用在食品生产许可证范围内的并且经出厂检验合格的食品上,企业不得擅自使用或擅自转让。企业食品被吊销许可证或经检验不合格时,应及时停止使用"QS"标志。

2.1.3 "食品生产许可证"编号

《食品生产许可证》编号由英文字母 QS 加 12 位阿拉伯数字组成。编号前 4 位为受理机关编号,中间 4 位为产品类别编号,后 4 位为获证企业序号(图 5-6)。

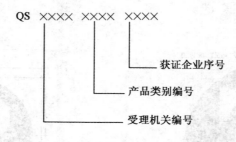

图 5-6　食品生产许可证编号

（1）受理机关编号　参照 GB/T 2260—2007《中华人民共和国行政区划代码》的有关部门规定,受理机关编号由阿拉伯数字组成,前 2 位代表省、自治区、直辖市,由国家质检总局统一确定;后 2 位代表各市（地）由省级质量技术监督部门确定,并上报国家质检总局产品质量监督司备案。

前 2 位编号规定:

北京 11	天津 12	河北 13	山西 14	内蒙古 15
辽宁 21	吉林 22	黑龙江 23	上海 31	江苏 32
浙江 33	安徽 34	福建 35	江西 36	山东 37
河南 41	湖北 42	湖南 43	广东 44	广西 45
海南 46	重庆 50	四川 51	贵州 52	云南 53
西藏 54	陕西 61	甘肃 62	青海 63	宁夏 64
新疆 65				

（2）产品类别编号　产品类别编号由阿拉伯数字组成,位于 QS 代码第 5 位至第 8 位,编号由国家质检总局统一确定。

粮食加工品:小麦粉 0101、大米 0102、挂面 0103、其他粮食加工品 0104。

食用油、油脂及其制品:食用植物油 0201、食用油脂制品 0202、食用动物油脂 0203。

调味品:酱油 0301、食醋 0302、味精 0304、鸡精调味料 0305、酱类 0306、其他调味品 0307。

肉制品:肉制品 0401。

乳制品:乳制品 0501、婴幼儿配方乳粉 0502。

饮料:饮料 0601。

方便食品:方便面 0701。

饼干:饼干 0801。

罐头:罐头 0901。

冷冻饮品:冷冻饮品 1001。

速冻食品:速冻面米食品 1101。

薯类和膨化食品:膨化食品 1201、薯类食品 1202。

糖果制品（含巧克力及制品）:糖果、巧克力及巧克力制品 1301、果冻 1302。

茶叶及相关制品:茶叶 1401、含茶制品和代用茶 1402。

酒类:白酒 1501、葡萄酒及果酒 1502、啤酒 1503、黄酒 1504、其他酒 1505。

蔬菜制品:酱腌菜 1601。

水果制品：蜜饯 1701、水果制品 1702。

炒货食品及坚果制品：炒货食品 1801。

蛋制品：蛋制品 1901。

可可及焙烤咖啡产品：可可制品 2001、焙炒咖啡 2101。

食糖：糖 0303、淀粉糖 2302。

水产制品：水产加工品 2201、其他水产加工品 2202。

淀粉及淀粉制品：淀粉及淀粉制品 2301。

糕点：糕点食品 2401。

豆制品：豆制品 2501。

蜂产品：蜂产品 2601。

特殊膳食食品：婴幼儿及其他配方谷粉产品 2701。

2.1.4　食品生产加工企业如何使用 QS 标志

取得《食品生产许可证》的食品生产加工企业，出厂产品经自行检验合格或者委托检验合格的，必须加印（贴）食品市场准入标志后方可出厂销售。但必须加印（贴）在最小销售单位的食品包装上。QS 标志的图案、颜色必须正确，并按照国家质检总局规定的式样放大或缩小。加印（贴）QS 标志是食品生产加工企业的自主行为，企业按照国家质检总局规定的式样、尺寸、颜色有权选择印还是贴。

2.2　食品质量安全市场准入制度

市场准入也叫市场准入管制，是指为了防止资源配置低效或过度竞争，确保规模经济效益、范围经济效益和提高经济效益，政府职能部门通过批准和注册，对企业的市场准入进行管理。市场准入制度是关于市场主体和交易对象进入市场的有关准则和法规，是政府对市场管理和经济发展的一种制度安排。它具体通过政府有关部门对市场主体的登记、发放许可证、执照等方式来体现。

对于产品的市场准入，一般的理解是，允许市场的主体（产品的生产者与销售者）和客体（产品）进入市场的程度。食品市场准入制度也称食品质量安全市场准入制度，是指为保证食品的质量安全，具备规定条件的生产者才允许进行生产经营活动，具备规定条件的食品才允许生产销售的监管制度。因此，实行食品质量安全市场准入制度是一种政府行为，是一项行政许可制度。

2.2.1　食品市场准入制度的核心内容

（1）对食品生产加工企业实行生产许可证管理　实行生产许可证管理是指对食品生产加工企业的环境条件、生产设备、加工工艺过程、原材料把关、执行产品标准、人员资质、储运条件、检测能力、质量管理制度和包装要求等条件进行审查，并对其产品进行抽样检验。对符合条件且产品经全部项目检验合格的企业，颁发食品质量安全生产许可证，允许其从事食品生产加工。

（2）对食品出厂实行强制检验　其具体要求有两个：一是那些取得食品质量安全生产许可

证并经质量技术监督部门核准,具有产品出厂检验能力的企业,可以自行检验其出厂的食品。实行自行检验的企业,应当定期将样品送到指定的法定检验机构进行定期检验;二是已经取得食品质量安全生产许可证,但不具备产品出厂检验能力的企业,委托指定的法定检验机构进行食品出厂检验;三是承担食品检验工作的检验机构,必须具备法定资格和条件,经省级以上(含省级)质量技术监督部门审查核准,由国家质检总局统一公布承担食品检验工作的检验机构名录。

(3)实施食品质量安全市场准入标志管理 获得食品质量安全生产许可证的企业,其生产加工的食品经出厂检验合格的,在出厂销售之前,必须在最小销售单元的食品包装上标注由国家统一制定的食品质量安全生产许可证编号并加印或者加贴食品质量安全市场准入标志,并以"企业食品生产许可"的缩写"QS"表示。国家质检总局统一制定食品质量安全市场准入标志的式样和使用办法。

2.2.2　食品质量安全市场准入制度的适用范围

《加强食品质量安全监督管理工作实施意见》规定"凡在中华人民共和国境内从事食品生产加工的公民、法人或其他组织,必须具备保证食品质量的必备条件,按规定程序获得《食品生产许可证》,生产加工的食品必须经检验合格并加贴(印)食品市场准入标志后,方可出厂销售。进出口食品的管理按照国家有关进出口商品监督管理规定执行"。

同时规定国家质检总局负责制定《食品质量安全监督管理重点产品目录》,国家质检局对纳入《食品质量安全监督管理重点产品目录》的食品实施食品质量安全市场准入制度。

2.3　食品市场准入制度(QS认证)对食品生产加工企业的具体要求

根据《加强食品质量安全监督管理工作实施意见》的有关规定,食品生产加工企业保证产品质量必备条件包括十个方面,即环境条件、生产设备条件、加工工艺及过程、原材料要求、产品标准要求、人员要求、贮运要求、检验设备要求、质量管理要求、包装标识要求。不同食品的生产加工企业,保证产品质量必备条件的具体要求不同,在相应的食品生产许可证实施细则中都做出了详细的规定。

2.3.1　食品生产加工企业环境条件的基本要求

根据《加强食品质量安全监督管理工作实施意见》的有关规定,食品生产加工企业必须具备保证产品质量的环境条件,主要包括食品生产企业周围不得有有害气体、放射性物质和扩散性污染源,不得有昆虫大量滋生的潜在场所;生产车间、库房等各项设施应根据生产工艺卫生要求和原材料储存等特点,设置相应的防鼠、防蚊蝇、防昆虫侵入、防隐藏和滋生的有效措施,避免危及食品质量安全。

2.3.2　食品生产加工企业的生产设备条件的基本要求

根据《加强食品质量安全监督管理工作实施意见》的有关规定,食品生产加工企业必须具备保证产品质量的生产设备、工艺装备和相关辅助设备,具有与保证产品质量相适应的原料处理、加工、贮存等厂房或者场所。生产不同的产品,需要的生产设备不同,例如,小麦粉生产企业应具备筛选清理设备、比重去石设备、磁选设备、磨粉机、清粉机及其他必要的辅助设备,设有原料和成品库房。对大米的生产加工则必须具备筛选清理设备、风选设备、磁选设备、碾米机、米筛等设备。虽然不同的产品需要的生产设备不同,但企业必须具备保证产品质量的生产设备、工艺装备等基本条件。

2.3.3 食品生产加工企业的加工工艺及过程的基本要求

根据《加强食品质量安全监督管理工作实施意见》的有关规定,食品加工工艺流程设置应当科学、合理。生产加工过程应当严格、规范,采取必要的措施防止生食品与熟食品、原料与半成品的交叉污染。

加工工艺和生产过程是影响食品质量安全的重要环节,工艺流程控制不当会对食品质量安全造成重大影响。如 2001 年吉林市发生的学生豆奶中毒事件,就是因为生产企业擅自改变工艺参数,将杀菌温度由 82℃降低到 60℃,不仅不能起到灭菌的作用,反而促进细菌生长,直接造成微生物指标超标,致使大批学生中毒。

2.3.4 食品生产加工企业使用原材料的基本要求

根据《加强食品质量安全监督管理工作实施意见》的有关规定,食品生产加工企业必须具备保证产品质量的原材料要求。虽然食品生产加工企业生产的食品有所不同,使用的原材料、添加剂等有所不同,但均应当是无毒、无害,符合相应的强制性国家标准、行业标准及有关规定。如制作食品用水必须符合国家规定的城乡生活饮用水卫生标准,使用的添加剂、洗涤剂、消毒剂必须符合国家有关法律、法规的规定和标准的要求。食品生产企业不得使用过期、失效、变质、污秽不洁或者非食用的原材料生产加工食品。例如,生产大米不能使用已发霉变质的稻谷为原料进行加工生产。又如,在食用植物油的生产中,严禁使用混有非食用植物的油料和油脂为原料加工生产食用植物油。

2.3.5 食品生产加工企业采用产品标准的基本要求

根据《加强食品质量安全监督管理工作实施意见》的有关规定,食品生产加工企业必须按照合法有效的产品标准组织生产,不得无标生产。食品质量必须符合相应的强制性标准以及企业明示采用的标准和各项质量要求。需要特别指出的是,对于强制性国家标准,企业必须执行,企业采用的企业标准不允许低于强制性国家标准的要求,且应在质量技术管理部门进行备案,否则,该企业标准无效;对于具体的产品其执行的标准有所不同,如生产小麦粉则要符合 GB 1355—1986《小麦粉》的要求,小麦粉中使用的添加剂及添加量则必须要符合 GB 2760—1996《食品添加剂使用卫生标准》的要求,生产大米时则要符合 GB 1354—1986《大米》的要求。

2.3.6 食品生产加工企业人员的基本要求

在食品生产加工企业中,因各类人员工作岗位的不同,所负责任的不同,对其基本要求也有所不同。对于企业法定代表人和主要管理人员,则要求其必须了解与食品质量安全相关的法律知识,明确应负的责任和义务;对于企业的生产技术人员,则要求其必须具有与食品生产相适应的专业技术知识;对于生产操作人员上岗前应经过技术培训,并持证上岗;对于质量检验人员,应当参加培训、经考核合格取得规定的资格,能够胜任岗位工作要求。从事食品生产加工的人员,特别是生产操作人员必须身体健康,无传染疾病,保持良好的个人卫生。企业人

员应当穿戴工作衣帽进入生产车间,不在车间内吃喝,不佩戴首饰、饰品等进行生产操作。

2.3.7　食品生产加工企业的产品贮存和运输的基本要求

根据《加强食品质量安全监督管理工作实施意见》的有关规定,企业应采取必要措施以保证产品在其贮存、运输的过程中质量不发生劣变。食品生产加工企业生产的成品必须存放在专用成品库房内。用于贮存、运输和装卸食品的容器、包装、工具、设备、洗涤剂、消毒剂必须无毒、无害,符合有关的卫生要求,保持清洁,对食品无污染,能满足保证食品质量安全的需要。在运输时不得将成品与污染物同车运输。食品运输用的车辆、工具必须清洁卫生,不得将成品与污染物同车运输。有冷藏(冻)运输要求的食品,食品生产企业应具备冷藏(冻)运输车辆及工具。

2.3.8　食品生产加工企业的检验能力基本要求

食品加工企业应当具有与所生产产品相适应的质量检验和计量检测手段。如生产酱油的企业应具备酱油标准中规定的检验项目的检验能力。对于不具备出厂检验能力的企业,必须委托符合法定资格的检验机构进行产品出厂检验。企业的计量器具、检验和检测仪器属于强制检定范围的,必须经计量部门检定合格并在有效期内方可使用。

2.3.9　食品生产加工企业的质量管理基本要求

食品生产加工企业应当建立健全产品质量管理制度,在质量管理制度中明确规定对质量有影响的部门、人员的质量职责和权限以及相互关系,规定检验部门、检验人员能独立行使的职权。在企业制定的产品质量管理制度中应有相应的考核办法,并严格实施。企业应实施从原材料进厂的进货验收到产品出厂的检验把关的全过程质量管理,严格实施岗位质量规范、质量责任以及相应的考核办法,不符合要求的原材料不准使用,不合格的产品严禁出厂,实行质量否决权。

2.3.10　食品生产加工企业的产品包装和标签基本要求

产品的包装是指在运输、储存、销售等流通过程中,为保护产品,方便运输,促进销售,按一定技术方法而采用的容器、材料及辅助物包装的总称。不同的产品其包装要求也不尽相同,例如食用植物油的包装容器,要求应无毒、耐油的材料制成。用于食品包装的材料如布袋、纸箱、玻璃容器、塑料制品等,必须清洁、无毒、无害,必须符合国家法律法规的规定,并符合相应的强制性标准要求。

食品标签是指食品包装上的文字、图形、符号及一切说明物,它是向消费者传递有关食品特征和性能的信息,可以引导、指导消费者选购食品,促进销售。食品标签的内容必须真实,必须符合国家法律法规的规定,并符合相应产品(标签)标准的要求,必须标注的内容有食品名称、配料表、净含量、固形物含量、制造者、经销者的名称和地址、日期标志、贮藏指南、质量(品质)等级、产品标准号、特殊标注内容、条形码、食品卫生许可证号等。推荐标注内容有批号、食用方法、热量和营养素等。裸装食品在其出厂的大包装上使用的标签,也应当符合上述规定。

【案例分析】

食品企业 QS 认证案例

1.1　食品生产许可证申请阶段

食品生产许可证申请书

产品类别及申证单元 _____植物油_____

企业名称 ____×××商贸有限公司（盖章）____

住　所 ____××市××路××××号____

生产地点 ____×××××××____

邮政编码 ____××××____

联 系 人 ____××××____

联系电话 ____××××____

传　真 ____××××____

电子邮件 ____××××____

申请日期 ____20××____ 年 ____××____ 月 ____××____ 日

国家质量监督检验检疫总局

填写说明

1. 填写要实事求是，不得弄虚作假。

2. 用钢笔填写或打印，要求字迹清晰、工整，不得涂改。

3. 企业名称应与工商行政管理部门核发的营业执照名称相一致。

4. 产品名称及其品种按照相应审查细则的规定填写。

5. 年总产值、销售额、缴税额、利润等经济指标均按上年度填写。

6. 申请书封面须加盖企业公章，企业公章应与工商行政管理部门核发的营业执照名称相一致。

7. 企业提交申请书时，应一式 2 份（公章复印无效）。

8. 本申请书用于生产许可证首次申请、扩项申请、重新核查申请和期满换证申请。

9. 所报材料一律使用 A4 纸打印。

按填表说明填写表 5-3 至表 5-8。

表 5-3　企业基本情况和申报产品情况

企业基本情况	企业名称	应与营业执照登记的企业名称一致	
	食品生产许可证编号	扩项申请、重新核查申请和期满换证申请时填写，首次申请时不需填写。填写时同时注明已取证产品类别	
	法人代表或企业负责人及身份证号码	与营业执照登记内容一致	经济性质	与营业执照登记内容一致
	营业执照编号	有效期内营业执照编号	卫生许可证编号	有效期内卫生许可证编号
	企业代码	有效期内企业代码证编号	建厂时间	××
	企业总人数	××	专业技术人员数	××
	占地面积	××米²	建筑面积	××米²
	固定资产(现值)	××万元	流动资金	××万元
	年产总值	××万元	年销售额	××万元
	年缴税金额	××万元	年利润	××万元
	主导产品名称	花生油、大豆油、菜籽油……		
	是否取得出口食品卫生注册证、登记证(证书号)	否 是,证号	是否通过HACCP体系认证、验证(证书号)	否 是,证号
申报产品情况	产品名称及其品种	食用植物油(半精炼、全精炼) ××牌半精炼油,××牌全精炼油		
	产品执行标准	(花生油、大豆油、菜籽油……)执行标准		
	项目总投资	××万元	(注册)商标	××
	批量投产时间	××	商标注册号	××
	年设计能力(吨)	申证产品生产线设计能力	年实际产量(吨)	申证产品上年度产量
	生产值	申证产品上年度产值××万元	年销售额	申证产品上年度销售额××万元
	年缴税额	××万元	年利润	××万元

质量技术监督部门受理申请意见 同意/不同意　　　　　　　　年　月　日(印章)	核查结论　　　合格(A级)、合格(B级)、 合格(C级)或者不合格 组长:签名 年　月　日(印章)
市(地)质量技术监督部门意见 同意/不同意　　　　　　　　年　月　日(印章)	省级质量技术监督部门意见 同意/不同意　　　　　　　　年　月　日(印章)

表 5-4　企业（集团公司、经济联合体）组织结构

企业组织结构概述	应采用组织机构图描述，并配以相应文字简述企业领导层、质量管理部门、生产部门、营销部门、采购部门等企业内部组织之间的关系。非独立法人的，应说明与所在母体组织之间的关系。		
序号	分公司、生产厂点名称	营业执照所在地	生产场所所在地
1	××	××	××
2	××	××	××
3	××	××	××

表 5-5　企业主要负责人员、工程技术人员一览表

序号	姓名	身份证号	性别	年龄	职务	职称	文化程度	专业
1	王××	*************	男	39	总经理	工程师	大学	食品工程
2	李××	*************	男	43	销售经理	无	大专	市场营销
3	张××	*************	女	36	质检主任	工程师	大专	化学分析

表 5-6　企业主要生产设备、设施一览表

序号	名称	规格型号	数量	完好状态	使用场所	生产厂及国别	生产日期	购置日期
1	蒸汽锅炉	闽龙 356A 型	3	完好	压榨车间	××××	2010.05	2010.10
2	螺旋榨油机	Φ120 cm×30 cm	1	完好	压榨车间	××××	2010.05	2010.10
3	滤油机	LHO0.5～0.7	1	完好	压榨车间	××××	2010.05	2010.10
4	空气压缩机	××××	1	完好	压榨车间	××××	2010.05	2010.10
5	精滤机	××××	1	完好	压榨车间	××××	2010.05	2010.10
6	圆桶式过滤机	××××	1	完好	压榨车间	××××	2010.05	2010.10
7	不锈钢中和锅	××××	2	完好	精炼车间	××××	2010.05	2010.10
8	脱色锅	××××	1	完好	精炼车间	××××	2010.05	2010.10
9	不锈钢脱臭锅	××××	1	完好	精炼车间	××××	2010.05	2010.10
10	有机热载体炉	××××	1	完好	精炼车间	××××	2010.05	2010.10
11	冷冻结晶罐	××××	2	完好	精炼车间	××××	2010.05	2010.10
12	冷冻压缩机	××××	1	完好	精炼车间	××××	2010.05	2010.10
13	厢式压滤机	××××	1	完好	精炼车间	××××	2010.05	2010.10
14	包装设备	××××	3	完好	精炼车间	××××	2010.05	2010.10
15	磅秤	××××	4	完好	精炼车间	××××	2010.05	2010.10
16	储存设备	××××	2	完好	成品工	××××	2010.05	2010.10
17	蒸汽式油罐	××××	2	完好	成品区	××××	2010.05	2010.10
18	不锈钢贮油罐	××××	1	完好	成品区	××××	2010.05	2010.10
19	发电机组	××××	1	完好	发电机房	××××	2010.05	2010.10

表 5-7　企业主要原材料、包装材料一览表

序号	名　称	规格型号	年需要量	执行标准代号	生产厂、国别及生产许可证编号
1	花生仁	一级	3 500 t	GB/T 1533—2003	本地、山东
2	氢氧化钠	—	3 t	GB 5175—85	汕头市西陇化工厂
3	珍珠岩助滤剂	GK-110-PE	10 t	GB JC 849—1999	河南省中南助滤剂有限公司
4	活性白土	1040	50 t	GB 1352—1986	江西上饶大信集团
5	食用盐	二级	8 t	GB 5461—2000	福建盐业（漳州）分公司
6	油桶（食用）	200 L	7 000 个		当地
7	PET 聚酯瓶瓶盖	1.6L、5L、2L	25 万瓶	QB 2357—1998	厦门市峻超盛公贸有限公司

表 5-8　企业主要检测仪器、设备一览表

序号	名称	型号规格	精度等级	数量	完好状态	使用场所	生产厂及国别	生产日期	购置日期
1	比色计	WSL-2	−0.1	1	完好	检验室	上海精科	2003.10	2004.12
2	单联电炉	DK-98-2	1 000 W	1	完好	检验室	天津仪器公司	2003.10	2004.12
3	分析天平		±0.1 mg	1	完好	检验室	上海精密仪器	2003.09	2004.12
4	水浴锅	TG328A	0～100℃	1	完好	检验室	江苏江南仪器	2003.10	2004.12
5	蒸馏水器	420 型	—	1	完好	检验室	上海科析仪器	2003.10	2004.12
6	电热鼓风干燥箱	5L/H101	±1℃	1	完好	检验室	浦东荣丰科学仪器有限公司	2003.08	2004.12
7	电冰箱	156 L	—	1	完好	检验室	华凌	2004.01	2004.12
8	玻璃器皿	—		3	完好	检验室	—	2003.12	2004.12
9	滴定管	白酸式	25 mL	5	完好	检验室	—	2003.12	2004.12
		白碱式	50 mL	5	完好	检验室	—	2003.12	2004.12
10	药物天平	100 g	Ⅱ级	1	完好	检验室	激光仪器	2003.01	2004.12

1.2　食品生产许可证审查阶段

1.2.1　企业标准合理性审查

核查组应当对企业标准的合理性进行审查。审查的主要内容是：企业标准是否经过备案，是否符合强制性标准的要求，低于推荐性国家或行业标准要求的指标是否合理。

1.2.2 现场核查

省级、市(地)级质量技术监督部门负责组织核查组,并委派 1 名观察员。核查组一般由 3 人组成。承担企业现场核查任务的核查人员(专家除外)必须经考试取得核查员资格,核查组长必须经省级质量技术监督部门批准,报国家质检总局备案。企业现场核查工作实行组长负责制。

省级、市(地)级质量技术监督部门应当于核查前 5 日通知企业,并将核查组的人员情况告之企业,企业有权对核查人员提出回避要求。核查组在核查前应制订现场核查工作计划,并填写《食品生产加工企业必备条件现场核查工作计划表》(表 5-9)。现场核查应按照本通则、《食品生产加工企业必备条件现场核查表》(表 5-10)和有关的审查细则进行核查,并做好记录。现场核查应当做出明确的核查结论,并填写《食品生产加工企业必备条件现场核查报告》(表 5-11)和《食品生产加工企业不合格项改进表》(表 5-12)。请企业认真填写《食品生产加工企业必备条件核查工作廉洁信息反馈表》(表 5-13)。填写由国家质检总局签发的《食品生产许可证发证检验抽样单》(表 5-14)。

表 5-9 食品生产加工企业必备条件现场核查工作计划表

企业名称			
企业生产地址			
邮政编码		联系人	
传　　真		电话	
核查目的:			
核查产品范围:			
核查依据:			
核查组成员	核查安排		
	核查分工	时间	内容
组长:			
成员:			
成员:			
核查日期		年　月　日至　　年　月　日	

表 5-10 食品生产加工企业必备条件现场核查表

Ⅰ 质量管理职责

序号	内容	核查项目	核查原则	核查方法	结论
1.1	组织领导	(1)企业领导中至少有一人全面负责企业的质量工作	企业规定了某领导负责企业的质量工作,该领导履行了其职责,合格;该领导履行其职责不太好,一般不合格;企业未规定某领导负责企业的质量工作或领导未履行其职责,严重不合格	座谈了解 查阅文件 查阅记录	□ 合格 □ 一般不合格 □ 严重不合格
		(2)企业应设置相应的质量管理机构或人员,负责质量管理体系的建立、实施和保持工作	企业有机构或专(兼)职人员负责质量管理工作,工作开展得较好,合格;工作开展的一般,一般不合格;企业无人员负责企业的质量管理工作,严重不合格	查阅文件 查阅记录	□ 合格 □ 一般不合格 □ 严重不合格
1.2	质量目标	企业应制定明确的质量目标,并贯彻实施	有明确的质量目标并贯彻落实很好,合格;有明确的质量目标但贯彻落实不太好,一般不合格;无明确的质量目标或有质量目标未贯彻落实,严重不合格	查阅文件 查阅记录 座谈了解	□ 合格 □ 一般不合格 □ 严重不合格
1.3	管理职责	(1)企业应制定规定各有关部门质量职责、权限的管理制度	制定了规定各部门质量职责、权限的管理制度,而且规定的很合理,合格;规定得不太合理,一般不合格;没制定部门质量管理制度或制定了部门质量管理制度但规定的不合理,严重不合格	查阅文件 座谈了解	□ 合格 □ 一般不合格 □ 严重不合格
		(2)企业应当制定不合格管理办法,对企业出现的各种不合格及时进行纠正或采取纠正措施	制定了不合格管理办法,对各种不合格及时进行了纠正或采取了纠正措施,合格;在不合格项纠正或纠正措施中存在着不足,一般不合格;未制定不合格管理办法或在不合格项纠正或纠正措施中存在着严重不足,严重不合格	查阅文件 查阅记录	□ 合格 □ 一般不合格 □ 严重不合格

续表 5-10

Ⅱ 企业场所要求

序号	内容	核查项目	核查原则	核查方法	结论
2.1	厂区要求	(1)企业厂区周围应当无有害气体、烟尘、粉尘、放射性物质及其他扩散性污染源	各种污染源对企业厂区无污染,合格;略有污染,一般不合格;污染较重,严重不合格	现场观察查阅资料	□ 合格 □ 一般不合格 □ 严重不合格
		(2)企业厂区应当清洁、平整、无积水;厂区的道路应用水泥、沥青或砖石等硬质材料铺成	厂区清洁、平整、无积水,道路用硬质材料铺成,合格;厂区不太清洁、平整,一般不合格;厂区不清洁或有积水或无硬质道路,严重不合格	现场观察	□ 合格 □ 一般不合格 □ 严重不合格
		(3)企业生活区、生产区应当相互隔离;生产区内不得饲养家禽、家畜;坑式厕所应距生产区 25 米以外	生活区、生产区隔离较远,合格;生活区、生产区隔离较近,一般不合格;生活区、生产区无隔离或生产区内饲养家禽、家畜或坑式厕所距生产区 25 m 以内,严重不合格	现场观察实地测量	□ 合格 □ 一般不合格 □ 严重不合格
		(4)厂区内垃圾应密闭式存放,并远离生产区,排污沟渠也应为密闭式,厂区内不得散发出异味,不得有各种杂物堆放	厂区内垃圾、排污沟渠为密闭式,无异味,无各种杂物堆放,合格;略有不足,一般不合格;达不到要求,严重不合格	现场察看	□ 合格 □ 一般不合格 □ 严重不合格
2.2	车间要求	(1)生产车间或生产场地应当清洁卫生;应有防蝇、防鼠、防虫等措施和洗手、更衣等设施;生产过程中使用的或产生的各种有害物质应当合理置放与处置	企业达到规定要求,合格;略微欠缺,一般不合格;达不到规定要求,严重不合格	现场观察现场检查	□ 合格 □ 一般不合格 □ 严重不合格
		(2)生产车间的高度应符合有关要求;车间地面应用无毒、防滑的硬质材料铺设,无裂缝,排水状况良好;墙壁一般应当使用浅色无毒材料覆涂;房顶应无灰尘	企业达到规定要求,合格;位于洗手、更衣设施外的厕所为水冲式,其他略微欠缺,一般不合格;达不到规定要求,严重不合格	现场察看	□ 合格 □ 一般不合格 □ 严重不合格

续表 5-10

序号	内容	核查项目	核查原则	核查方法	结论
		(3)生产车间的温度、湿度、空气洁净度应满足不同食品的生产加工要求	生产车间的温度、湿度、空气洁净度能满足食品生产加工要求,合格;略有误差,一般不合格;满足不了食品生产加工要求,严重不合格	现场察看实际测量	□ 合格 □ 一般不合格 □ 严重不合格
		(4)企业的生产工艺布局应当合理,各工序应减少迂回往返,避免交叉污染	生产工艺布局合理,各工序前后衔接,无交叉污染,合格;生产工艺布局不太合理,有交叉,一般不合格;生产工艺相互交叉污染,严重不合格	查看文件现场观察	□ 合格 □ 一般不合格 □ 严重不合格
		(5)生产车间内光线充足,照度应满足生产加工要求。工作台、敞开式生产线及裸露食品与原料上方的照明设备应有防护装置	生产车间内光线充足,工作台、敞开式生产线及裸露食品与原料上方的照明设备有防护装置,合格;略有不足,一般不合格;严重不足,严重不合格	现场查看实际测量	□ 合格 □ 一般不合格 □ 严重不合格
2.3	库房要求	(1)企业的库房应当整洁,地面平滑无裂缝,有良好的防潮、防火、防鼠、防虫、防尘等设施。库房内的温度、湿度应符合原辅材料、成品及其他物品的存放要求	企业的库房符合规定,合格;略有不足,一般不合格;严重不足,严重不合格	现场查看实地测量	□ 合格 □ 一般不合格 □ 严重不合格
		(2)库房内存放的物品应保存良好,一般应离地、离墙存放,并按先进先出的原则出入库。原辅材料、成品(半成品)及包装材料库房内不得存放有毒、有害及易燃、易爆等物品	库房内存放的物品保存良好,合格;保存一般,一般不合格;保存不好或原辅材料、成品(半成品)及包装材料库房内存放有毒、有害及易燃、易爆等物品,严重不合格	现场查看查阅记录	□ 合格 □ 一般不合格 □ 严重不合格

续表 5-10

Ⅲ生产资源提供

序号	内容	核查项目	核查原则	核查方法	结论
3.1	生产设备	(1)企业必须具有审查细则中规定的必备的生产设备,企业生产设备的性能和精度应能满足食品生产加工的要求	具备审查细则中规定的必备的生产设备,设备的性能和精度能满足食品生产加工的要求,合格;具备必备的生产设备,但个别设备需要完善,一般不合格;不具备审查细则中规定的必备的生产设备或具备的生产设备的性能和精度不能满足食品生产加工的要求,严重不合格	查阅台账现场查看查阅记录	□ 合格 □ 一般不合格 □ 严重不合格
		(2)直接接触食品及原料的设备、工具和容器,必须用无毒、无害、无异味的材料制成,与食品的接触面应边角圆滑、无焊疤和裂缝	完全符合规定,合格;直接接触食品及原料的设备、工具和容器的材料符合规定,但与食品的接触面偶有微小焊疤、裂缝等情况,一般不合格;不符合规定,严重不合格	现场查验查阅材料	□ 合格 □ 一般不合格 □ 严重不合格
		(3)食品生产设施、设备、工具和容器等应加强维护保养,及时进行清洗、消毒	食品生产设施、设备、工具和容器保养良好,使用前后按规定进行清洗、消毒,合格;食品生产设施、设备、工具和容器的维护保养和清洗、消毒工作存在一些不足,一般不合格;存在严重不足,严重不合格	现场查验查阅记录	□ 合格 □ 一般不合格 □ 严重不合格
3.2	人员要求	(1)企业负责人应了解生产者的产品质量责任和义务,以及食品质量安全知识。	企业负责人清楚产品质量责任和义务,有食品质量安全知识,合格;企业负责人略知产品质量责任和义务及食品质量安全知识,一般不合格;企业负责人不清楚产品质量责任和义务或没有食品质量安全知识,严重不合格	座谈了解	□ 合格 □ 一般不合格 □ 严重不合格
		(2)企业质量管理人员应具有一定的质量管理知识及相关的食品生产知识	具有一定的质量管理知识及相关的食品生产知识,合格;略有质量管理知识及相关的食品生产知识,一般不合格;不具备质量管理知识及相关的食品生产知识,严重不合格	座谈了解	□ 合格 □ 一般不合格 □ 严重不合格

续表 5-10

序号	内容	核查项目	核查原则	核查方法	结论
		(3)企业的技术人员应掌握食品生产专业技术知识和食品质量安全知识	有较高的食品专业技术知识和食品质量安全知识,合格;掌握一般的食品专业技术知识和食品质量安全知识,一般不合格;不掌握食品专业技术知识和食品质量安全知识,严重不合格	座谈了解	□ 合格 □ 一般不合格 □ 严重不合格
		(4)企业生产加工人员能正确熟练操作设备。食品生产加工人员必须身体健康,无传染性疾病,穿戴工作衣帽进入生产车间,不在车间里吃喝,不佩戴首饰、饰品等进行生产操作	生产操作人员能看懂有关技术文件,能正确进行生产操作,具有健康证明,具有良好的卫生习惯,合格;以上几个方面存在着一些不足,一般不合格;以上几个方面存在着严重不足,严重不合格	座谈了解查看证明现场查看	□ 合格 □ 一般不合格 □ 严重不合格
3.3	技术标准	(1)企业应具备和执行审查细则中规定的现行有效的国家标准、行业标准及地方标准	具有审查细则中规定的产品标准和相关标准,合格;缺少个别标准,一般不合格;缺少若干个标准,严重不合格	查看标准	□ 合格 □ 一般不合格 □ 严重不合格
		(2)明示的企业标准应符合国家标准、行业标准的要求,并经当地标准化主管部门备案	企业标准符合相关国家、行业标准要求,或个别项目不一致但有合理理由,并备案,合格;企业备案的标准与相关国家、行业标准要求不一致,其合理性理由不十分充分,一般不合格(限期改进);企业标准不符合相关国家、行业标准要求,且不具有合理理由,或未经过备案,严重不合格	查看标准查看证明	□ 合格 □ 一般不合格 □ 严重不合格
3.4	工艺文件	企业应具备生产过程中所需的各种工艺规程、作业指导书等工艺文件。企业的各种工艺文件应经过正式批准,并应科学、合理。产品配方中使用食品添加剂规范、合理	企业完全符合规定要求,食品添加剂使用合理,合格;部分符合规定要求,一般不合格;不符合规定要求,违规使用食品添加剂,严重不合格	查阅文件	□ 合格 □ 一般不合格 □ 严重不合格

续表 5-10

序号	内容	核查项目	核查原则	核查方法	结论
3.5	文件管理	企业应制定文件管理制度。并有部门或专(兼)职人员负责企业的文件管理,以保证使用部门随时获得文件的有效版本	有文件管理制度,有部门或人员管理文件,文件管理到位,合格;文件管理得不太好,一般不合格;企业无文件管理制度或无部门或人员管理文件或文件管理的不好,严重不合格	查看制度查看文件查阅记录	□ 合格 □ 一般不合格 □ 严重不合格

Ⅳ 采购质量控制

序号	内容	核查项目	核查原则	核查方法	结论
4.1	采购制度	企业应制定原辅材料及包装材料的采购管理制度。企业如有外协加工或委托服务项目,也应制定相应的采购管理办法(制度)	有完善的采购管理制度,及外协加工及委托服务的采购管理办法(制度),合格;采购管理制度以及外协加工及委托服务的采购管理办法(制度)制定的不够完善,一般不合格;无采购管理制度,以及外协加工及委托服务的采购管理办法(制度),严重不合格	查看文件	□ 合格 □ 一般不合格 □ 严重不合格
4.2	采购文件	企业应制定主要原辅材料、包装材料的采购文件,如采购计划、采购清单或采购合同等,并根据批准的采购文件进行采购。应具有主要原辅材料产品标准	企业符合规定要求,合格;部分符合规定要求,一般不合格;不符合规定要求,严重不合格	查看文件查看记录	□ 合格 □ 一般不合格 □ 严重不合格
4.3	采购验证	企业应当采购符合规定的原辅材料、包装材料,并对采购的原辅材料、包装材料以及外协加工品进行检验或验证,并应有相应的记录。食品标签标识应当符合相关规定	原辅材料、包装材料符合规定要求,有检验报告,采购记录完整,且标签标识符合要求,合格;材料符合要求,检验报告、采购记录不全,标签标识有轻微缺陷,一般不合格;材料不符合要求,基本不进行检验或验证,无相关记录,标签标识有重大缺陷,严重不合格	查看记录查看证票查看报告	□ 合格 □ 一般不合格 □ 严重不合格

续表 5-10

Ⅴ过程质量管理

序号	内容	核查项目	核查原则	核查方法	结论
5.1	过程管理	(1)企业应制定生产过程质量管理制度及相应的考核办法	有生产过程质量管理制度及相应的考核办法,合格;有生产过程质量管理制度,无相应的考核办法,一般不合格;无生产过程质量管理制度及相应的考核办法,严重不合格	查阅文件	□ 合格 □ 一般不合格 □ 严重不合格
		(2)企业职工应严格按工艺规程、作业指导书等工艺文件进行生产操作	职工能按工艺文件进行生产操作,合格;个别职工未按工艺文件进行生产操作,一般不合格;较多职工未按工艺文件进行生产操作,严重不合格	现场查看查阅记录	□ 合格 □ 一般不合格 □ 严重不合格
5.2	质量控制	企业应根据食品质量安全要求确定生产过程中的关键质量控制点,制定关键质量控制点的操作控制程序或作业指导书,切实实施质量控制,并有相应的记录	关键控制点确定合理并有相应的控制管理规定,控制记录规范,合格;关键控制点确定不太合理,记录不规范,一般不合格;未明确关键控制点,不能满足生产质量控制要求,严重不合格	查阅文件现场查看查阅记录	□ 合格 □ 一般不合格 □ 严重不合格
5.3	产品防护	(1)在食品生产加工过程中应有效地防止食品污染、损坏或变质	采取了措施并有效,合格;采取了措施但效果不佳,一般不合格;应采取措施而未采取措施的,严重不合格	现场查看查阅记录	□ 合格 □ 一般不合格 □ 严重不合格
		(2)在食品原料、半成品及成品运输过程中应有效地防止食品污染、损坏或变质。有冷藏、冷冻运输要求的,企业必须满足冷链运输要求	采取了措施并有效,合格;采取了措施但效果不佳,一般不合格;应采取措施而未采取措施的,严重不合格	现场查看查阅记录	□ 合格 □ 一般不合格 □ 严重不合格

续表 5-10

Ⅵ 产品质量检验

序号	内容	核查项目	核查原则	核查方法	结论
6.1	检验设备	企业应具备审查细则中规定的必备的出厂检验设备，出厂检验设备的性能、准确度应能达到规定的要求。实验室布局合理	具有审查细则规定的出厂检验设备，且能满足出厂检验需要，合格；具备必备的出厂检验设备，但比较陈旧或有少许误差，或实验室布局不太合理，一般不合格；不具备审查细则规定的出厂检验设备，或不能满足出厂检验需要，严重不合格	查阅台账现场查看查看证书	□ 合格 □ 一般不合格 □ 严重不合格
6.2	检验管理	(1)企业应具有独立行使权力的质量检验机构或专(兼)职质量检验人员，并具有相应检验资格和能力	有独立行使权力的检验机构或专(兼)职检验人员，检验人员具有相应检验资格和技术，合格；检验人员的检验技术存在部分不足，一般不合格；无独立行使权力的检验机构或专(兼)职检验人员或无相应检验资格和技术的检验人员，严重不合格	查阅文件查看证明操作验证	□ 合格 □ 一般不合格 □ 严重不合格
		(2)企业应制定产品质量检验制度以及检测设备管理制度。有相关的检验方法标准。企业的检测设备应在检定或校准的有效期内使用	有产品检验制度和检测设备管理制度，有检验方法标准，合格；使用的检测设备个别未在检定或校准有效期内使用，检验方法标准不全，一般不合格；无产品检验制度和检测设备管理制度或企业使用的检测设备有若干件未在检定或校准的有效期内使用，严重不合格	查阅文件查阅证明查阅记录	□ 合格 □ 一般不合格 □ 严重不合格
		有检验能力的企业，应按规定自行检验"＊"号检验项目。无"＊"号检验项目检验能力的企业，应当定期委托有资质的检验机构进行委托检验	企业制定了合理的"＊"号项目检验规定或计划，合格；企业制定了"＊"号项目检验规定或计划，但不周全，存在不合理性，一般不合格；企业未制定规定或计划，严重不合格	查看证明查阅记录	□ 合格 □ 一般不合格 □ 严重不合格

续表 5-10

序号	内容	核查项目	核查原则	核查方法	结论
6.3	过程检验	企业在生产过程中应按规定开展产品质量检验工作,并做好各项检验记录	按规定进行了生产过程的产品检验,并做好了各项检验记录,合格;生产过程的产品检验或检验记录工作略有不足,一般不合格;严重不足,严重不合格	查阅文件 现场查看 查阅记录	□ 合格 □ 一般不合格 □ 严重不合格
6.4	出厂检验	(1)企业应严格按产品标准及有关规定对出厂食品进行检验,并出具质量检验报告	按规定对出厂食品进行了检验,并出具了产品质量检验报告,合格;存在个别问题,一般不合格;存在较重问题,严重不合格	查看报告 现场查看	□ 合格 □ 一般不合格 □ 严重不合格
		(2)检验不合格的食品应按有关规定进行处理,检验不合格的食品不得以合格品出厂	符合要求,合格;检验不合格的食品未及时按有关规定进行处理,不合格;检验不合格的食品未按有关规定进行处理或检验不合格的食品以合格食品出厂,严重不合格	现场查看 查阅记录	□ 合格 □ 一般不合格 □ 严重不合格

表 5-11 食品生产加工企业必备条件现场核查报告

企业名称:		企业生产地址:	
产品名称:	邮编:		电话:
申证单元:	联系人:		传真:

核查结论	核查组根据《食品质量安全市场准入审查通则》和《_____生产许可证审查细则》,于_____年_____月_____日至_____年_____月_____日对该企业进行了核查,
	共计查出:
	  合格项_____项。 严重不合格项_____项。
	  一般不合格项_____项(其中,重点项目一般不合格项_____项。)
	  一般不合格项的分布如下:
	  1.质量管理职责:_____项 2.企业场所要求:_____项
	  3.生产资源提供:_____项 4.采购质量控制:_____项
	  5.过程质量管理:_____项 6.产品质量检验:_____项
	  经综合评价,该企业的核查结论:
	  □合格(A 级) □合格(B 级) □合格(C 级) □不合格。

核查组长(签名): 核查员(签名): 观察员(签名):	企业意见: 负责人(签名):
年 月 日	年 月 日(章)

表 5-12　食品生产加工企业不合格项改进表

企业名称：		企业地址：	
产品名称：	邮编：	电话：	
申证单元：	联系人：	传真：	
序号	不合格项内容及性质	不合格项改进情况	不合格项改进验证结论
1	审查人员： 　　　　年　月　日		验证人员： 　　　　年　月　日
2	审查人员： 　　　　年　月　日	企业人员： 　　　　年　月　日	验证人员： 　　　　年　月　日
3	审查人员： 　　　　年　月　日	企业人员： 　　　　年　月　日	验证人员： 　　　　年　月　日

表 5-13　食品生产加工企业必备条件核查工作廉洁信息反馈表

被审查企业名称					
通讯地址					
邮政编码		电话		联系人	
核查组进厂时间		年　　月　　日　　时			
核查组离厂时间		年　　月　　日　　时			
核查组成员	姓　名	工作单位	职务（职称）	核查分工	
对核查工作的意见					
对核查报告的意见					
对核查组廉洁自律的评价					
其他需要说明的问题					
被核查企业负责人(签字)：		被核查企业(盖章) 　　　　　　　年　月　日			

147

表 5-14　食品生产许可证发证检验抽样单

任务来源				
生产单位	单位名称		经济类型	内资	□国有	□私营(含个体)
	单位地址			□集体	□有限责任公司
	邮政编码			□联营	□股份有限公司
	法人代表			□股份合作	□其他企业
	联系人		港澳台	□合资经营	□合作经营
	联系电话			□港澳台独资经营	□港澳台投资股份有限公司
	营业执照				
	机构代码		外资	□中外合资	□中外合作
	企业人数			□外资企业	□外商投资股份有限公司

受检产品信息	产品名称		规格型号	
	生产日期/批号		商标	
	抽样数量		产品等级	
	抽样基数/批量		标注执行标准	
	抽样日期		封样状态	
	备样量及封存地点		寄送样地点	
	是否为出口产品	□是;□否	寄送样截止日期	

备注:

生产单位对上述内容无异议　生产单位签名(盖章):　　　　　　　　年　月　日	抽样人(签名):　　　　　　　　年　月　日

　　一个企业如拥有多个不具备营业执照的分厂或生产加工点时,核查组应使用一份《食品生产加工企业必备条件现场核查表》进行现场核查,一般不合格项和严重不合格项应当累加计算。

1.2.3　免于现场核查

　　对通过 HACCP 认证和出口食品卫生注册(登记)的企业,可免于现场核查。但应当查验认证机构的资质和企业提交的认证、注册(登记)证书和不合格项记录及改进情况等材料,确认企业是否具备出厂检验能力,并在《食品生产加工企业必备条件现场核查报告》上填写核查结论。

1.2.4　分装企业要求

　　允许分装生产加工的食品,分装企业应当具备与生产企业一样的生产环境、原辅材料仓库、成品库,具有审查细则中规定的分装包装设备,具有出厂检验能力,并具有审查细则中要求的与其分装产品相适应的其他必备条件。其分装的食品来自国内的,必须提供供货企业的食品生产许可证复印件,来自境外的,必须具有出入境检验检疫机构出具的合格证明。

1.2.5　不合格项改进

　　核查组应当将企业存在的不合格项的内容填入《食品生产加工企业不合格项改进表》,并要求企业在规定的时间内对不合格项进行改进。

1.2.6　抽样

对现场核查合格的企业，核查组要按照相关食品审查细则中规定的抽样方法进行抽样，并填写抽样单。抽样基数和抽样量应符合相应审查细则的规定，所抽样品应为企业产量较大、生产加工难度较大的或容易出现质量问题的产品品种。核查组应将样品封好，在相应开口处加贴封条。检验用及备用样品，在抽样后的 7 日内（保质期短的食品应及时送样），由企业（或委托核查组）安全送到指定的检验机构检验。

1.3　食品生产许可证发放阶段

经国家质检总局审核批准后，省级质量技监部门在 15 个工作日内，向符合发证条件的生产企业发放食品生产许可证及副本。

【能力拓展】

QS 认证体系的建立与实施

1.1　QS 认证体系建立的预备步骤

QS 认证体系在实施前，应先建立体系文件，具体的文件应包括：

(1)质量方针、质量目标。

(2)质量负责人任命书。

(3)机构设置。

(4)岗位职责。

(5)资源的提供与管理：①有关人员能力要求规定；②人员培训管理制度；③设备、设施管理规定；④检测设备、计量器具管理制度；⑤设备操作维护规程；⑥检测仪器操作规程。

(6)产品设计：①工艺流程图；②工艺规程。

(7)原材料提供：①采购管理制度；②采购质量验证规程；③原辅料、成品仓库管理制度。

(8)生产过程的质量控制：①生产过程的质量控制制度；②关键工序管理制度。

(9)产品质量检验：①检验管理制度；②产品质量检验规程。

(10)不合格的管理：①不合格管理办法；②不合格品管理制度。

(11)技术文件管理：技术文件管理制度。

(12)卫生管理制度。

(13)质量记录。

1.2　Qs 认证的申请材料

1.2.1　食品生产加工企业在申办生产许可证时，应当提交下列材料

(1)食品生产许可证申请书(3 份)。

(2)企业应去工商局办理《企业名称预先核准通知书》(3份)(有营业执照的不需此项)。

(3)企业负责人(法定代表人)身份证复印件(出示原件)(3份)。

(4)企业厂区布置图(1份)。

(5)生产工艺流程图(需标注关键设备和参数)(1份)。

(6)经药监部门备案的企业产品标准(如采用企业标准)(1份)。

(7)企业质量管理文件(装订成册1份)。

①企业内部机构、岗位、人员的具体职责、权限等,并有细化的考核办法(特别注意应有对企业负责人、质量管理部门的相关规定)。

②生产设备、设施管理制度(含计量器具管理)。

③生产车间、厂房等卫生管理制度。

④仓库、储运管理制度(包括原辅材料、成品管理)。

⑤生产过程中关键工序作业指导书。

⑥技术文件管理制度。

⑦原辅材料采购、验证制度。

⑧不合格品的管理制度及控制程序。

⑨质量检验及管理制度。

(8)HACCP证书或出口食品卫生注册证复印件(获证企业提供,出示原件)(有效证件1份)。

(9)采购国产已实施生产许可证管理的产品作为生产原料时,需提供该产品的生产许可证复印件;采购进口原料需提供检验检疫证明(农产品)或卫生证书(加工产品及包装材料)。

1.2.2　企业名称、住所名称、生产地点名称变更

(1)食品生产许可证变更申请表。

(2)变更产品食品生产许可证证书复印件。

(3)工商局出具的企业名称变更核准通知单(企业名称变更时提供)。

(4)公安部门有关证明(住所名称、生产地点名称变更时提供)。

(5)企业营业执照、组织机构代码证、企业负责人(法定代表人)身份证复印件。

1.2.3　生产地点、产品扩项或因产品有关标准、要求、生产条件、检验手段、技术或者工艺发生变化时,除提供新申报所需资料外,还需要提交以下资料

(1)食品生产许可证变更申请表。

(2)变更产品食品生产许可证证书复印件。

(3)企业营业执照、组织机构代码证。

1.2.4　期满延续时,除提供新申报所需资料外,还需要提交以下资料

(1)食品生产许可证延续申请表。

(2)延续产品QS证书复印件。

(3)企业营业执照、组织机构代码证。

注:以上(1.2.2)、(1.2.3)、(1.2.4)所有资料除注明外,国家局发证产品均为3份,省局发证产品均为2份,每份均需加盖申请企业公章。

1.3　Qs 的认证、审核、检验程序

1.3.1　质量技术监督部门受理《食品生产许可证》申请工作流程（图 5-7）

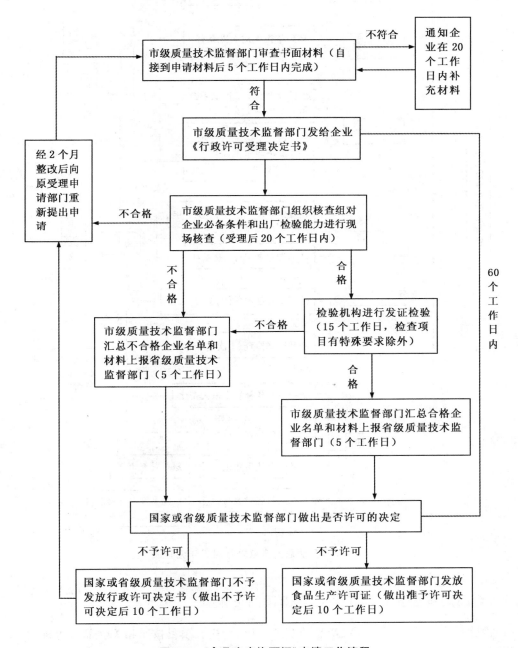

图 5-7　《食品生产许可证》申请工作流程

1.3.2 食品质量安全监督管理工作流程(图 5-8)

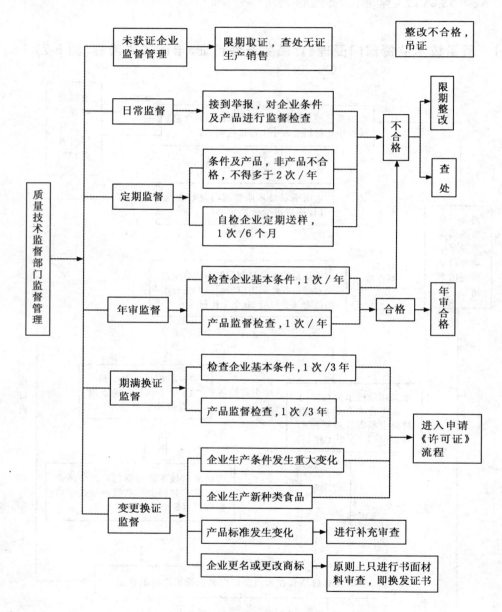

图 5-8 食品质量安全监督管理工作流程图

1.3.3 食品质量安全检验工作应当遵循的要求

(1)检验项目 发证检验是对产品的全项目检验,检验项目按照相关食品审查细则规定的发证检验项目进行。定期按相关食品的审查细则规定的监督检验项目进行检验。

出厂检验是依据标准进行的产品出厂前的检验,检验项目应当包含相关食品的审查细则中规定的出厂检验项目。

（2）发证检验　发证检验由国家质检总局或省级质量技术监督部门指定的检验机构实施。检验机构收到企业的样品后，应当检查包装、封条是否完好，样品是否符合规定，对符合规定的样品进行检验。不符合规定的样品，检验机构不予接收，并通知受理申请的质量技术监督部门处理。发证检验的备用样品应当保存3个月以上（特殊情况除外）。在发证检验中，对于企业在食品标签上标注的所有明示指标，检验机构都要进行检验。在发证检验报告上，要详细列出食品标签的具体检验内容。检验机构应当于收到样品之日起15日内完成检验任务，检验完成后需出具检验报告一式5份（国家质检总局、省级质量技术监督部门、市（地）级质量技术监督部门、生产企业各1份，检验机构存档1份）。检验机构应当确保产品检验的各项工作符合要求，并对检验报告负责。

（3）发证检验判定　发证检验应当按照国家标准、行业标准进行判定，没有国家标准和行业标准的，可以按照地方标准进行判定，特殊情况下可以按照核查组确认的企业标准判定。企业明示的质量要求高于国家标准、行业标准时，应当按照企业明示的质量要求判定。原产地域产品等应当按照相应的产品标准进行检验判定。检验项目全部符合规定的，判为符合发证条件；检验项目中有1项或者1项以上不符合规定的，判为不符合发证条件（审查细则另有规定的除外）。企业使用了某种食品添加剂，未按照食品标签标准规定在食品标签上注明的，判为不符合发证条件。

（4）出厂检验　生产企业应当具备审查细则中规定的必备的出厂检验设备，并有符合要求的实验室和检验人员，能完成审查细则中规定的出厂检验项目。企业应当按照生产批次逐批进行出厂检验。企业同一批投料、同一条生产线、同一班次的产品为1个生产批。企业可使用其他的检测设备、检验方法完成出厂检验，但必须能够证明其检验方法与标准检验方法间具有良好的一致性和相关性。自行出厂检验的企业，应当每年参加1次质量技术监督部门组织的出厂检验能力比对试验。

（5）"＊"号检验项目的检验　企业应当每年检验"＊"号项目2次以上（《审查细则》中另有规定的除外）。企业有"＊"号项目检验能力的可自行检验，没有检验能力的，应当委托有资质的检验机构进行检验。企业接受的监督检验中包括"＊"号项目且检验结论为"合格"的，可相应减少对"＊"号项目的自检或委托检验次数。

【知识延伸】

市场准入与公平竞争

市场经济需要公平竞争，公平竞争需要公平、平等的市场准入。没有平等的市场准入很难有公平的竞争。中国工商行政管理部门是政府主管市场监督管理和行政执法的职能部门，承担着市场主体准入和退出、市场交易行为和竞争行为监管、消费者权益保护等重要职能。市场主体准入是工商行政管理的基础，也是公平交易、公平竞争的前提。

中国的市场准入由批准和登记注册构成，登记注册是市场准入的最后一个环节。目前需要批准的事项大幅度减少，在许多领域，登记注册成为市场准入的唯一环节，并逐步步入统一、规范、高效、便捷的轨道。

一个国家和地区的市场准入制度是由这个国家和地区的基本经济制度和管理体制所决定的。自 1978 年实行邓小平先生倡导的改革开放政策以来,中国发生了翻天覆地的变化,确立了以公有制为主体、多种所有制共同发展的基本经济制度,基本形成了全方位、宽领域、多层次的对外开放格局,初步建立了社会主义市场经济体制。中国当代市场准入制度随着这一历史进程逐步建立、改革、完善,并为这一进程做出了应有的贡献。

20 世纪 80 年代,我国先后颁布《工商企业登记管理条例》《民法通则》《企业法人登记管理条例》,把市场准入纳入法制化轨道,确立了企业法人的法律地位,建立了企业法人登记的市场准入制度。当时,市场准入实行严格的审批制,在登记前要经政府主管部门审批,按照所有制性质划分企业类型,明显体现了那个时期我国实行有计划的商品经济体制的特点。

1992 年,我国确立了建立社会主义市场经济体制改革目标。这一目标要求建立以"产权清晰、权责明确、政企分开、管理科学"为基本要求的现代企业制度,随后,陆续颁布了《公司法》《合伙企业法》《个人独资企业法》,以及与之配套的《公司登记管理条例》、合伙企业及个人独资企业的登记管理办法等法律法规和部门规章,对原有的市场准入制度进行了重大改革。主要是按照责任形式对企业进行登记,不再强调投资者的所有制性质;除股份有限公司实行审批制外,有限责任公司、合伙企业和个人独资企业实行准则制。市场准入实现了从单一的审批制到审批制与准则制并存的转变,体现了有计划的市场经济体制向市场经济体制过渡的特点。

2003 年 8 月,我国颁布了《行政许可法》,并于 2004 年 7 月 1 日正式实施,市场准入制度又一次进行了重大改革,确立了以形式审查为主的市场准入审查制度。对申请材料齐全,符合法定形式的,要求当场登记,体现了准则制的要求。有效规范了登记行为,大大提高了登记效率,方便了市场准入。又修订了《公司法》,取消了股份有限公司的设立审批。在公司设立上,实现了从审批制与准则制并存向准则制的转变,体现了市场经济体制的要求。

我国市场准入制度在改革和完善中,借鉴、吸收了国际上许多先进的管理经验。在改革开放初期,我国颁布的外商投资法律就引入了以注册资本为主要内容的有限责任制度,引入了以董事会为主要内容的法人治理结构等做法。加入世界贸易组织后,我国市场准入制度又按照世界贸易组织的规则要求做了调整。我国实行准入与监管相结合的管理体制,对违反登记管理的行为规定了严格的行政法律责任。总体上看,我国的市场准入制度已有较为完备的法律体系为依据,建立了统一、规范、健全的执法体系。

【思考题】

1.什么是食品质量安全市场准入制度?

2.食品质量安全市场准入标志的作用是什么?

3.食品质量安全市场准入制度的核心内容主要包括哪三个方面?

4.使用 QS 标志时需要注意的问题有哪些?

5.食品企业总经理的职责和权限是什么?

6.绘制《食品生产许可证》申请工作流程图。

【参考文献】

［1］郑吉园.食品质量检验员.北京:中国劳动社会保障出版社,2009.

［2］刘雄,陈宗道.食品质量与安全.北京:化学工业出版社,2009.

［3］张晓燕.食品安全与质量控制.北京:化学工业出版社,2010.

［4］贝惠玲.食品安全与质量控制技术.北京:科学出版社,2011.

［5］江汉湖.食品安全性与质量控制.北京:中国轻工业出版社,2012.

［6］张小莺,殷文政.食品安全学.北京:科学出版社,2012.

［7］陈广全,张惠媛,曾静.食品安全检测培训教材——微生物检测.北京:中国标准出版社,2010.

［8］赵文.食品安全性评价.北京:化学工业出版社,2006.

［9］张妍.食品安全认证.北京:化学工业出版社,2008.

［10］韩耀斌.食品质量安全检验及食品安全认证.北京:中国计量出版社,2011.

模块六　食品安全过程控制体系(上)　良好操作规范(GMP)

【预期学习目标】
1. 掌握良好操作规范的主要内容。
2. 了解企业制定和实施良好操作规范的程序和措施。
3. 能够了解良好操作规范的实施现状。
4. 熟练掌握良好操作规范的工作单元要求。
5. 能够应用某一种产品的良好操作规范指导生产。

【理论前导】

1　GMP 简介

　　GMP 的起源于美国,直接原因是源于欧洲 20 世纪 60 年代波及世界的最大的药品灾难。1961 年前 5 年间西德发现 6 000～8 000 个海豹肢体畸形儿,经调查是药品"反应停"所致。一是该药品缺乏严格的临床试验,二是西德工厂隐瞒了收到的 100 多例有关该药品毒性反应的报告。而且在查清原因后,居然改头换面继续在 17 个国家造成危害,日本到 1963 年才禁止,引起 1 000 例畸胎,电影《典子》就是一例。

　　"反应停"是国产商品名,学名(Thalidomide)酞胺哌啶酮,通用名沙利度胺,由原联邦德国格仑南苏制药厂生产。1956 年起首先于西德市场上公开出售,被认为具有抗流行性感冒、抗惊厥作用。另外还发现具有较好的安眠和镇静作用,被用于治疗麻风发热与疼痛。而且还广泛用作止吐剂,防止妊娠反应呕吐。"反应停"事件被称为"20 世纪最大的药物灾难"。

　　美国 FDA 拒进,避免了这场药品灾难。1963 年美国 FDA 颁布了世界上第一部药品 GMP,6 年后公布食品 GMP。日本 1974 年公布日本药品 GMP,1979 年公布食品 GMP。我国于 1988 年公布中国药品 GMP,1993 年公布食品 GMP。目前我国药品已强制执行 GMP,否则取消生产资格,保健食品开始按药品 GMP 强制推行,食品虽尚未开始 GMP 强制推行,但已开始强制实行 QS(质量安全)准入制。

1.1　我国良好操作规范的现状

1.1.1　GMP 简介

　　良好操作规范是一种特别注重制造过程中产品质量和安全卫生的自主性管理制度。GMP 是良好操作规范(good manufacturing practice,GMP)的简称,良好操作规范在食品中的应用,即食品 GMP,是一种安全和质量保证体系。其宗旨在于确保在产品制造、包装和贮藏等过程中的相关人员、建筑、设施和设备均能符合良好的生产条件,防止产品在不卫生的条件下,或在可能引起污染的环境中操作,以保证产品安全和质量稳定。

良好操作规范以现代科学知识和技术为基础,应用先进的技术和管理的方法,解决食品生产中的质量问题和安全卫生问题。GMP 的特点是将保证产品质量的重点放在成品出厂前整个生产过程的各个环节上,而不仅仅是着眼于最终产品,其目的是从全过程入手,从根本上保证食品质量。GMP 的中心指导思想是任何产品的质量是设计和生产出来的,而不是检验出来的。因此,必须以预防为主,实行全面质量管理。广而言之,良好操作规范并不是仅仅针对食品企业而言的,更应该贯穿于整个食品原料生产、运输、加工、储存、销售、使用的全过程,也就是说从食品生产至使用的每一环节都应有它的良好操作规范。它要求食品生产企业应具有良好的生产设备、合理的生产过程、完善的卫生与质量管理制度和严格的检测系统,以确保食品的安全性和质量符合标准。因此,食品良好操作规范是实现食品工业现代化、科学化的必备条件,是食品优良品质和安全卫生的保证体系。

1.1.2　GMP 体系起源、发展及现状

GMP 的产生来源于药品生产领域,它是由重大的药物灾难作为催生剂而诞生的。20 世纪以来,人类发明了很多具有划时代意义的重要药品,如阿司匹林、青霉素、胰岛素等,然而同时由于对药物的认识不充分而引起的不良反应也让人类付出了沉重的代价。尤其是 50～60 年代发生的 20 世纪最大的药物灾难——"反应停"事件,让人们充分认识到建立药品监督法的重要意义。于是,1963 年经美国国会的批准正式颁布了 GMP 法案。美国 FDA 经过了几年的实践后,证明 GMP 确有实效。故 1967 年 WHO 在《国际药典》(1967 年版)的附录中收录了该制度,并在 1969 年的第 22 届世界卫生大会上建议各成员国采用 GMP 体系作为药品生产的监督制度,以确保药品质量和参加"国际贸易药品质量签证体制"。同年 CGMP 也被联合国食品法典委员会(CAC)采纳,并作为国际规范推荐给 CAC 各成员国政府。1979 年第 28 届世界卫生大会上 WHO 再次向成员国推荐 GMP,并确定为 WHO 的法规。此后 30 年间,日本、英国以及大部分的欧洲国家都先后建立了本国的 GMP 制度。到目前为止,全世界一共有 100 多个国家颁布了有关 GMP 的法规。

目前,我国的食品安全状况令人担忧,主要表现在农业种植、养殖业的源头污染对食品安全的威胁日趋严重,一些企业违法生产和经营伪劣食品,企业应用新原料、新工艺给食品安全带来许多新问题,政府有关部门在食品储存、运输、销售等环节监督管理不力并缺乏有效的卫生安全措施等。因此,亟待加大我国食品行业安全卫生监管的力度,推广和应用 GMP 势在必行。中国推行 GMP 是从制药开始的,且发展迅速。2002 年 9 月 15 日起实行的《中华人民共和国药品管理法实施条例》规定,2004 年 6 月 30 日前药品生产企业必须通过 GMP 认证,未通过的被停止其生产资格。食品企业质量管理规范的制定工作起步于 20 世纪 80 年代中期,1984 年,为加强对我国出口食品生产企业的监督管理,保证出口食品的安全和卫生质量,原国家商检局制定了《出口食品厂、库卫生最低要求》。该规定是类似 GMP 的卫生法规,于 1994 年卫生部修改为《出口食品厂、库卫生要求》。1994 年,卫生部参照 FAO/WHO 食品法典委员会 CAC/RCP Rev.2—1985《食品卫生通则》,制定了《食品企业通用卫生规范》(GB14881—1994)国家标准。随后,陆续发布了《罐头厂卫生规范》《白酒厂卫生规范》等 19 项国家标准。

虽然上述标准均为强制性国家标准,但由于标准本身的局限性、我国标准化工作的滞后性、食品生产企业卫生条件和设施的落后状况,以及政府有关部门推广和监管措施力度不够,这些标准尚未得到全面的推广和实施。为此,卫生部决定在修订原卫生规范的基础上制定部分食品生产 GMP。2001 年,卫生部组织广东、上海、北京、海南等部分省市卫生部门和多家企业成立了乳制品、熟食制品、蜜饯、饮料、益生菌类保健食品等五类 GMP 的制、修订协作组,确定了 GMP 的制定原则、基本格式、内容等,不仅增强了可操作性和科学性,而且增加并具体化了良好操作规范的内容,对良好的生产设备、合理的生产过程、完善的质量管理、严格的检测系统提出了要求。几十年的应用实践证明,GMP 是确保产品高质量的有效工具。2002 年 4 月,国家质量监督检验检疫总局公布了《出口食品生产企业卫生注册登记管理规定》,这是衡量我国出口食品生产企业能否获取卫生注册证书或者卫生登记证书的标准之一。至此,初步形成了我国食品行业的 GMP 体系。

1.2 良好操作规范的基本理论

食品良好操作规范,也称为食品良好生产规范,是一种具有专业特性的质量保证体系和制造业管理体系。政府以法规形式,对所有食品制定了一个通用的良好操作规范,所有企业在生产食品时都应自主地采用该操作规范。同时政府还针对各种主要类别的食品(如低酸性罐头食品)制定一系列的 GMP,各食品厂在生产该类食品时也应自主地遵守它的 GMP。食品 GMP 要求食品加工的原料、加工的环境和设施、加工贮存的工艺和技术、加工的人员等的管理都符合良好操作规范,防止食品污染,减少事故发生,确保食品安全和稳定。

1.2.1 良好生产规范的原则

GMP 是对食品生产过程中的各个环节、各个方面实行严格监控而提出的具体要求和采取的必要的良好的质量监控措施,从而形成和完善质量保证体系。GMP 是将保证食品质量的重点放在成品出厂前的整个生产过程的各个环节上,而不仅仅是着眼于最终产品上,其目的是从全过程入手,根本上保证食品质量。

GMP 制度是对生产企业及管理人员的长期保持和行为实行有效控制和制约的措施,它体现如下基本原则:

(1)食品生产企业必须有足够的资历,合格的生产食品相适应的技术人员承担食品生产和质量管理,并清楚地了解自己的职责。

(2)操作者应进行培训,以便正确地按照规程操作。

(3)按照规范化工艺规程进行生产。

(4)确保生产厂房、环境、生产设备符合卫生要求,并保持良好的生产状态。

(5)符合规定的物料、包装容器和标签。

(6)具备合适的储存、运输等设备条件。

(7)全生产过程严密并具有有效的质检和管理。

(8)合格的质量检验人员、设备和实验室。

(9)应对生产加工的关键步骤和加工发生的重要变化进行验证。

(10)生产中使用手工或记录仪进行生产记录,以证明所有生产步骤是按确定的规程和指令要求进行的,产品达到预期的数量和质量要求,出现的任何偏差都应记录并做好检查。

(11)保存生产记录及销售记录,以便根据这些记录追溯各批产品的全部历史。

(12)将产品储存和销售中影响质量的危险性降至最低限度。

(13)建立由销售和供应渠道收回任何一批产品的有效系统。

(14)了解市售产品的用户意见,调查出现质量问题的原因,提出处理意见。

1.2.2　良好生产规范的内容

GMP 根据 FDA 的法规,分为 4 个部分:总则、建筑物与设施、设备、生产和加工控制。GMP 是适用于所有食品企业,是常识性的生产卫生要求,GMP 基本上涉及的是与食品卫生质量有关的硬件设施的维护和人员卫生管理。符合 GMP 的要求是控制食品安全的第一步,其强调食品的生产和贮运过程应避免微生物、化学性和物理性污染。我国食品卫生生产规范是在 GMP 的基础上建立起来的,并以强制性国家标准规定来实行,该规范适用于食品生产、加工的企业或工厂,并作为制定各类食品厂的专业卫生依据。其内容包括:厂房与设施的结构、设备与工器具、人员卫生、原材料管理、加工用水、生产程序管理、包装与成品管理、标签管理以及实验室管理等方面。其重点在于:

(1)人员卫生　经体检或监督观察,凡是患有或似乎患有疾病、开放性损伤、包括疖或感染性创伤,或可成为食品、食品接触面或食品包装材料的微生物污染源的员工,直至消除上述病症之前均不得参与作业,否则会造成污染。凡是在工作中直接接触食物、食物接触面及食品包装材料的员工,在其当班时应严格遵守卫生操作规范,使食品免受污染。负责监督卫生或食品污染的人员应当受过教育或具有经验,或两者皆具备,这样才有能力生产出洁净和安全的食品。

(2)建筑物与设施　操作人员控制范围之内的食品厂的四周场地应保持卫生,防止食品受污染。厂房建筑物及其结构的大小、施工与设计应便于以食品生产为目的的日常维护和卫生作业。工厂的建筑物、固定灯具及其他有形设施应在卫生的条件下进行保养,并且保持维修良好。对用具和设备进行清洗和消毒时,应防止食品、食品接触面或食品包装材料受到污染。食品厂的任何区域均不得存在任何害虫。所有食品接触面,包括用具及接触食品的设备的表面,都应尽可能经常地进行清洗,以免食品受到污染。每个工厂都应配备足够的卫生设施及用具,包括:供水、输水设施、污水处理系统、卫生间设施、洗手设施、垃圾及废料处理系统等。

(3)设备　工厂的所有设备和用具的设计,采用的材料和制作工艺,应便于充分的清洗和适当的维护。这些设备和用具的设计、制造和使用,应能防止食品中掺杂污染源。接触食物的表面应耐腐蚀,它们应采用无毒的材料制成,能经受侵蚀作用。接触食物的表面的接缝应平滑,而且维护得当,能尽量减少食物颗粒、脏物及有机物的堆积,从而将微生物生长繁殖的机会降低到最小限度。食品加工、处理区域内不与食品接触的设备应结构合理,便于保持清洁卫生。食品的存放、输送和加工系统的设计结构应能使其保持良好的卫生状态。

(4)生产和加工控制　食品的进料、检查、运输、分选、预制、加工、包装、贮存等所有作业都应严格按照卫生要求进行。应采用适当的质量管理方法,确保食品适合人们食用,并确保包装材料是安全适用的。工厂的整体卫生应由一名或数名指定的称职的人员进行监督。应采取一切合理的预防措施,确保生产工序不会构成污染源。必要时,应采用化学的、微生物的或外来杂质的检测方法去验明卫生控制的失误或可能发生的食品污染。凡是污染已达到界定的掺杂程度的食品都应一律退回,或者如果允许的话,经过处理加工以消除其污染。

1.2.3　GMP 的分类

根据 GMP 的制定机构和适用范围,GMP 大致可分为 4 种类型:

(1)具有国际性质的 GMP　如 WHO 的 GMP、北欧六国自由贸易联盟制定的 GMP 等,可作为国家间食品贸易的参照标准。

(2)由国家政府机构颁布的 GMP　如美国 FDA 制定的低酸性罐头 GMP,我国颁布的《保健食品良好生产规范》和《膨化食品良好生产规范》。

(3)由行业组织制定的 GMP　可作为同类食品企业共同参照、自愿遵守的管理规范。

(4)由食品企业自己制订的 GMP　作为企业内部管理的规范。

从 GMP 的法律效力来看,又可分为强制性 GMP 和指导件(或推荐性)GMP。

(1)强制件 GMP　食品生产企业必须遵守的法律规定,由国家权力机构制定并颁布,由政府行政部门监督实施。我国颁布的两部 GMP 属强制性 GMP。

(2)指导性(或推荐性)GMP　由国家政府机构或行业组织、协会等制定并推荐给食品企业参照执行,仅遵循自愿遵守的原则,不执行不视为违法。

1.3　实施良好操作规范对食品质量控制的意义

实施 GMP 的目的就是消除不规范的食品生产和质量管理活动,确保食品质量与安全,保障消费者的利益。实施 GMP 的意义具体包括以下几个方面:

(1)提供一套食品生产基本的标准,即便于食品企业执行,又可作为卫生行政部门监督检查的依据;

(2)为建立国际食品标准提供依据,便于食品的国际贸易;

(3)提高食品企业生产经营人员的素质,消除生产过程中的不良习惯;

(4)促使企业提高对原料、辅料、包装材料的要求;

(5)有助于企业采用新技术、新设备,提高企业的生产环境、设备和各种配套设施的水平,提高食品安全的保证程度;

(6)促进企业不断加强自身质量保证措施,更好地运用危害分析和关键控制点(HACCP)体系,从而保证食品的质量和安全性。

2　良好操作规范的主要内容

2.1　食品原料采购、运输及贮藏过程中的要求

食品生产所用原材料的质量是决定食品最终产品质量的主要因素。食品生产的原材料一般分为主要原材料和辅助材料,其中主要原材料是来源于种植、畜产和水产的水果、蔬菜、粮油、畜肉、禽肉、乳品、蛋品、鱼贝类等,辅助材料有香辛料、调味料、食品添加剂等。这些原材料大多数是动、植物体生产出来的,在种植、饲养、收获、运输、贮藏等过程中都会受到很多有害因

素的影响而改变食物的安全性，如微生物和寄生虫的感染。一般说来，食品生产者都不是直接的原材料生产者，而是通过购买的方式获得加工所需的原材料，进而对其进行运输和贮藏。因此，食品生产者必须从影响食品质量的重要环节，即原材料采购、运输和贮藏着手加强卫生管理。

2.1.1　采购

对食品原材料采购的卫生要求主要包括对采购人员的要求、对采购原料质量的要求，对采购原料包装物或容器的要求。

（1）采购人员的要求　采购人员应熟悉本企业所用各种食品原料、食品添加剂、食品包装材料的品种、卫生标准和卫生管理办法，清楚各种原材料可能存在或容易发生的卫生问题。采购食品原材料时，应对其进行初步的感官检查，对卫生质量可疑的应随机抽样进行完整的卫生质量检查，合格后方可采购。采购的食品原辅材料，应向供货方索取同批产品的检验合格证或化验单，采购食品添加剂时还必须同时索取定点生产证明材料。采购的原辅材料必须验收合格后才能入库，按品种分批存放。食品原辅材料的采购应根据企业食品加工和贮藏能力有计划地进行，防止一次性采购过多，造成原料积压、变质。

（2）采购原辅材料的要求　目前，我国的主要的食品原料、食品辅料和包装材料多数都具有国家卫生标准、行业标准、地方标准或企业标准，仅有少数无标准。在采购时应尽量按国家卫生标准执行。无国家卫生标准的，依次执行行业标准、地方标准和企业标准。对无标准的原辅材料应参照类似食品原辅材料的标准执行。在执行标准时应全面，不能人为减少标准的执行项目。通常食品原辅材料的卫生标准检查由以下 4 个部分组成。

①感官检查　感官质量是食品重要的质量指标，而且检查简单易行，结果可靠。如鲜肉新鲜时为鲜红色，有光泽、肉表面干燥、具有鲜肉特有的香气。水果蔬菜新鲜时有生物功能，随新鲜度的下降，生物功能下降，色、香、味、型发生变化，变色褪色、失重、萎蔫、香气降低。水产品新鲜时体表光亮，形体饱满，眼球充血，腮鲜红，肉体有弹性，新鲜度下降时体表光泽消失，腹部鼓起，体表发黏，肛门有异物流出，产生异味。不同的食品原辅材料都有其不同的感官检查标准，而且食品的感官检查要求在一定的环境下进行。所以，检查时应抽取具有代表性的样品，在无干扰的情况下进行，必要时要借助相关的工具进行，如测定体表或肌肉弹力、色调测定等。

②化学检查　食品原辅材料在质量发生劣变时都伴随有其中的某些化学成分的变化，所以常常也通过测定特定的化学成分了解食品原辅材料的卫生质量。水果蔬菜类原材料可测定叶绿素、抗坏血酸、可溶性氮等指标。动物性食品可测定酸度、氨态氮、挥发性盐基氮、组胺等。

③微生物学检查　食品可因某些微生物的污染而使其新鲜度下降甚至变质，主要指标有细菌总数、大肠杆菌群、致病菌等。当然有些食品原材料的主要检查对象会有所不同，如花生常常要检测黄曲霉。

④食品原辅材料中有毒物质的检测　有些食品原辅材料在种植、养殖、采收、加工、运输、销售和贮藏等环节中，往往会受到一些工业污染物、农药、致病菌及毒素产生菌的污染。在采购时，应充分估计到这种可能性，进行相关的化学或微生物学检测，排除被污染的可能性。

a.原辅材料的保护性处理：农副产品材料在采收时会携带来自产地的各种污染物，采购原料在运输过程中也可能发生一些劣变，为去除各种污染物以及防止在运输过程中不良变化的发生,对原辅材料进行适当的处理是必需的。一般来说,对污染物可采用洗涤或消毒的方法,常用的洗涤剂为水、表面活性剂的水溶液、碱水、专用的消毒液等。各种洗涤液必须新鲜配制,不能反复使用。洗涤时间不能过长,凡使用过洗涤剂的原辅材料,最后必须用符合饮用水标准的饮用水冲洗,流水中冲洗时间不少于 30 s,池水冲洗应换水 2 次以上。新鲜水果蔬菜洗涤时温度不能过高,应在低温下进行。

b.原辅材料的包装物或容器应符合卫生要求:食品原辅材料应根据其物理形态选择合适的包装物或容器,用于制造这些包装物的材料应符合食品相关包装物材料的要求,不得随便使用包装用品,严防食品原辅材料被污染。常见的食品包装材料的卫生标准见表 6-1。

表 6-1　常见食品包装材料和容器的卫生要求

材料类别	允许使用的材料品种	国家标准	材料类别	允许使用的材料品种	国家标准
塑料	聚乙烯	GB9687—88	瓷	搪瓷	GB4804—84
	聚丙烯	GB9688—88		陶瓷	GB13121—91
	聚氯乙烯	GB9681—88	金属	铝制品	GB11333—89
	聚苯乙烯	GB9689—88		不锈钢制品	GB9684—88
	三聚氰胺	GB9690—88	其他	包装用纸	GB11680—89
	聚碳酸酯	GB14942—94		复合包装材料	GB9683—88
橡胶	天然橡胶、合成橡胶	GB4806.1—94			

注:资料来源,陈宗道,刘金福,陈绍军.食品质量管理.北京:中国农业大学出版社,2003.

2.1.2　运输

食品在运输时,特别是运输散装的食品原辅材料时,严禁与非食品物资,如农药、化肥、有毒气体等同时运输,也不得使用未经清洗的运输过上述物资的运输工具。食品原辅材料的运输工具应要求专用,如做不到专用,应在使用前彻底清洗干净,确保运输工具不会污染被运输的食品物资。运输食品原辅材料的工具最好设置篷盖,防止运输过程中由于雨淋、日晒等造成原辅材料的污染或变质。不同的食品原辅材料应依其特性选择不同的运输工具。运输小麦、大米、油料等干性食品原辅材料时可用普通常温运输工具。运载水果蔬菜等生鲜植物原辅材料时应分隔放置,避免挤压撞伤而腐烂。气温较高时,应采用冷藏车,气温较低时应采取一定保温措施,以防冻伤。运载肉、鱼等易腐烂食品原辅材料时,最好用冷藏车。运载活畜、禽时应分层设置铁笼,通风透气,长途运输时应供给足够的饲料和饮水。装卸应轻拿轻放,严禁摔打,对液态材料还应注意放置方向,切勿倒置。运输动物时还应注意保护动物福利。最近召开的"国际动物福利与立法"研讨会上对运输途中的动物福利作出规定:猪在的运输时,须注意必要的休息,必须保持车的清洁,适时提供饮食和饮水,运输时间超过 8 h 时,必须休息 24 h。

2.1.3　贮藏

食品企业必须创造一定的条件,采取合理的方法来贮藏食品原辅材料,确保其卫生安全。对食品原辅材料贮藏的卫生要求主要有以下几点。

(1)贮藏设施　食品原辅材料贮藏设施的要求依食品的种类不同而不同,原辅材料的性质是决定贮藏设施卫生条件的主要因素。对于容易腐烂变质的肉、鱼等原料,应采取低温冷藏;对于容易腐烂、失水的水果蔬菜原材料应有保鲜仓库,依品种或材料特性的不同采取冷藏或气调贮藏等。对于油料、面粉、大米等干燥原料贮藏设施要具有防潮功能。

(2)贮藏作业 贮藏设施的卫生制度要健全,应有专人负责,职责明确。原料入库前要严格按有关的卫生标准验收合格后方能入库,并建立入库登记制度,做到同一物资先入先出,防止原料长时间积压。库房要定期检查、定期清扫、消毒。贮藏温度对许多食品原辅材料来说是至关重要的,贮藏温度的合适与否会直接影响原辅材料的卫生质量,温度过高会造成原辅材料萎蔫,有害化学反应加速,微生物增殖迅速。温度过低又可能导致原辅材料发生冻伤或冷害。控制温度相对稳定也非常重要,贮藏温度的大幅度变化,往往会带来贮藏原辅材料品质的劣化。不同原辅材料分批分空间贮藏,同一库内贮藏的原辅材料应不会相互影响其风味,不同物理形态的原辅材料也要尽量分隔放置。贮藏不宜过于拥挤,物资之间保持一定距离,便于进出库搬运操作,利于通风。

2.2 工厂设计与设施的要求

2.2.1 食品工厂厂址选择

(1)防止厂区因周围环境的污染而造成企业污染,厂区周围不得有粉尘、烟雾、有害气体、放射性物质和其他扩散性污染物,不得有垃圾场、污水处理厂、废渣场等。

(2)防止企业污水和废弃物对居民区的污染,应设有废水和废弃物处理设施。

(3)要建立必要的卫生防护带,如屠宰场距居民区的最小防护带不得少于 500 m,蛋品加工批发部门不得少于 100 m,酿造厂、酱菜厂、乳品厂等不得少于 300 m。

(4)有利于经处理的污水和废弃物的排出。

(5)要有足够、良好的水源、能承载较高负荷的动力电源。

(6)要有足够可利用的面积和较适宜的地形,以满足工厂总体平面合理的布局和今后扩建发展的要求。

(7)厂区应通风、采光良好、空气清新。

(8)交通要方便,便于物资的运输和职工的上下班。

2.2.2 食品工厂建筑设施

(1)食品工厂建筑设施

①建筑物和构筑物的设置与分布应符合食品生产工艺的要求,保证生产过程的连续性,使作业线最短,生产最方便。

②厂房应按照生产工艺流程及所要求的清洁级别进行合理布局,同一厂房和邻近厂房进行的各项操作不得相互干扰。做到人流、物流分开,原料、半成品、成品以及废品分开,生食品和熟食品分开,杜绝生产过程中的交叉污染。

③三区(生产区、生活区和厂前区)的布局应合理,生活区(宿舍、食堂、浴室、托儿所)应位于生产区的上风向,厂前区(传达室、化验室、医务室、运动场等)应与生产区分开,锅炉房等产尘大的设施应在工厂的下风端。

食品质量安全管理

④厂区建筑物之间的距离应符合防火、采光、通风、交通运输的需要。

⑤生产车间的附属设施应齐全,如更衣间、消毒间、卫生间、流动水洗手间等。

⑥厂区应设有一定面积的绿化带,起到滞尘、净化空气和美化环境的作用。

⑦给排水系统管道的布局要合理,生活用水与生产用水应分系统独立供应。

⑧废弃物存放设施应远离生产和生活区,应加盖存放,尽快处理。

(2)食品加工设备、工具和管道

①在选材上,凡直接接触食品原料或成品的设备、工具或管道应无毒、无味、耐腐蚀、耐高温、不变形、不吸水,要求质材坚硬、耐磨、抗冲击、不易破碎,常用的质材有不锈钢、铝合金、玻璃、搪瓷、天然橡胶、塑料等。

②在结构方面,要求食品生产设备、工具和管道要表面光滑、无死角、无间隙、不易积垢、便于拆洗消毒。

③在布局上,生产设备应根据工艺要求合理定位,工序之间衔接要紧凑,设备传动部分应安装有防水、防尘罩。管线的安装尽量少拐弯,少交叉。

④在卫生管理制度上,要定期检查、定期消毒、定期疏通,设备应实行轮班检修制度。

(3)食品加工建筑物 食品工厂厂房的高度应能满足工艺、卫生要求以及设备安装、维护、保养的要求,车间的工作空间必须便于设备的安装与维护。食品的存放、搬运,避免食品与墙体、地面和工作人员的接触而造成食品的污染。生产车间的地面应不渗水、不吸水、无毒、防滑,对有特别腐蚀性的车间地板还要做特殊处理。地面应平整、无裂缝、稍高于运输通道和道路路面,便于冲洗、清扫和消毒。仓库地面要考虑防潮,加隔水材料。屋面应不积水、不渗漏、隔热,天花板应不吸水、耐温,具有适当的坡度,利于冷凝水的排除。在水蒸气、油烟和热量较集中的车间,屋顶应根据需要开天窗排风。天花板最低高度保持在 2.4 h 以上。墙壁要用浅色、不吸水、耐清洗、无毒的材料覆盖。在离地面 1.5~2.0 m 的墙壁应用白色瓷砖或其他防腐蚀、耐热、不透水的材料设置墙裙。墙壁表面应光滑平整、不脱落、不吸附,墙壁与地面的交界面要呈漫弯形,便于清洗,防止积垢。防护门要求能两面开,自动关闭。门窗的设计不能与邻近车间的排气口直接对齐或毗邻,车间的外出门应有适当的控制,必须设有备用门。车间内的通道应人流和物流分开,通道要畅通,尽量少拐弯。车间的空气要清洁,要求有适当的通风,可采用自然通风和机械通风,尽量要求自然通风。对一些特别食品,要求对车间空气进行净化,尤其是生产保健食品的车间必须按照工艺和产品质量的要求达到不同的清洁程度。食品生产车间的清洁级别可参考药品生产 GMP 要求。生产车间应有充足的自然光和人工照明,亮度一般不能低于 300 lx,应备有应急照明设备。对于经常开启的门窗或天窗应安装纱门、纱窗等,防止灰尘和其他污染物进入车间。

2.3 食用工具、设备的要求

2.3.1 设计

所有食品加工用机器设备的设计和构造应能防止危害食品卫生,易于清洗消毒(尽可能易于拆卸),并容易检查。应有使用时可避免润滑油、金属碎屑、污水或其他可能引起污染之物质混入食品的构造。食品接触面应平滑、无凹陷或裂缝,以减少食品碎屑、污垢及有

164

机物之聚积,使微生物的生长减至最低程度。设计应简单,且为易排水、易于保持干燥的构造。贮存、运送及制造系统(包括重力、气动、密闭及自动系统)的设计与制造,应使其能维持适当的卫生状况。在食品制造或处理区,不与食品接触之设备与用具,其构造亦应能易于保持清洁状态。

2.3.2 材质

所有用于食品处理区及可能接触食品的食品设备与器具,应由不会产生毒素、无臭味或异味、非吸收性、耐腐蚀且可承受重复清洗和消毒的材料制造,同时应避免使用会发生接触腐蚀的不当材料。食品接触面原则上不可使用木质材料,除非其可证明不会成为污染源者方可使用。

2.3.3 生产设备

生产设备的排列应有秩序,且有足够的空间,使生产作业顺畅进行,并避免引起交叉污染,而各个设备的产能务须互相配合。用于测定、控制或记录的测量器或记录仪,应能适当发挥其功能且须准确,并定期校正。以机器导入食品或用于清洁食品接触面或设备的压缩空气或其他气体,应予适当处理,以防止造成间接污染。

2.3.4 品管设备

工厂应具有足够的检验设备,供例行的品管检验及判定原料、半成品及成品的卫生品质。必要时,可委托具公信力的研究或检验机构代为检验厂内无法检测的项目。

2.4 食品生产用水的要求

2.4.1 水源选择

水源的选择应考虑用水量和水质两个方面。水量必须满足生产的需要,用水量包括生产用水和非生产用水。生产用水主要指需要添加到产品中的水量,非生产用水包括冷却水、消防用水、清洁用水、日常生活用水等。不同食品对水质和卫生的要求不一样,一般说来,自来水是符合卫生要求的,但自来水水源多是地表水,容易受季节变化的影响,水质不稳定,如水源是地下水则不会受季节性变化的影响。对一些水质要求较高的食品,如饮料、啤酒、汽水、超纯水等需要进行特殊的水处理,使之达到各自的用水标准。食品生产用水的净化消毒方法请参看有关资料。

2.4.2 生活饮用水水质标准

1985 年,卫生部颁布了 GB 5749《生活饮用水卫生标准》,该标准包括 4 个方面,感官性状和一般理化性质共 15 项;毒理学指标共 15 项;细菌学指标共 3 项;放射学指标共 2 项。随着经济的发展,人口的增加,不少地区水资源短缺,有的城市饮用水水源污染严重,居民生活饮用水安全受到威胁。1985 年发布的《生活饮用水卫生标准》(GB 5749—85)已不能满足保障人民群众健康的需要。为此,卫生部和国家标准化管理委员会对原有标准进行了修订,联合发布新的强制性国家《生活饮用水卫生标准》(GB5749—2006)(下称"新标准")。

2007年7月1日,由国家标准委和卫生部联合发布的《生活饮用水卫生生活饮用水标准》(GB 5749—2006)强制性国家标准和13项生活饮用水卫生检验国家标准正式实施。这是国家21年来首次对1985年发布的《生活饮用水标准》进行修订。新标准具有以下3个特点:一是加强了对水质有机物、微生物和水质消毒等方面的要求。新标准中的饮用水水质指标由原标准的35项增至106项,增加了71项。其中,微生物指标由2项增至6项;饮用水消毒剂指标由1项增至4项;毒理指标中无机化合物由10项增至21项;毒理指标中有机化合物由5项增至53项;感官性状和一般理化指标由15项增至20项;放射性指标仍为2项。二是统一了城镇和农村饮用水卫生标准。三是实现饮用水标准与国际接轨。新标准水质项目和指标值的选择,充分考虑了我国实际情况,并参考了世界卫生组织的《饮用水水质准则》,参考了欧盟、美国、俄罗斯和日本等国饮用水标准。

2.5 食品加工过程中的要求

2.5.1 管理制度

(1)应按产品品种分别建立生产工艺和卫生管理制度,明确各车间、工序、个人的岗位职责,并定期检查、考核,具体办法在各类食品厂的卫生规范中分别制定。

(2)各车间和有关部门应配备专职或兼职的工艺卫生管理人员,按照管理范围,做好监督、检查、考核等工作。

2.5.2 原材料的卫生要求

(1)进厂的原材料应符合采购规定。

(2)原材料必须经过检查、化验、合格者方可使用;不符合质量卫生标准和要求的,不得投产使用,要与合格品严格区分开,防止混淆和污染食品。

2.5.3 生产过程的卫生要求

(1)按生产工艺的先后次序和产品特点,应将原料处理,半成品处理和加工,包装材料和容器的清洗、消毒、成品包装和检验、成品贮存等工序分开设置,防止前后工序相互交叉污染。

(2)各项工艺操作应在良好的情况下进行,防止变质和受到腐败微生物及有毒有害物的污染。

(3)生产设备、工具、容器、场地等在使用前后均应彻底清洗、消毒、维修、检查设备时,不得污染食品。

(4)成品应有固定包装,经检验合格后方可包装、包装应在良好的状态下进行,防止异物带入食品。使用的包装容器和材料,应完好无损,符合国家卫生标准。包装的标签应按《预包装食品标签通则》(GB 7718—2011)的有关规定执行。

(5)成品包装完毕,按批次入库、贮存,防止差错。生产过程中的各项原始记录(包括工艺规程中各个关键因素的检查结果)应妥善保存,保存期应较该产品的商品保存期延长6个月。

2.6　食品包装的要求

2.6.1　常用的食品包装材料

塑料：聚乙烯、聚丙烯、聚氯乙烯、聚苯乙烯等。
橡胶：天然橡胶、合成橡胶。
瓷：搪瓷、陶瓷。
金属：铝制品、不锈钢制品。
玻璃制品。
其他制品：食品包装用纸；复合食品包装用纸。

2.6.2　常见的污染来源

食品包装物和容器应避免意外污染，食品容器、包装材料在生产、运输、贮存过程中可能受到农药或其他有毒有害物质的意外污染；回收使用的食品容器、包装材料在流转过程中可能盛放有毒有害物、残存原料变质，并受微生物的污染；回收再生制品用做食品包装，其材料中可能含有毒有害物质。

2.6.3　具体措施

健全包材管理制度，食品包材要标明"食品包装用"的字样，回收使用容器必须消毒。重复使用的包装物、容器结构应便于消毒、清洗。为便于清洗、消毒，回收使用的容器应注意以下问题：包装结构表面光滑，尽量采用圆柱状，避免有转弯、直角、凹陷等易积垢的结构。容器应加盖，开口应考虑其内部的清洗问题。严格验收、清洗、消毒回收的食品包装容器，应指定专人检查验收，剔除非食品包装物和污染严重的包装物，然后进行消毒。食品厂应该为包装材料的存放、保管设置专用的存贮库房，库房应清洁、干燥，有防蝇虫和防鼠设施，内外包装材料应分开放置，材料堆垛与地面、墙面要保持一定的距离，并应加盖有防尘罩。食品包装所用容器的材质应符合食品包装材料、容器、工具等各自的卫生标准，不得随便使用包装用品，严防污染食品。

2.7　食品检验的要求

2.7.1　食品卫生和质量检验的要求

卫生和质量检验是指采用一定的检验测试手段和检查方法测定产品的卫生和质量特性，然后把测定的结果同规定的卫生、质量标准相比较，从而对产品做出合格或不合格的判断。根据《食品卫生法》的要求，建立产品卫生和质量检验制度是食品企业应尽的法律责任和义务。

2.7.2　食品卫生和质量检验的意义

（1）提高企业的竞争能力。通过每道工序的严格把关，及时发现问题，消除不合格的因素，保证产品的安全卫生、营养美味,使之在竞争中立于不败之地。

(2)对消费者食用安全负责。加强食品的卫生质量检验,可以预防、减少食物中毒和食源性疾病的发生,有助于保障消费者身体健康。

2.7.3　检验机构及其职责

对检验人员的要求:敬业、有责任心;办事公正、坚持原则;受过专门培训,掌握相应的检验技术;有卫生质量管理的基本知识,有较强的分析判断能力;无色盲、无高度近视眼。

对质检工作及时检查,检验结果准确、记录完整、及时。

2.7.4　产品检验的分类与依据

(1)分类

①按生产流程分类　可分为进厂检验、工序检验和成品检验三类。

进厂检验是对原材料、外购件在进厂时进行的质量检验,目的是保证合格的原料投入生产。

工序检验是在产品生产过程中,由专职人员在工序间对制品、半成品的检验,目的在于剔除生产过程中的不合格品,防止废品流入下道工序。

成品检验是对最终完工产品进行的检验,目的是剔除不合格产品,保证出厂产品的质量。

②按检验数量分类　可分为全数检验、抽样检验。如工序处于控制状态,产品质量长期稳定,还可以对产品免于检验。

③按判别方法分类　根据质量特性值判别方法的不同可分为计数检验和计量检验两类。

④按检验形式分类　在抽样检验中,根据检验形式可分为一次抽验、两次抽验、多次抽验及序惯抽验。

⑤按检验内容分类　可分为认定检验、性能检验、可靠性检验、极限检验和分解检验。

(2)依据

产品检验的依据是技术标准。

技术标准分为:国际标准、国家标准、行业标准、企业标准。

卫生质量检验的主要步骤:

①明确检验依据,确定检验方法。

②随机抽取样品,使样品对总体更有充分代表性。

③采用试验、测量、化验、分析,或感官检验的方法测定产品质量。

④将测定结果同标准进行比较。

⑤根据比较结果,判定产品检验项目是否符合质量标准。

⑥对不合格产品进行管理并做出处理。

⑦记录检验数据,出具报告,做出评价,及时反馈信息,并进行改进。对检验结果有争议,应报请当地食品卫生监督机构仲裁。

2.7.5　检验的基本要求

(1)水　在一般检验中使用的水,都要使用蒸馏水。必要时要采用去离子水。

(2)试剂　作为基准物质,一般采用优级纯试剂;分析实验一般采用分析纯或化学纯试剂。

（3）常用洗涤剂　洗衣粉和洗涤剂溶液，其中洗涤剂溶液包括以下几种。

铬酸洗液：100 g 铬酸钾＋250 mL 水＋1 000 mL 浓硫酸。

碱性乙醇洗液：等体积的 95％乙醇＋30％氢氧化钠。

高锰酸钾与氢氧化钾洗液：4 g 高锰酸钾加入 100 mL 10％氢氧化钾溶液。0.5％的草酸洗液。

盐酸洗液：盐酸与水按 1∶3 混合而成。

王水：盐酸和硝酸按 3∶1 混合而成。

（4）基本设备　恒温箱，电冰箱，生物显微镜，恒温水浴锅，电子天平，高压灭菌锅，恒温培养箱，均质机，pH 计，电热干燥箱，751 或 721 分光光度计，气相色谱仪，其他。

（5）安全要求

①精密仪器应安放在防震、防尘、防潮、防腐蚀、防晒、恒温的室内，有地线，地线要专门设置，不能与水管、煤气管、暖气管相连接。操作时要严格按照操作规程进行。

②剧毒药品如氰化钾、三氧化二砷等，要有专人保管，使用时切勿用嘴吸或与伤口接触。氨水及过氧化氢应放在阴凉通风处。

③试验时会产生有害气体的，如溴、硫化氢等，应在通风橱中进行操作。

④易燃易爆的有机试剂要远离火源。易燃有毒的有机溶剂要注意通风和防火。

⑤原子吸收仪常使用乙炔，气相色谱仪常用氢气。这些气体都是压缩气体，如操作不慎有可能造成爆炸事故，因而气瓶的安全管理也显得非常重要。气瓶必须存放在实验室外阴凉干燥、严禁明火、远离热源的专门的房间，由金属密封管道送入实验室。另外，各类不同的气瓶不能混杂存放，使用中的气瓶要直立固定放置，严禁横卧滚动。开启高压气瓶时应站在气瓶出口的侧面，动作要慢，以减少气流摩擦，防止产生静电，气体应在贮存期限内使用，气瓶应定期作技术检验、耐压试验。实验室还要有消防设施与措施。

⑥水、电、煤气用完后及时关闭。

⑦每天结束工作时要检查水、电、煤气、气瓶、门、窗等是否关闭。

⑧实验室要有简单的卫生药品。

（6）检验结果的表示方法

①质量分数　表示被测物的质量与混合物的质量之比。单位符号有：％、g/kg、mg/kg、μg/g、ng/g。

②质量浓度　单位：g/L、g/mL、mg/L、μg/L。

③物质的体积摩尔浓度　单位：mol/m³、mol/L、mmol/L。

④质量摩尔浓度　单位符号：mol/kg、mol/g、mmol/g。

2.7.6　检验误差及其控制

检验误差分类及其特点

①检验误差　测定值与真实值之间的差异。根据检验误差产生的原因和性质，概括起来可分三类：系统误差、偶然误差和过失误差。

②系统误差　又称可测误差、恒定误差。它是在一定实验条件下由某个或某些恒定因素引起多次测定的平均值与真实值的差别。增加测定次数不能减小系统误差。

产生的原因：检测方法本身的缺陷；仪器和试剂误差；操作误差。

特点:具有恒定性和固定性,可以通过校正和制定标准规程的办法可以减小误差。

③偶然误差　偶然误差又称随机误差或不可测误差。它是由一些难以控制和预测的变动因素共同作用造成的。

特点:因素交错变化,造成测定结果不能完全一致。

④过失误差　过失误差又称粗差。它属于检验过程中由于缺乏操作训练及粗枝大叶,测错、读错和记错,或没有按规定的操作条件造成的。

特点:含这类误差的测定值称为坏值或异常值,应与剔除。

⑤减小误差和提高检验精确度　为获得准确数据,必须提高分析检验方法的准确度和精密度,减小误差。

准确度:是指测定值与真实值之间的符合程度,它反映该方法或测定系统存在的系统误差和偶然误差二者的综合性指标,它决定着检验结果的可靠性。

精密度:是指同一测定方法重复测定同一样品所得的测定值之间的符合程度。它反映了测定方法中存在的偶然误差的大小,可以说精密度是由偶然误差决定的。

精确度:反映检验结果与真值的一致程度,是检验结果中系统误差与随机误差的综合,误差小,精确高。

减小误差的措施主要有:仪器校正;空白试验;对照试验;适当增加重复测定次数;作校正曲线等。

2.7.7　检验的记录

(1)原始记录　检验过程的第一手资料。

内容包括:产品名称、规格、数量、批次等生产状况;技术要求、标准号等检验依据及使用的仪器、实测数据、操作者、交验日期、检验者、日期、检验编号等。

(2)检验报告　根据原始记录,经过处理、分析、判定,由检验部门出具检验报告。基本内容包括:产品名称、规格、数量、批次等;检验性质;技术要求、标准号等检验依据;检验的质量状况(实测数据)及项目结论;检验结论;检验单位、检验人员、校核与审定人员与日期;抽样检验时,写明样本数量、每批数量及样本状况等。

对检验报告的要求:

①完整性:凡应检验的项目不应遗缺;

②科学性:其数据都应是经科学测量和正确计算而获得;

③明确性:使用规范化的语言明确表达该项目或产品是否符合规定的要求。

(3)不合格产品的处理记录

①对不合格产品的处理　对不合格产品的处理应树立卫生安全第一的概念。在确保卫生安全的前提下,尽量减少经济损失。根据不同的配方、不同加工等分别做出处理,如销毁处理;重制;改做工业级产品。另外,不合格产品和处理记录除满足原始记录的要求外,还要注意以下两点:及时性,对不合格产品应及时处理;严肃性,有严格的处理程序。

②对不合格产品处理记录　除原始记录的内容外,还应包括:不合格产品情况说明;对不合格产品的处理意见;最终处置情况;必要时应列出不合格品原因分析,参与处理的部门、人员和日期。

（4）卫生质量信息反馈记录

①卫生质量信息反馈记录包括以下几点。

定期反馈记录：如卫生质量报表、日常工艺纪律检查表、错漏检率检查表；

非定期反馈记录：如信息反馈单、用户意见单等。

②卫生质量信息反馈记录的基本要求：准确、及时、灵敏、不间断、形成闭环系统。基本内容由企业先做出统一规定，然后实施。

2.8　食品工程的组织和管理

自 2009 年 6 月 1 日起施行的《食品安全法》规定："食品生产经营企业应当建立健全本单位的食品安全管理制度，加强对职工食品安全知识的培训，配备专职或者兼职食品安全管理人员，做好对所生产经营食品的检验工作，依法从事食品生产经营活动。国家鼓励食品生产经营企业符合良好生产规范要求，实施危害分析与关键控制点体系，提高食品安全管理水平。对通过良好生产规范、危害分析与关键控制点体系认证的食品生产经营企业，认证机构应当依法实施跟踪调查；对不再符合认证要求的企业，应当依法撤销认证，及时向有关质量监督、工商行政管理、食品药品监督管理部门通报，并向社会公布。认证机构实施跟踪调查不收取任何费用。"食品的安全性是食品最为重要的质量特性，作好食品卫生管理，防止食品污染，确保食品的安全生产，是对社会负责，也是企业自身发展的需要。

2.8.1　建立健全食品卫生管理机构和制度

食品工厂或生产经营企业应建立、健全卫生管理制度，成立专门的卫生科或产品质量检验科，由企业主要负责人分管卫生工作，把食品卫生的管理工作始终贯彻于整个食品的生产环境和各个环节。卫生管理机构的主要职责是：一是贯彻执行食品卫生法规，包括《食品安全法》及有关的卫生法规、良好操作规范、相关的食品卫生标准，切实保证食品生产的卫生安全和生产过程的卫生控制，坚决杜绝违反食品法规的生产操作和破坏食品卫生的行为。二是制定和完善本企业的各项卫生管理制度，建立规范的个人卫生管理制度，定期对食品从业人员进行卫生健康检查，及时调离"六病"患者，使食品从业人员保持良好的个人卫生状态，制定严格的食品生产过程操作卫生制度，包括生产用具的卫生制度、生产流程的卫生制度、产品和原料的卫生制度等。三是开展健康教育，对本企业人员进行食品卫生法规知识的培训和宣传。四是对发生食品污染或食品中毒的事件，应立即控制局面，积极进行抢救和补救措施，并向有关责任人及时汇报，并协助调查。

2.8.2　食品生产设施的卫生管理制度

（1）在食品生产中与食品物料不直接接触的食品生产设施应有良好的卫生状态，整齐清洁、不污染食品。对于一些大型基建设施，如各种机械设备、装置、给水排水系统等应使用适当，发生污染应及时处理，主要生产设备每年至少应进行 1 次大的维修和保养。

（2）对于在食品生产过程中与食品直接接触的机械、管道、传送带、容器、用具、餐具等应用洗涤剂进行清洗，并用卫生安全的消毒剂进行灭菌消毒处理。

（3）食品生产的卫生设施应齐全，如洗手间、消毒池、更衣室、淋浴室、厕所、用具消毒室等，这些卫生设施的设立数量和位置应符合一般的原则要求,工作服也是保证食品卫生质量的一个卫生设施,工厂应为每个工作人员提供2~3套工作服,并派专人对工作服进行定期的清洗消毒工作。

2.8.3 食品有害物的卫生管理制度

食品有害物包括有害生物和有害的化学物质两大类。老鼠、苍蝇、蟑螂等对食品生产具有极大的危害,被这些生物污染了的食品上带有大量细菌、病毒和生殖寄生虫,食品带有难闻的气味,食品质量严重降低或损失,因此对此类生物应严加控制。在食品生产场所使用的杀虫剂、洗涤剂、消毒剂包装应完全、密闭不泄露,在贮藏此类物品的地方应明确标示"有毒有害物"字样,并专柜贮藏,专人管理,使用时应严格按照其使用量和使用方法操作,使用人员应了解这些物质的性质和质量情况。食品生产场所使用的杀虫剂、洗涤剂、消毒剂应经省级卫生行政部门批准。

2.8.4 食品生产废弃物的卫生管理制度

食品生产的废弃物主要是指食品生产过程中形成的废气、废水和废渣,这些东西处理不当或处理不及时会造成食品的污染或环境的污染,对食品生产过程中形成的废水和废物的排放应严格按照国家有关"三废"排放的规定进行,积极采用"三废"治理技术,尽量减少废物排放量,对产生的废物要经过合理的处理后方可排放。

2.9 食品生产经营个人卫生的要求

食品加工和检验人员每年至少要进行一次健康检查,必要时还要作临时健康检查,新进厂的人员必须经过体检合格后,持健康证方可上岗。生产、检验人员必须经过必要的培训,经考核合格后方可上岗。生产、检验人员必须保持个人卫生,进车间不携带任何与生产无关的物品。进车间必须穿着清洁的工作、帽、鞋。凡患有有碍食品卫生疾病者,必须调离加工、检验岗位,痊愈后经体检合格方可重新上岗。

2.9.1 有碍食品卫生的主要疾病

(1)病毒性肝炎。

(2)活动性肺结核。

(3)肠伤寒和肠伤寒带菌者。

(4)细菌性病疾和病疾带菌者。

(5)化脓性或渗出性脱屑性皮肤病。

(6)手有开放性创伤尚未愈合者。

为防止食品造成食物中毒、传染病等各种疾病,食品生产经营企业应对职工进行严格的健康检查,开展健康宣传,早发现早处置。在不接触直接入口食品的人员中发现传染病或带菌者,也应当进行管理,加强治疗。

2.9.2　加工人员进入车间前的卫生要求

要穿着专用的清洁的工作服，更换工作鞋靴，戴好工作帽，头发不得外露。加工供直接食用产品的人员，尤其是在成品工段工作人员，要戴口罩。为防止杂物混入产品中，工作服应该无明扣，并且前胸无口袋。工作服帽不得由工人自行保管，要由工厂统一清洗消毒，统一发放。与工作无关的个人用品不得带入车间，并且不得化妆，不得戴首饰、手表。

2.9.3　工作前的洗手、消毒要求

规范的洗手方法包括以下 6 个步骤：

（1）清水洗手。

（2）擦洗手皂液，仔细搓洗手腕以下手心、手背和各指间部位。

（3）用水冲净洗手液。

（4）将手浸泡入消毒液中进行消毒，时间不少于 0.5～1 min。

（5）消毒完后用清水冲手。

（6）干手。应该使用不会导致交叉污染的干手用具，如一次性纸巾、消毒毛巾等，消毒毛巾一次只能供一人使用，重复使用之前，必须经过消毒处理。在车间入口处，工人穿着的鞋靴要趟过消毒池进行消毒。

【案例分析】

肉鸡加工企业 GMP 文本实例

1.1　主题内容与适用范围

本规范规定了肉鸡加工、冷冻、包装、检验贮存和运输过程中有关机构与人员，工厂建筑和设施、设备的设置，以及卫生、加工工艺、产品质量与卫生等，应遵循的良好操作条件，以确保产品安全卫生，品种质量符合国内外市场和客户的要求。

1.2　定义

1.2.1　良好操作规范（GMP）

系指食品加工厂在生产加工食品时，从原料的接收、加工制造、包装运输等过程中采取一系列措施，使之符合良好的操作条件，确保产品合格的一种安全卫生质量保证体系。

1.2.2　原料鸡

系指达到屠宰日龄（50 d±2 d），体重合格。健康的爱拔益加或爱维茵活的肉用仔鸡。

1.2.3 屠体

系指原料鸡经宰杀、放血、打毛后的躯体。

1.2.4 胴体

系指原料鸡经放血、去毛、去爪、去内脏,保留肾脏,有时肺脏也去掉的躯体。

1.2.5 病鸡

系指非健康的患病的鸡群,特别是恶性传染病的鸡群,如新城疫、出血性败血、伤寒、结核、马立克氏病等。

1.2.6 异常鸡

系指畸形、外伤、脊瘦、污染、个体小的鸡只。

1.2.7 无害化处理

系指肉体或副产品经过高温、高压、烧毁、消毒等物理或化学形式处理后,对人或牲畜不构成危害或不能传播疾病。

1.2.8 废弃

系指肉体或局部被判定为不适用人类食用的部分。

1.2.9 饮用水

系指适合人类食用的安全卫生的水。

1.2.10 杂质

系指在加工过程中,除原料外,混入或附着于原料、成品或包装材料上的物质。

1.2.11 恶性杂质

系指有碍食品卫生、安全的杂质,如金属、头发、石头、玻璃、毛发、蝇蚊等。

1.2.12 清洗

系指用自来水除去污物、残毛或其他可污染食品的不良物质的操作。

1.2.13 消毒

系指用符合食品卫生的化学物质或物理方法,有效地杀死微生物,但不影响食品品质和安全的适当处理方法。

1.2.14 批

系指用特定文字、数字或符号等表示在某一特定时间,特定场所,所产生特定数量之产品。

1.2.15 清洁作业区

系指分割加工车间,深加工车间、包装间、冷库等清洁度要求高的作业区域。

1.2.16 准清洁作业区

系指净膛、内脏整理等清洁度要求次于清洁作业区的区域。

1.2.17 一般作业区

系指挂鸡、放血、脱毛等清洁度要求低于准清洁区的区域。

1.3 厂区环境,厂房及设施

1.3.1 厂区环境

(1)××厂,位于××市南郊,厂区地势平坦,交通便利,工厂周围环境清洁,无生物、化学、物理性的污染源,并且有利于加工用过水的排放。

(2)厂区通道铺设水泥路面,空地绿化,路面平整,无积水,绿化面积达100%。

(3)工厂周围设有盛放垃圾,废料的垃圾箱,并定期清除,无啮齿动物、昆虫和其他害虫繁衍栖息地。

(4)厂区卫生间为水冲式,并且配备数量充足的洗手、防虫、防蝇措施,地面易清洗消毒。

(5)厂区排水为暗排水系统,排水畅通,无积水。

(6)厂区禁止饲养与生产加工无关的动物,并定期灭鼠除虫。

1.3.2 厂房

(1)厂隔

①厂区与外界设有围墙,并为实体结构,防止外界污染侵入。

②厂区设有供人员进出,成品出厂,原料鸡进厂,废弃物出厂的门,在原料鸡进厂的门前,设有与门同宽,长3～4 m,深15～20 cm 的车辆消毒池。

③按使用性质的不同,加工厂分几个范围,并有一定间距,以防污染。各场所之间有围墙,绿化带或空间相隔。

(2)厂房布局

①厂房布局按肉鸡加工工艺流程需要及卫生要求布局合理。(包括车间、冷库、化验室、更衣室、厕所等)

②厂房平面结构分污区和净区两部分,防止交叉污染。

(3)厂房结构 厂房使用钢筋混凝土材料建成,坚固耐用,易于维修,易于清洁,并能防止对产品及人员的污染,冷库的保温性能良好,并有防火等性能。

1.3.3 设施

(1)车间设施 肉鸡加工车间设置活鸡接收场所,挂鸡间,宰杀放血间,浸烫脱毛间,净膛间,内脏整理间,副产品加工间,预冷间,分割间,包装间,速冻间,冷藏库,消毒间,刷盘间,消毒药品存放配置间,各间的面积与生产加工量相适应,并按加工工艺流程布局合理,按工序清洁度要求不同给予隔离。

①活鸡接收场所设有防雨淋、日晒的棚户。

②运输车辆和容器的清洗、消毒场所,设有冷热水供应,并且排水良好,并设有车辆和容器的单独清洗消毒设备。

③挂鸡台设有清洗消毒设施,挂鸡到宰杀运行时间合理。

④宰杀放血间使用不透水材料做成,防止血液外流,空血间为暗室,空血时间达到要求。

⑤烫毛池内有温度自动显示仪,并有随时调温装置,打毛机和地面有足够的水冲洗羽毛,并有分离网将羽毛分离,由专用密封车辆运送出厂。

⑥净膛、内脏间有可食用和不可食用的分装桶或盘,并有运送排除设施,所有的材料易清洗消毒。

⑦预冷间、预冷池有温度自动显示装置,房间密封,以有利于保持低温环境。

⑧分割间、副产品加工间及包装间有足够数量的易清洗消毒的不锈钢工作台,分割间、包装间有自动温度显示装置。

⑨毛、血污物等不可食用部分及时用密封容器清理出厂,做无害化处理。

⑩物料准备间与包装间相连,并有消毒设置。

⑪刷盘间,消毒间面积与加工量相适应,有良好的通风排气装置,有足够的消毒设施。

⑫速冻间为排管式货架,以利产品快速冷冻,冷库有足够的垫板,使产品离地面 10 cm 以上,以防产品污染,便于搬运。速冻库、冷藏库有自动温度显示装置,库内照明灯设有防爆装置,库门口设有风幕,以备开门时防止外部高温影响。

⑬计量室有存放计量设备的设施。

⑭在开膛前,去脏后,消毒冷却后设置喷淋体表和体腔装置。

⑮在各加工检验部位设置不渗漏,易清洗消毒有盖的废弃物容器和次品容器。

(2)墙壁、门窗及有天花板:

①墙壁和天花板使用无毒、防水、防霉、不脱落、耐腐蚀、易于清洗的白色或浅色材料建成,墙角、地角、顶角呈弧形(曲率半径在 3 cm 以上)。

②车间非封闭的窗户设有纱窗。

③内窗台与墙面呈 45°夹角。

④门窗用浅色、平滑、易清洗、不透水、耐腐蚀的坚固材料做成。门口设有条形帘门,并设有自动关闭装置,防止昆虫进入。

⑤进车间门口设有洗手消毒设施及水鞋消毒池,消毒池与门同宽。

(3)地面及排水

①地面用不渗水、不积水、防滑、无裂缝、易清洗消毒、耐腐蚀、耐磨的浅色材料,有一定的排水坡度,易排水。

②排水系统有防止固体废弃物进入的装置。

③排水为明沟或暗沟,沟底呈弧形(曲率半径为 3 cm 以上),暗沟用坚固不锈钢盖盖住。

④排水管应有防鼠、防臭味溢出的水封装置。

⑤车间的污水排放根据区间进行排放。

⑥车间排污口与污水处理相连,并有防鼠、防虫设施。

（4）通风排气降温设施

①挂鸡间、宰杀间、浸烫脱毛间、净膛间、内脏间，设有排气口和排气扇，能随时排出污气，以保持空气清新。

②刷盘间、消毒间设有足够的排气口，以利于水蒸气的排出。

③排气口、进气口设有防虫设施。

④分割间、包装间设有空调，根据需要进行调温。

⑤空气的调节，进排气或使用风扇时，空气流向以高清洁区流向低清洁区为准，防止空气对产品、包装材料造成污染。

（5）照明设施

①厂内各处应装备适当采光或照明设施，车间内照明设施应使用防爆安全型，防止破裂时污染产品。

②车间内有适度的照明，检验台保持在 540 lx 以上，操作台应保持在 200 lx 以上，使用光源应不至于改变产品固有的色泽。

③照明设施的设置，不妨碍卫生、清扫、分割加工和运输。

（6）供水设施

①加工用水及制冷用水符合国家饮用水标准，水质每半年由政府卫生部门检测 1 次。

②采用非自来水应设净化器或消毒设施。

③储水设施，应用无毒，不致污染水质的材料制成，并有防止污染的措施。

④车间用水应不低于 2.5 kg/cm² 的压力，以利于生产清洗，并有不低于 82℃ 的热水设施，以利用清洗、消毒。

（7）更衣、淋浴、卫生间设施

①车间设有一般作业区（挂鸡、宰杀、脱毛），准清洁区（净膛、内脏、副产品），清洁区（分割加工、深加工、低温包装间、冷藏）3 个部分，男、女更衣室，内设换鞋区间，换工作服、工作帽区间，挂衣架，以利于工作服、工作帽消毒。

②更衣室与相应的工作区间相通，以便人员进出，防止交叉污染。

③厕所为水冲式，并有洗手消毒、防虫设施，墙壁地面易于清洗消毒，厕所门能自动关闭，不能正对加工区间。

④更衣室、卫生间、淋浴间通风良好，排气、排水畅通。

⑤卫生间、淋浴间与更衣室相连的墙壁、地面、天花板应用不透水，易清洗消毒，不易积污垢的材料做成。

⑥淋浴间墙壁、地面排水良好。

⑦更衣室门口有可照全身的更衣镜。

⑧每个工人配备两套工作服、工作帽，以便换洗，同时配备防水裙、口罩等。

⑨工作服以区间不同而分不同色泽，但分割深加工包装净区人员为白色紧身衣，无衣袋，领口扣严，内衣不外露，工作帽内有发罩，不得外露头发，鞋为白色水鞋。

（8）车间卫生设施

①车间卫生间入口处设置洗手、消毒、干手设施，并有相应的标识，洗手水龙头有冷、热水供应，采用非手动开关。

②车间入口处设有水靴消毒池，池深足以浸没鞋面，并有半身镜子，车间洗手间内设足够

的洗手设备,并配备洗涤剂、消毒液、指甲刷、干手器或一次性毛巾,并设相应标识。

③水龙头为非手动开关,以防止已清洗消毒的手再度污染,洗手池用不锈钢材料做成,其结构不易藏污垢,易清洗消毒。

④洗手设施的排水应连接下水道。

⑤加工车间应有 40～50℃ 热水,82℃ 以上热水及消毒盆等设施。

⑥车间设专门消毒液配置间对消毒液进行配置。

⑦车间配备消毒间,刷盘间对工器具、设备进行清洗消毒。各加工设备也配备清洗消毒设施,消毒车对人员进行手部消毒。

1.4 设备

1.4.1 加工设备

(1)加工所有设备用无毒,坚固不易生锈、耐腐蚀、易清洗消毒的材料制作,与产品接触的设备表面平滑、无凹陷、裂缝。

(2)盛放食品的容器、工器具不能直接接触地面,废弃物有专门容器存放,必要时加贴标识及时处理。

(3)设置在车间内的废物桶或房间必须经常清洗消毒,防止污染工厂或周围环境。废弃物严禁堆放在工作区域内,盛放废弃物的容器应易于清洗消毒,不允许用的容器、设备不得混用,避免交叉污染。

(4)车间内严禁用竹木制品。

(5)具体有以下设备:传送链条带、清洗机、烫锅、脱毛机、预冷池、封口机、金属探测仪、打件机、车辆、无害化处理设备。

1.4.2 检验设备

(1)质检科设检验室,以备对原料、成品、半成品等进行临近检验。

(2)检验室检验设备齐全、良好,用于测定、控制或记录的仪器和记录仪应齐全,正常运转,定期校正。

1.5 组织结构

1.5.1 质量安全卫生控制机构(质检科)和生产管理机构(生产车间)

工厂设有厂长领导下的质量安全卫生控制机构(质检科)和生产管理机构(生产车间),负责"良好操作规范"的设计、实施、监督和检查等,生产加工负责人与质量安全、卫生管理机构负责人不能相互兼任。

1.5.2 生产管理机构(生产车间)

直属厂长领导,负责制订本厂的质量手册,并按质量手册组织安排全厂生产。其职责为:

（1）负责肉鸡的收购，制订生产计划。

（2）负责对肉鸡及其产品的加工、包装、冷冻。

（3）根据加工要求，对加工做适当的安排，并负责加工产品的检查，保证生产出的产品合格。

1.5.3　质量安全卫生控制机构（质检科）

（1）质检科直属厂长领导，并享有充分权限，以执行质量管理工作，其负责人有质量否决权和停止生产权。

（2）质检科由质检员和化验员组成，其职责为：

①厂内外环境及设备、设施卫生检查。

②提出废弃物处理意见。

③对加工人员和检验人员按所制订培训计划进行培训。

④规划、监督、考核全厂卫生管理工作。

⑤做好工厂的卫生安全防范工作。

⑥负责从原料到加工成品的质量、卫生、规格的监督、检查和管理。

⑦负责对病、死、残鸡的检验，成品的检验、抽样、分析、鉴定并及时做出处理意见。

⑧负责审核规格、标准，并制定和实施检验程序。

1.6　人员要求

1.6.1　健康要求

（1）从事食品直接接触的加工检验人员每年至少进行一次健康检查，必要时进行临时健康检查。新进厂人员先进行健康检查，检查合格取得合格证后方可上岗。

（2）凡患有下列疾病之一者应调离其加工岗位：化脓性、渗出性皮肤病、疥疮等传染性创伤患者，手有外伤者，肠道传染病或肠道传染病带菌者，活动性肺结核，传染性肝炎，及其他有碍食品卫生的疾病。

1.6.2　卫生要求

（1）任何人员进入车间必须保持高度的个人卫生清洁，遵守卫生规则，进车间必须穿着工作服、帽、靴子、戴口罩、头发不得外露。

（2）进入车间时必须用清洁剂洗手，经消毒液消毒，清水冲净手，后经干手器干手，水靴也经消毒池消毒。

（3）进入车间严禁带与生产无关的物品，如手表、项链、耳环、戒指等，禁止在车间内吃、喝及吸烟，不得留长指甲、染指甲、不得涂抹化妆品。

（4）车间设专职卫生岗，负责监督、检查进入车间人员衣着和消毒情况，个人卫生和消毒不达标者严禁入内。

（5）生产操作中如需戴手套者，可使用乳胶手套，但必须保持清洁卫生，定期消毒，禁止使用线手套。

1.6.3 资格要求

(1)生产加工管理人员应具有一定的加工技术经验和品质管理知识。

(2)质检人员应由大中专毕业,经商检培训,具有兽医食品卫检专科知识,一定外贸经验和实际工作经验的人员担任。

(3)化验人员应由具有高中以上水平,经专业培训合格的人员担任。

1.7 加工工艺管理

1.7.1 加工工艺书的制订和执行

(1)工厂应制订"加工工艺书",由生产部门主办,同时得到品质安全管理部门认可。修订亦同。

(2)"加工工艺书"内容包括:原料规格要求,工艺流程,操作规程,成品品质规格和安全卫生,包装标签,贮存等要求及规定。

(3)应教育和培训加工人员按"加工工艺书"执行。

1.7.2 原辅料要求

(1)进厂的畜禽原料经验收应来自非疫区,经兽医检疫,健康无病,并附有产地证明,无污染(药残)。

(2)加工所需的原辅料必须是具有检疫检验合格证,并经过工厂验收合格后方可使用。

(3)原辅料应专库存放,超过保质期的原辅料严禁使用。

(4)经过原辅料化验和检验未受微生物、物理、化学和放射性等污染的原辅料再进行加工,不合格的禁止使用,另作处理。

(5)加工用水(冰)应符合 GB 5749《生活饮用水卫生标准》和 GB 4600《人造冰》的要求。

1.7.3 分割鸡肉加工工艺流程

活鸡验收/宰前检验→挂鸡→电麻→宰杀→沥血→浸烫→脱毛、拔小毛→去鸡头→拉嗉囊→开肛、割肛→掏内脏→去内脏→胸腹腔检验/胴体检验→割脚→倒挂→冲淋→预冷→分割称重、内包装→金属检测→冻结→外包装→冷藏

└────包装材料验收────┘

1.8 包装和标记

1.8.1 包装

产品在密封包装间内进行,限温<10℃。

(1)包装用塑料袋、纸箱,应清洁卫生,无毒、无霉、无异味,并经性能检验合格,不与肉食品发生化学反应。包装物料应专库存放,保持清洁卫生,采取措施防止灰尘物质的污染,凡有水

湿、霉变、虫蛀或污染现象，不得使用。

（2）所有塑料袋、包装箱应设计尺寸合理，大小适中。

（3）纸箱顶底部有黏合剂粘牢（出口不得用钉粘连），并用胶带封口，包装应完整牢固，图案清晰，适于长途运输。

1.8.2 标记

（1）包装标记应符合 GB 7718—2011《预包装食品标签通则》的规定。

（2）在纸箱两侧印有规格、净重、批号和厂代号及生产日期。

（3）出口鸡产品根据进口国要求不同，加贴食用标签和卫生标志，贴在外包装明显位置。

1.9 品质安全卫生管理

1.9.1 "品质控制标准书"的制订和内容

（1）"品控书"由工厂质量检验部门制定，并经生产部门认可后遵照执行，修订亦同。

（2）"品控书"的内容应包括（4）、（5）、（6）各节所规定的内容。

（3）"品控书"应规定重要加工设备的计量器、温度计、衡器的定期计量和标准计划，并做出记录，车间用衡器每日至少校准一次。

（4）原料品质管理：

①"品控书"应规定原料鸡的品质标准，检验标准，检验项目，验收标准及检验方法等。

②原料不合标准不得生产出口，按规定处理。

③记录原料验收结果。

（5）加工过程的品质管理：

①"品控书"应按商检规定和出口合同规定制订肉鸡产品的检验项目，验收标准、抽样及检验方法等。

②按 1.7 中规定控制各加工工艺点。

③加工中品质管理结果发现异常现象时，应迅速追查原因，纠正后才能继续生产。

④记录半成品检验结果。

（6）成品的品质管理：

①"品控书"应附着出口合同规定肉鸡产品的质量标准。

②每批肉鸡产品检验合格后方可入冷藏库。

③成品经检验不合格者不得出口，应单独存放，并设有标志，以示区别。

④成品发运出厂后，客户提出疑问或发现问题，应立即采取妥善的补救措施。

⑤记录成品检验结果及反馈和处理情况。

1.9.2 "卫生标准操作规程"（SSOP）的制定及内容

（1）"卫生标准操作规程"（SSOP）由工厂卫生管理机构制订，经生产部门认可后遵照执行，修订亦同。

（2）SSOP 内容包括：环境卫生、车间卫生、人员卫生、加工卫生、冷藏及运输卫生管理等。

（3）工厂根据 SSOP 的内容制订检查计划，规定检查项目及周期，并建立记录。

（4）环境卫生管理：

①厂区应设专人负责，每日清扫洗刷，保持清洁，地面应保持良好维修，无破损，不积水，不起尘埃。

②厂区内禁止堆放不必要的器材、物品，草木定期修剪和拔除，防止蝇蚊等有害动物滋生。

③厂区设有防鼠设施，并有图示，每周检查一次。

④排水沟应随时保持畅通，不淤积、阻塞，废弃物、下脚料及时处理，必要时清洗消毒。

⑤厂区厕所应定期清扫，并消毒。

（5）车间卫生管理：

①车间各设施应随时保持完好，出现破损立即修补。

②消毒间消毒设施每日清扫。

③更衣室（厕所、淋浴）设卫生值日人员，打扫消毒，保持清洁。

④一切接触产品的设备、设施、工器具，应定时进行清洗消毒。

⑤加工用水定期化验，一年两次全项检测（防疫部门），工厂每月一次微生物检验，每日一次余氯测定。

（6）人员管理：按 1.6.1 和 1.6.2 执行。

（7）贮运卫生管理：

①冷藏库内必须保持清洁卫生，货物按批摆放整齐，禁止将产品放在地下。

②冷藏库内禁止存放带异味商品及卫生不良的产品。

③运输车（船）集装箱工具必须实施定期消毒与清洗。

④设有各种卫生执行记录，检查记录和纠偏记录。

1.10　冷藏与运输管理

（1）冷库经常整理清洁、除霜，产品不可直接放于地面。

（2）产品按品种、规格、批次分别存放整齐，距墙 50 cm。

（3）冷库半年进行全面清理，库存产品经常查看，如有异常及时处理，包装破损和贮存超保质期的，由品控部提出处理。

（4）每天检查库温自动记录系统，使库温保持稳定（－22～－18℃）。

（5）冷库不得存放相互串味的产品，并且出口、内销产品不得混放。

（6）出库应做到先进先出的原则。

（7）运输车辆保持清洁、卫生、无异味。

1.11　记录档案

（1）加工厂应建立资料档案，内容如下。

①工厂质量手册。

②良好操作规范（GMP）和卫生标准操作规程（SSOP）。

③3HACCP 计划手册。

④各种产品的标准及检验方法标准。

⑤加工工艺书。

⑥品质控制标准书。

⑦生产设备仪器一览表,使用说明及维护,保养和操作规程。

（2）记录及处理：

①记录

a.卫生执行记录。

b.卫生检查记录及纠偏记录。

c.HACCP 计划记录（监控记录、纠偏记录、验证记录）。

d.产品质量状况,进口国及国外反应档案,质量信息反馈及处理记录。

e.品质控制人员（包括检验员）填写品质控制日记及检验记录。

f.计量仪器校正记录。

g.记录人及记录核对人应在记录上签字,如有修改,应有修改人在文字附近签名。

②记录处理：各种记录应保存三年。

1.12　质量信息反馈及处理

（1）加工厂应建立"质量信息反馈及处理"制度,对出现的质量问题有专人查找原因,及时加以纠正。

（2）经检验不合格的产品不准发运出厂,如发现有害人体健康的安全卫生项目不合格时,对已出厂的产品,应予以迅速追回,同时由工厂对买方做出妥善处理。

（3）对存在的质量问题及处理结果应做好详细记录,并及时上报当地进出口商品检验局。

【能力拓展】

二维码 6-1　食品良好操作规范的认证

【思考题】

1.简述实施食品 GMP 的意义。

2.简述某罐制食品的 GMP。

3.在阅读参考文献的基础上,简述 GMP、SSOP、HACCP 之间的关系。

4.为提高我国食品的质量和在全球的竞争力,政府应采取哪些措施在中小型食品企业中推广 GMP?

5.在假期时协助一个食品企业建立该厂的良好操作规范。

【参考文献】

[1] 陈宗道,刘金福,陈绍军.食品质量管理.北京:中国农业大学出版社,2003.

[2] 周树南.食品生产卫生规范.北京:中国标准出版社,1997.

[3] 杨洁彬,王晶,王柏琴.食品安全性.北京:中国轻工业出版,1999.

[4] Nomla,G. Marriott.食品卫生原理(第4版).钱和,华小娟译.北京:中国轻工业出版社,2001.

[5] 朱明.食品安全与质量控制.北京:化学工业出版社,2008.

[6] 刘先德.食品安全与质量管理.北京:中国林业出版社,2010.

[7] 康俊生.我国与CAC、美国、欧盟食品GMP标准法规对比分析研究[J].农业质量标准,2007,3:11.

[8] 席兴军,刘俊华.国内外良好操作规范(GMP)现状及比较[J].世界标准信息,2005,12:85.

[9] 万柳.我国与CAC、欧盟、美国食品企业生产卫生规范比较分析[J].中国卫生工程学.2009(06).

[10] 梁媛媛,张志强,张立实.国内外食品企业生产卫生规范比较分析[J].中国卫生监督杂志,2009(02).

[11] 王晓波.浅谈保健食品GMP的实施体会[J].现代食品科技,2006(02).

[12] 胡大文.纵论保健食品GMP[J].医药工程设计,2006(04).

[13] 夏桂珍.食品加工企业应如何学习应用GMP,SSOP及HACCP管理体系[J].中国酿造,2003(06).

[14] 宋瑞鹏,韩瑞珠,赵林度,等.基于HACCP、GMP、SSOP的生态园区食品质量控制模式[J].物流技术,2005(10).

[15] 李瑞英.食品生产的GMP管理(一)[J].山东食品科技,2003(03).

[16] 王强.国内外食品GMP对比分析[J].中国农业科技导报,2002(05).

[17] 邓耕生.食品安全的两种新技术——GMP和HACCP[J].现代财经-天津财经学院学报,1995(01).

[18] 赵忠俊,梁永柱,李清平.HACCP与GMP、ISO 9000族质量保证体系在食品工业中的应用[J].医学动物防治,2007(06).

[19] 杨永明,梁立,胡海鑫.GMP审查管理系统在保健食品生产中的应用[J].现代食品科技,2008(08).

[20] 韦有民,黄川.保健食品生产企业如何进行GMP认证[J].医药工程设计,2005(05).

[21] 李瑞英.食品生产的GMP管理(二)[J].山东食品科技,2003(04).

[22] 高兆兰.GMP的重要性及现代化[J].中国食品工业,2005(02).

[23] 陆守政,林颖,王健.有关食品企业GMP认证工作简介[J].中国公共卫生管理,2002(02).

[24] 王丽丽.GMP文件管理及编制要求[J].化工管理,2013(05).

模块七　食品安全过程控制体系(中) 危害分析与关键控制点(HACCP)体系

【预期学习目标】

1. 理解食品安全管理体系的基本概念以及 HACCP 与 GMP、SSOP、SRFFE、ISO 9000 的关系。

2. 掌握 HACCP 的七个基本原理及其内容。

3. 能够合理地制定 HACCP 计划。

4. 学会 HACCP 计划的建立与实施过程。

【理论前导】

1　食品安全管理体系概述

1.1　食品安全管理体系的产生和发展

1.1.1　HACCP 的由来

HACCP 是由美国太空总署(NASA),陆军 Natick 实验室和美国皮尔斯柏利(Pillsbury)公司共同发展而成。20 世纪 60 年代,Pillsbury 公司为给美国太空项目提供百分之百安全的太空食品,研发了一个预防性体系,这个体系可以尽可能早地对环境、原料、加工过程、贮存和流通等环节进行控制。实践证明,该体系的实施可有效防止生产过程中危害的发生,这就是HACCP 的雏形。1971 年,皮尔斯柏利公司在美国食品保护会议上首次提出 HACCP,几年后美国食品与药物管理局(FDA)采纳并用作为酸性与低酸性罐头食品法规的制定基础。之后,美国加利福尼亚州的一个家禽综合加工企业 Poster 农场于 1972 年建立了自己的 HACCP 系统,对禽蛋的孵化、饲料的配置、饲养的安全管理、零售肉的温度测试、禽肉加工制品等都严格控制了各种危害因素。1974 年以后,HACCP 概念已大量出现在科技文献中。

1.1.2　HACCP 在国内外的发展

HACCP 在发达国家发展较快。美国是最早应用 HACCP 原理的国家,并在食品加工制造中强制性实施 HACCP 的监督与立法工作。加拿大、英国、新西兰等国家已在食品生产与加工业中全面应用 HACCP 体系。欧盟肉和水产品中实施 HACCP 认证制度。日本、澳大利亚、泰国等国家都相继发布其实施 HACCP 原理的法规和办法。

为规范世界各国对 HACCP 系统的应用,FAO/WHO 食品法典委员会(CAC)1993 年发布了《HACCP体系应用准则》，1997年6月作了修改，形成新版的法典指南，即《HACCP体系及其应用准则》，使HACCP成为国际性的食品生产管理体系和标准，对促进HACCP系统的普遍应用和更好解决食品生产存在的安全问题起了重要作用。根据WHO的协议，FAO/WHO食品法典委员会所制定的法典规范或准则，被视为衡量各国食品是否符合卫生与安全要求的尺度。现在，HACCP已成为世界公认的有效保证食品安全卫生的质量保证系统，成为国际自由贸易的"绿色通行证"。

HACCP于20世纪80年代传入中国。为了提高出口食品质量，适应国际贸易要求，有利于中国对外贸易的进行，从1990年起，国家进出口商品检验局科学技术委员会食品专业技术委员会开始对肉类、禽类、蜂产品、对虾、烤鳗、柑橘、芦笋罐头、花生、冷冻小食品等9种食品的加工如何应用HACCP体系进行研究，制定了《在出口食品生产中建立"危害分析与关键控制点"质量管理体系的导则》，出台了9种食品HACCP系统管理的具体实施方案，同时在40多家出口企业试行，取得突出的效果和经济效益。1994年11月，原国家商检局发布了经修订的《出口食品厂、库卫生要求》，明确规定出口食品厂、库应当建立保证食品卫生的质量体系、并制定质量手册，其中很多内容是按HACCP原理来制定的。2002年卫生部下发了《食品企业HACCP实施指南》，国家认监委发布了《食品生产企业危害分析与关键控制点（HACCP）管理体系认证管理规定》在所有食品企业推行HACCP体系。2005年7月1日颁布施行的《保健食品注册管理办法（试行）》中，首次将保健食品GMP认证制度纳入强制性规定，HACCP认证纳入推荐性认证范围。2005年12月21日，"十五"国家重大科技专项"食品安全关键技术"课题之一的"食品企业和餐饮业HACCP体系的建立和实施"课题通过了科技部组织的专家组验收。该课题构建了从官方执法机构、国家认可机构、认证机构到食品企业、餐饮业自身所实施的HACCP评价体系，形成了一系列科学实用的食品企业和餐饮业HACCP体系建立和实施指南，提出了国家和政府部门对HACCP体系建立和实施的宏观政策框架建议等，标志着我国初步建立了规范统一的食品企业和餐饮业HACCP体系基础模式。

HACCP不仅是一种食品安全卫生质量控制手段，更可以是一种监督检验模式和理念。我国绝大多数监督机构对企业生产许可证和成品比较重视，但是对生产全过程的监督缺乏力度。对企业生产过程中的卫生问题总是不能及时觉察，更谈不上分析原因，寻找对策，及时采取改进措施，往往因为小问题到最后导致产品质量不合格，甚至发生食物中毒或食源性疾病的暴发。因此，执法和相关部门及其人员应充分吸收HACCP理念，转变监督和执法观念、工作作风、工作模式及工作方法。促使企业能进行危害分析并找出"关键控制点"及纠正措施，建立记录及反馈机制，让HACCP体系在企业内良好运作，提高企业自身的食品安全卫生的管理控制能力，树立企业形象，生产优质产品参与市场竞争，也有利于我国食品安全工作的顺利开展。

在发达国家HACCP已被广泛应用于食品生产和管理中，在我国实施和推广HACCP体系的也将改善食品卫生状况，提高食品的安全和品质。HACCP简明、实用、有效及公认的可靠性，使其成为建立现代食品安全系统的指导性的基本准则，是保证食品安全性最为经济有效的方法，是一个动态的控制系统，对于不同的对象有不同的关键控制点，它将进一步向制药、环保等行业发展，并更将深入到对产品的管理制度中去，同时需要政府相应的法律法规来保证其在食品安全控制中的作用与地位。

1.2 建立HACCP体系的特点和意义

1.2.1 建立HACCP体系的特点

HACCP作为科学的预防性食品安全体系,具有以下特点:

(1)HACCP是预防性的食品安全保证体系,但它不是一个孤立的体系,必须建筑在良好操作规范(GMP)和卫生标准操作程序(SSOP)的基础上。

(2)每个HACCP计划都反映了某种食品加工方法的专一特性,其重点在于预防,设计上防止危害进入食品。

(3)HACCP不是零风险体系,但使食品生产最大限度趋近于"零缺陷"。可用于尽量减少食品安全危害的风险。

(4)恰如其分的将食品安全的责任首先归于食品生产商及食品销售商。

(5)HACCP强调加工过程,需要工厂与政府的交流沟通。政府检验员通过确定危害是否正确的得到控制来验证工厂HACCP实施情况。

(6)克服传统食品安全控制方法(现场检查和成品测试)的缺陷,当政府将力量集中于HACCP计划制定和执行时,对食品安全的控制更加有效。

(7)HACCP可使政府检验员将精力集中到食品生产加工过程中最易发生安全危害的环节上。

(8)HACCP概念可推广延伸应用到食品质量的其他方面,控制各种食品缺陷。

(9)HACCP有助于改善企业与政府、消费者的关系,树立食品安全的信心。

上述诸多特点根本在于HACCP是使食品生产厂或供应商从以最终产品检验为主要基础的控制观念转变为建立从收获到消费,鉴别并控制潜在危害,保证食品安全的全面控制系统。

1.2.2 建立HACCP体系的意义

HACCP作为一种与传统食品安全质量管理体系截然不同的崭新的食品安全保障模式,它的实施对保障食品安全具有广泛而深远的意义。

(1)对食品工业企业的意义

①增强消费者和政府的信心 因食用不洁食品将对消费者的消费信心产生沉重的打击,而食品事故的发生将同时动摇政府对企业食品安全保障的信心,从而加强对企业的监管。

②减少法律和保险支出 若消费者因食用食品而致病,可能向企业投诉或向法院起诉该企业,既影响消费者信心,也增加企业的法律和保险支出。

③增加市场机会 良好的产品质量将不断增强消费者信心,特别是在政府的不断抽查中,总是保持良好的企业,将受到消费者的青睐,形成良好的市场机会。

④降低生产成本(减少回收/食品废弃) 因产品不合格,使企业产品的保质期缩短,使企业频繁回收其产品,提高企业生产费用。如在美国300家的肉和禽肉生产厂在实施HACCP体系后,沙门氏菌在牛肉上降低了40%,在猪肉上降低了25%,在鸡肉上降低了50%,所带来的经济效益不言而明。

⑤提高产品质量的一致性 HACCP的实施使生产过程更规范,在提高产品安全性的同

时,也大大提高了产品质量的均匀性。

⑥提高员工对食品安全的参与　HACCP的实施使生产操作更规范,并促进员工对提高公司产品安全的全面参与。

⑦降低商业风险　日本雪印公司金黄色葡萄球菌中毒事件使全球牛奶巨头日本雪印公司一蹶不振的事例充分说明了食品安全是食品生产企业的生存保证。

（2）对消费者的意义

①减少食源性疾病的危害　良好的食品质量可显著提高食品安全的水平,更充分地保障公众健康。

②增强卫生意识　HACCP的实施和推广,可提高公众对食品安全体系的认识,并增强自我卫生和自我保护的意识。

③增强对食品供应的信心　HACCP的实施,使公众更加了解食品企业所建立的食品安全体系,对社会的食品供应和保障更有信心。

④提高生活质量（健康和社会经济）　良好的公众健康对提高大众生活质量,促进社会经济的良性发展具有重要意义。

（3）对政府的意义

①改善公众健康　HACCP的实施将使政府在提高和改善公众健康方面,能发挥更积极的影响。

②更有效和有目的的食品监控　HACCP的实施将改变传统的食品监管方式,使政府从被动的市场抽检,变为政府主动地参与企业食品安全体系的建立,促进企业更积极地实施安全控制的手段。并将政府对食品安全的监管,从市场转向企业。

③减少公众健康支出　公众良好的健康,将减少政府在公众健康上的支出,使资金能流向更需要的地方。

④确保贸易畅通　非关税壁垒已成为国际贸易中重要的手段。为保障贸易的畅通,对国际上其他国家已强制性实施的管理规范,须学习和掌握,并灵活地加以应用,减少其成为国际贸易的障碍。

⑤提高公众对食品供应的信心　政府的参与将更能提高公众对食品供应的信心,增强国内企业竞争力。

1.3　HACCP 与 GMP、SSOP、SRFFE、ISO 9000 的关系

1.3.1　基本概念

GMP——良好操作规范（good manufacturing practice）,一般是指规范食品加工企业硬件设施、加工工艺和卫生质量管理等的法规性文件。企业为了更好地执行 GMP 的规定,可以结合本企业的加工品种和工艺特点,在不违背法规性 GMP 的基础上制定自己的良好加工指导文件。GMP 所规定的内容,是食品加工企业必须达到的最基本的条件。

SSOP——卫生操作标准程序（sanitation standard operation procedure）,指企业为了达到 GMP 所规定的要求,保证所加工的食品符合卫生要求而制定的指导食品生产加工过程中如何实施清洗、消毒和卫生保持的作业指导文件。

HACCP——危害分析和关键控制点(hazard analysis critical control point)，是指导食品安全危害分析及其控制的理论体系。

HACCP 体系——食品加工企业应用 HACCP 原理建立的食品安全控制体系。

SRFFE 制度——我国官方出入境检验检疫机构对国内出口食品加工企业、国外输华食品加工企业实施的卫生注册登记管理制度(sanitary registration for factories/storehouse of food for export)。

ISO 9000——国际标准化组织(ISO)制定和通过的指导各类组织建立质量管理和质量保证体系的系列标准，这些标准被统称为 ISO 9000 族标准。

ISO 9000 质量体系——各类组织按照 ISO 9000 族标准建立的质量管理和质量保证体系。

1.3.2　GMP 与 SSOP 的关系

(1)国内外 GMP 基本情况　GMP 一般是指政府强制性的食品生产加工卫生法规。

①1988 年和 1991 年,我国颁布了 15 个食品加工企业卫生规范:

罐头厂卫生规范 GB 8950—88

白酒厂卫生规范 GB 8951—88

啤酒厂卫生规范 GB 8952—88

酱油厂卫生规范 GB 8953—88

食醋厂卫生规范 GB 8954—88

食用植物油厂卫生规范 GB 8955—88

蜜饯厂卫生规范 GB 8956—88

糕点厂卫生规范 GB 8957—88

乳品厂卫生规范 GB 12693—90

肉类加工厂卫生规范 GB 12694—90

饮料厂卫生规范 GB 12695—90

葡萄酒厂卫生规范 GB 12696—90

果酒厂卫生规范 GB 12697—90

黄酒厂卫生规范 GB 12698—90

面粉厂卫生规范 GB 13122—91

②1994 年 11 月,原国家商检局发布了《出口食品厂、库卫生要求》。在此基础上,又陆续发布了 9 个专业卫生规范:

出口畜禽肉及其制品加工企业注册卫生规范

出口罐头加工企业注册卫生规范

出口水产品加工企业注册卫生规范

出口饮料加工企业注册卫生规范

出口茶叶加工企业注册卫生规范

出口糖类加工企业注册卫生规范

出口面糖制品加工企业注册卫生规范

出口速冻方便食品加工企业注册卫生规范

出口肠衣加工企业注册卫生规范

③国外 GMP(以美国为例)

21CFR-110　现行食品生产加工良好操作规范

21CFR-106　婴儿食品的营养品质控制 GMP

21CFR-113　低酸罐头食品加工企业 GMP

21CFR-114　酸化食品加工企业 GMP

21CFR-129　瓶装饮料加工 GMP

(2)GMP 与 SSOP 的关系　SSOP 指企业为了达到 GMP 所规定的要求,保证所加工的食品符合卫生要求而制定的指导食品生产加工过程中如何实施清洗、消毒和卫生保持的作业指导文件。它没有 GMP 的强制性,是企业内部的管理性文件。

GMP 的规定是原则性的,包括硬件和软件两个方面,是相关食品加工企业必须达到的基本条件。SSOP 的规定是具体的,主要是指导卫生操作和卫生管理的具体实施,相当于 ISO 9000 质量体系中过程控制程序中的"作业指导书"。制定 SSOP 计划的依据是 GMP,GMP 是 SSOP 的前提基础,使企业达到 GMP 的要求,生产出安全卫生的食品是制定和执行 SSOP 的最终目的。

SSOP 计划至少包括 8 个方面:加工用水和冰的安全性;食品接触表面的清洁卫生;防止交叉污染;洗手、手消毒和卫生间设施;防止污染物(杂质等)造成的不安全;有毒化合物(洗涤剂、消毒剂、杀虫剂等)的贮存、管理和使用;加工人员的健康状况;虫、鼠的控制（防虫、灭虫、防鼠、灭鼠）。

SSOP 计划一定要具体,切忌原则性的、抽象的论述,要具有可操作性。

1.3.3　GMP、SSOP 与 HACCP 的关系

根据 CAC/RCP 1-1969,Rev.3(1997)附录《HACCP 体系和应用准则》和美国 FDA 的 HACCP 体系应用指南中的论述,GMP、SSOP 是制定和实施 HACCP 计划的基础和前提。没有 GMP、SSOP,实施 HACCP 计划将成为一句空话。SSOP 计划中的某些内容也可以列入 HACCP 计划内加以重点控制。

GMP、SSOP 控制的是一般的食品卫生方面的危害,HACCP 重点控制食品安全方面的显著性的危害。仅仅满足 GMP 和 SSOP 的要求,企业要靠繁杂的、低效率和不经济的最终产品检验来减少食品安全危害给消费者带来的健康伤害(即所谓的事后检验);而企业在满足 GMP 和 SSOP 的基础上实施 HACCP 计划,可以将显著的食品安全危害控制和消灭在加工之前或加工过程中(即所谓的事先预防)。GMP、SSOP、HACCP 的最终目的都是为了使企业具有充分、可靠的食品安全卫生质量保证体系,生产加工出安全卫生的食品,保障食品消费者的食用安全和身体健康。

1.3.4　SRFFE 与 GMP、SSOP、HACCP 的关系

SRFFE 是我国进出口食品卫生注册登记管理制度的简称。它包含了对进出口食品加工企业实施卫生注册制度的法律依据,卫生注册登记的申请、考核、审批、发证、日常监管、复查程序,卫生注册登记代号的管理等内容。

SRFFE 中的"卫生注册登记企业的卫生要求和卫生规范",相当于我们上面讲到的 GMP,

是企业制定 SSOP 计划的依据。也就是说,卫生注册登记是 HACCP 的前提和基础。

SRFFE 中的食品加工企业卫生注册,包括国内注册和国外注册(对外注册)。对外注册的评审、监管依据除了包括我国规定的"卫生要求"外,主要依据进口国的强制性规定。

而像美国、欧盟等国的强制性要求中就包含了实施 HACCP 计划。因此,从某种意义上说,HACCP 是 SRFFE 的组成部分。也就是说,我们正在进行的对食品加工企业实施 HAC-CP 验证,是卫生注册登记的一部分,或者说是卫生注册登记的延续。

1.3.5　SRFFE 与 ISO 9000 质量体系认证的关系

SRFFE 是指我国现行的进出口食品加工企业卫生注册登记管理制度,它规定的是进出口食品加工企业如何申请卫生注册登记,申请企业应达到什么样的条件和管理水平,出入境检验检疫机构如何接受申请、对申请企业进行评审、审批、发证、监管、年审、复查以及对卫生注册登记代号如何管理等内容。它是我国实施的强制性的政府管理制度。SRFFE 的评审、发证方是政府机构,被评审方是出口食品加工企业和有关的国外食品加工企业。

ISO 9000 质量体系认证是在任何组织自愿在其组织的内部按 ISO 9000 族标准建立质量管理和质量保证体系后向具有相应认证资格的机构提出申请的基础上,相关认证机构对申请人组织的审核、发证、跟踪验证等活动的总称。也就是说认证方以相应的证书证明并保证被认证方的质量控制和质量保证过程符合 ISO 9000 族标准中的特定标准的要求所进行的申请受理、审核、跟踪验证、发证等程序。ISO 9000 质量体系认证的认证方是独立于有关各方(供方和顾客)的、专门从事审核、发证的第三方(如 CQC),被认证方是任何自愿接受认证审核的组织(工业企业、服务企业、事业单位、政府机关等)。ISO 9000 质量体系认证完全建立在自愿的基础上。

SRFFE 中的《出口食品厂、库卫生要求》和各类卫生注册规范中,均引入了 ISO 9000 质量体系的部分概念,特别是在质量文件的建立方面更是如此,出入境检验检疫机构鼓励企业按照 ISO 9000 族标准建立完善的质量管理和质量保证体系。SRFFE 强调了从环境、车间设施、加工工艺到质量管理等各方面的要求,ISO 9000 质量体系更侧重于文件化的管理,使各项工作更具严密性和可追溯性。因此,SRFFE 和 ISO 9000 质量体系认证可以相互促进。另外,SR-FFE 中所涉及的文件、质量记录与 ISO 9000 质量体系中的质量文件和质量记录具有一致性,因此,出口食品卫生注册登记企业建立 ISO 9000 质量体系时,不应建立成两套相互独立的质量体系文件,而应将期建立成一个有机整体。

1.3.6　ISO 9000 与 GMP、SSOP、HACCP 的关系

GMP 规定了食品加工企业为满足政府规定的食品卫生要求而必须达到的基本要求,包括环境要求、硬件设施要求、卫生管理要求等。在其管理要求中也对卫生管理文件、质量记录作了明确的规定,在这方面,GMP 与 ISO 9000 的要求是一致的。

SSOP 是依据 GMP 的要求而制定的卫生管理作业文件,相当于 ISO 9000 过程控制中有关清洗、消毒、卫生控制等方面的作业指导书。

HACCP 是建立在 GMP、SSOP 基础上的预防性的食品安全控制体系。HACCP 计划的目标是控制食品安全危害,它的特点是具有预防性,将安全方面的不合格因素消灭在过程之中。ISO 9000 质量体系是强调最大限度满足顾客要求的、全面的质量管理和质量保证体系,

它的特点是文件化,即所谓的"怎么做就怎么写、怎么写就怎么做",什么都得按文件上规定的做,做了以后要留下证据。对不合格产品,它更加强调的是纠正。

从体系文件的编写上看,ISO 9000 质量体系是从上到下的编写次序,即质量手册、程序文件、其他质量文件;而 HACCP 的文件是从下而上,先有 GMP、SSOP、危害分析,最后形成一个核心产物,即 HACCP 计划。

事实上 HACCP 所控制的内容是 ISO 9000 体系中的一部分,食品安全应该是食品加工企业 ISO 9000 质量体系所控制的质量目标之一,但是由于 ISO 9000 质量体系过于庞大,而且没有强调危害分析的过程,因此仅仅建立了 ISO 9000 质量体系的企业往往会忽略食品安全方面的预防性控制。而 HACCP 则是抓住了重点中的重点,这充分体现出了 HACCP 体系的高效率和有效性。

另外,从目前来看,HACCP 验证多数是政府强制性要求,而 ISO 9000 认证则完全是自愿行为。

2 HACCP 原理

2.1 HACCP 体系

HACCP 是 hazard analysis critical control point 的英文缩写,即危害分析与关键控制点。HACCP 体系是国际上共同认可和接受的食品安全保证体系,被用于确定食品原料和加工过程中可能存在的危害,建立控制程序并有效监督这些控制措施。危害可能是有害的微生物、寄生虫,也可能是化学的、物理的污染。实施 HACCP 的目的是对食品生产、加工进行最佳管理,确保提供给消费者更加安全的食品,以保护公众健康。食品加工企业不但可以用它来确保加工出更加安全的食品,而且还可以用它来提高消费者对食品加工企业的信心。开展 HACCP 体系的领域包括:饮用牛乳、奶油、发酵乳、乳酸菌饮料、奶酪、生面条类、豆腐、鱼肉火腿、蛋制品、沙拉类、脱水菜、调味品、蛋黄酱、盒饭、冻虾、罐头、牛肉食品、糕点类、清凉饮料、机械分割肉、盐干肉、冻蔬菜、蜂蜜、水果汁、蔬菜汁、动物饲料等。我国食品和水产界较早引进 HACCP 体系。2002 年,我国正式启动对 HACCP 体系认证机构的认可试点工作。目前,在 HACCP 体系推广应用较好的国家,大部分是强制性推行采用 HACCP 体系。

国家标准 GB/T 15091—1994《食品工业基本术语》对 HACCP 的定义为:生产(加工)安全食品的一种控制手段,对原料、关键生产工序及影响产品安全的人为因素进行分析,确定加工过程中的关键环节,建立、完善监控程序和监控标准,采取规范的纠正措施。国际标准 CAC/RCP-1《食品卫生通则 1997 年修订 3 版》对 HACCP 的定义为:鉴别、评价和控制对食品安全至关重要的危害的一种体系。

2.2 建立和实施 HACCP 体系的优势

HACCP 是一个逻辑性控制和评价系统,与其他质量体系相比,具有简便易行、合理高效的特点。

2.2.1 具有全面性

HACCP 是一种系统化方法，涉及食品安全的所有方面（从原材料要求到最终产品的使用），能够鉴别出目前能够预见到的危害。

2.2.2 以预防为重点

使用 HACCP 防止危害进入食品，变追溯性最终产品检验方法为预防性质量保证方法。

2.2.3 提高产品质量

HACCP 体系能有效控制食品质量，并使产品更具竞争性。

2.2.4 使企业产生良好的经济效益

通过预防措施减少损失，降低成本，减轻一线工人的劳动强度，提高劳动效率。

2.2.5 提高政府监督管理工作效率

食品监管职能部门和机构可将精力集中到最容易发生危害的环节上，通过检查 HACCP 监控记录和纠偏记录可了解工厂的所有情况。

2.3 HACCP 体系中的基本术语及定义

2.3.1 危害分析（Hazard Analysis）

指收集和评估有关的危害以及导致这些危害存在的资料，以确定哪些危害对食品安全有重要影响因而需要在 HACCP 计划中予以解决的过程。

2.3.2 关键控制点（Critical Control Point，CCP）

指能够实施控制措施的步骤。该步骤对于预防和消除一个食品安全危害或将其减少到可接受水平非常关键。

2.3.3 必备程序（Prerequisite Programs）

为实施 HACCP 体系提供基础的操作规范，包括良好生产规范（GMP）和卫生标准操作程序（SSOP）等。

2.3.4 良好生产规范（Good Manufacture Practice，简称 GMP）

是为保障食品安全、质量而制定的贯穿食品生产全过程一系列措施、方法和技术要求。它要求食品生产企业应具备良好的生产设备，合理的生产过程，完善的质量管理和严格的检测系统，确保终产品的质量符合标准。

2.3.5　卫生标准操作程序(Sanitation Standard Operating Procedure,简称 SSOP)

食品企业为保障食品卫生质量,在食品加工过程中应遵守的操作规范。具体可包括以下范围:水质安全;食品接触面的条件和清洁;防止交叉污染;洗手消毒和卫生间设施的维护;防止掺杂品;有毒化学物的标记、贮存和使用;雇员的健康情况;昆虫和鼠类的消灭与控制。

2.3.6　HACCP 小组(HACCP Team)

负责制定 HACCP 计划的工作小组。

2.3.7　流程图(Flow Diagram)

指对某个具体食品加工或生产过程的所有步骤进行的连续性描述。

2.3.8　危害(Hazard)

指对健康有潜在不利影响的生物、化学或物理性因素或条件。

2.3.9　显著危害(Significant Hazard)

有可能发生并且可能对消费者导致不可接受的危害;有发生的可能性和严重性。

2.3.10　HACCP 计划(HACCP Plan)

依据 HACCP 原则制定的一套文件,用于确保在食品生产、加工、销售等食物链各阶段与食品安全有重要关系的危害得到控制。

2.3.11　步骤(Step)

指从产品初加工到最终消费的食物链中(包括原料在内)的一个点、一个程序、一个操作或一个阶段。

2.3.12　控制(Control,动词)

为保证和保持 HACCP 计划中所建立的控制标准而采取的所有必要措施。

2.3.13　控制(Control,名词)

指执行了正确的操作程序并符合控制标准的状况。

2.3.14　控制点(Control Point,CP)

能控制生物、化学或物理因素的任何点、步骤或过程。

2.3.15　关键控制点判定树(CCP Decision Tree)

通过一系列问题来判断一个控制点是否 是关键控制点的组图。

2.3.16 控制措施（Control Measure）

指能够预防或消除一个食品安全危害，或将其降低到可接受水平的任何措施和行动。

2.3.17 关键限值（Critical Limits）

区分可接受和不可接受水平的标准值。

2.3.18 操作限值（Operating Limits）

比关键限值更严格的，由操作者用来减少偏离风险的标准。

2.3.19 偏差（Deviation）

指未能符合关键限值。

2.3.20 纠偏措施（Corrective Action）

当针对关键控制点（CCP）的监测显示该关键控制点失去控制时所采取的措施。

2.3.21 监测（Monitor）

为评估关键控制点（CCP）是否得到控制，而对控制指标进行有计划的连续观察或检测。

2.3.22 确认（Validation）

证实 HACCP 计划中各要素是有效的。

2.3.23 验证（Verification）

指为了确定 HACCP 计划是否正确实施所采用的除监测以外的其他方法、程序、试验和评价。

2.4 HACCP 的基本原理

HACCP 是对食品加工、运输以至销售整个过程中的各种危害进行分析和控制，从而保证食品达到安全水平。它是一个系统的、连续性的食品卫生预防和控制方法。HACCP 理论是在不断发展和完善的。1999 年，食品法典委员会（CAC）在《食品卫生通则》附录《危害分析和关键控制点（HACCP）体系应用准则》中，将 HACCP 的 7 个原理确定为：

原理 1：危害分析（hazard anaylsis-HA）

危害分析与预防控制措施是 HACCP 原理的基础，也是建立 HACCP 计划的第一步。企业应根据所掌握的食品中存在的危害以及控制方法，结合工艺特点，进行详细的分析。

原理 2：确定关键控制点（critical control point-CCP）

关键控制点（CCP）是能进行有效控制危害的加工点、步骤或程序，通过有效地控制——防止发生、消除危害，使之降低到可接受水平。

CCP 或 HACCP 是产品/加工过程的特异性决定的。如果出现工厂位置、配合、加工过程、仪器设备、配料供方、卫生控制和其他支持性计划，以及用户的改变，CCP 都可能改变。

原理 3：确定与各 CCP 相关的关键限值（CL）

关键限值是非常重要的，而且应该合理、适宜、可操作性强、符合实际和实用。如果关键限值过严，即使没有发生影响到食品安全危害，而就要求去采取纠偏措施；如果过松，又会造成不安全的产品到了用户手中。

原理 4：确立 CCP 的监控程序，应用监控结果来调整及保持生产处于受控

企业应制定监控程序，并执行，以确定产品的性质或加工过程是否符合关键限值。

原理 5：确立经监控认为关键控制点有失控时，应采取纠正措施（corrective actions）

当监控表明，偏离关键限值或不符合关键限值时采取的程序或行动。如有可能，纠正措施一般应是在 HACCP 计划中提前决定的。纠正措施一般包括两步：

第一步：纠正或消除发生偏离 CL 的原因，重新加工控制。

第二步：确定在偏离期间生产的产品，并决定如何处理。采取纠正措施包括产品的处理情况时应加以记录。

原理 6：验证程序（verification procedures）

用来确定 HACCP 体系是否按照 HACCP 计划运转，或者计划是否需要修改，以及再被确认生效使用的方法、程序、检测及审核手段。

原理 7：记录保持程序（record-keeping procedures）

企业在实行 HACCP 体系的全过程中，须有大量的技术文件和日常的监测记录，这些记录应是全面的，记录应包括：体系文件，HACCP 体系的记录，HACCP 小组的活动记录，HACCP 前提条件的执行、监控、检查和纠正记录。

【案例分析】

1　HACCP 在熟肉制品生产中的应用实例

以 HACCP 在广味香肠生产中的应用为例：

1.1　广味香肠产品描述

（1）原料、辅料及包材描述（表 7-1，表 7-2）

表 7-1　广味香肠产品成分表

原料成分		猪腿瘦肉
辅料成分	一般成分	水/冰、食盐、白糖、味精、白酒、肉桂油、大豆蛋白、红曲红
	限量成分	亚硝酸盐
包材成分		肠衣、复合膜、纸标签、纸箱

表 7-2　广味香肠原料、辅料及包材描述表

品名	生物、化学、物理特性	供应厂商	交付方式、包装贮存情况	使用前处理
猪腿瘦肉	GB 9959.2—2001	×××××	原料库交验、内塑料膜包装、外纸箱包装、原料库−18℃贮存	去除包装解冻、修割
水/冰	GB 5749—85	自行供应	自备井、设备生产	过滤杀菌
食盐	GB 2721—2003	×××××	辅料库交验、塑编袋包装、干燥贮存	去包装筛选
白糖	GB 317—1998	×××××	辅料库交验、塑编袋包装、干燥贮存	去包装筛选
味精	GB 2720—2003	×××××	辅料库交验、塑编袋包装、干燥贮存	去包装筛选
白酒	GB 2757—81 GB 2758—81	×××××	辅料库交验、干燥贮存	—
肉桂油	GB 11958—89	×××××	辅料库交验、干燥贮存	—
大豆蛋白	Q/JBR 001—2002	×××××	辅料库交验、塑编袋包装、干燥贮存	去包装筛选
红曲红	GB 15961—1995	×××××	辅料库交验、干燥贮存	去包装筛选
亚硝酸钠	GB 1907—2003	×××××	辅料库交验、塑编袋包装、干燥贮存	去包装筛选
肠衣	SB/T 10042—92 SB/T 10043—92	×××××	辅料库交验、干燥贮存	清水浸泡
复合膜	GB/T 10004—1994	×××××	包材料库交验、干燥贮存	消毒杀菌
纸标签	GB 7718—1994	×××××	包材料库交验、干燥贮存	—
纸箱	GB 6543—86	×××××	包材料库交验、干燥贮存	—

（2）终产品描述（表 7-3）

表 7-3　广味香肠终产品描述表

产品名称	广味香肠	产品类型	熏煮香肠类
产品消费对象	普通人群	运输方式	冷藏车运输
特别说明	胀袋勿食	销售方式	批发、零售
保存方式及保质期	0～4℃冷藏贮存,保质期 90 天		
包装形式	复合膜真空包装,外包装为纸箱		
食用方法	开袋即食、凉吃、油炸、热炒均可		
加工类型	无骨、经深加工后中温烘烤香肠类型产品		
重要产品特性	SB/T 10279—1997 水分 50%～70%　　　　淀粉≤10% 氯化物 ≤4%　　　　菌落总数 ≤10 000 个/g 蛋白质 ≥10%　　　　大肠菌群 ≤30 个/100 g 脂肪 ≤25%　　　　致病菌 不得检出 亚硝酸盐(以 $NaNO_2$ 计)≤30 mg/kg		

1.2 广味香肠生产工艺流程图(图 7-1)

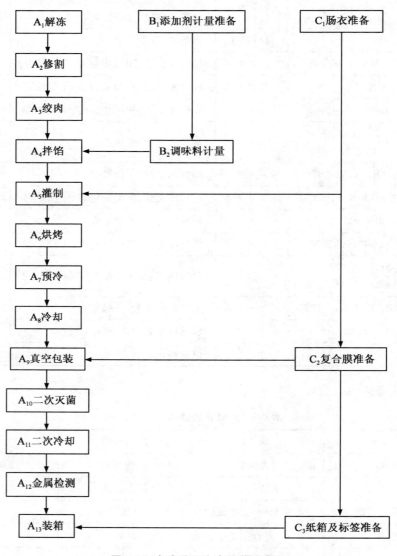

图 7-1 广味香肠生产工艺流程图

1.3 广味香肠生产工艺描述

1.3.1 工序 A₁ 解冻

把去除外包装纸箱的四号猪肉(带塑料薄膜)放入清洗干净的解冻池内用≤15℃清水解冻,解冻后原料肉中心温度达到-2~0℃,然后将解冻后的原料肉从解冻池中捞出去除塑料薄膜后放入清洗干净的桶车内。

1.3.2　工序 A₂ 修割

把解冻好的原料肉放在清洗干净的工作台上,用修割刀将原料肉中的脂肪、碎骨、瘀血、筋膜、污垢等杂质剔除(修割后的原料肉含肥量≤2%),将修割好的原料肉放入清洗干净的桶车内。

1.3.3　工序 A₃ 绞肉

将两把绞刀和网孔直径分别为 50 mm(内部)、38 mm(中部)、10 mm(外部)的三块网板安装到清洗干净的绞肉机上,将修割好的原料肉放入绞肉机中绞成颗粒状的肉馅,然后将肉馅放入清洗干净的食品箱内。

1.3.4　工序 A₄ 拌馅

①将绞好的肉馅按配方计量称重后倒入清洗干净的搅拌机中,将按配方计量称重的 0～4℃的冰水倒入清洗干净的食品箱中,将按配方计量称重的亚硝、维生素 C 加入冰水中搅拌均匀后倒入搅拌机,然后开机进行搅拌;

②再按配方将计量称重的盐、白糖、味精、酒及 0～4℃的冰水加入搅拌机内慢速搅拌 5 min,搅拌后的肉馅温度≤10℃;将搅拌好的肉馅盛入清洗干净的桶车内。

1.3.5　工序 A₅ 灌制

①把拌好的肉馅倒入清洗干净的灌肠机内,用清洗干净的四路羊肠衣进行灌制,每 170～180 mm 打一节(打节松紧适度),打节前排净肠内空气;

②将灌好的产品每 10～12 对穿一杆(摆放均匀),每隔一孔摆一杆摆放到挂肠车上,剪去多余的肠衣头,将肠体冲洗干净。

③灌制后的产品吊挂后一般情况下要立即进炉,特殊情况下在室内的滞留时间:冬季≤12 h,夏季≤7 h。

1.3.6　工序 A₆ 烘烤

①将挂肠车推入清理干净的电烟熏炉内,关闭炉门设定烘烤温度 50℃、烘烤时间 160 min;

②第一次烘烤后再设定烘烤温度 60℃、烘烤时间 80 min;

③第二次烘烤后再设定烘烤温度 85℃,当炉内温度升至 85℃时设定烘烤时间 60 min;

④烘烤完成后启动炉内排风降温,当炉内温度降到 60℃时,打开炉门将产品推出。

1.3.7　工序 A₇ 预冷

将烘烤后的产品推进预冷间,预冷间温度≤10℃,当产品中心温度降到≤20℃时将产品推进冷却间。

1.3.8　工序 A_8 冷却

冷却间温度≤8℃,在冷却间将产品的中心温度降到≤10℃。

1.3.9　工序 A_9 真空包装

将冷却后中心温度≤10℃经检验合格的产品推入真空包装间,包装前操作人员要将手及所有接触产品的工器具进行消毒,然后按照产品包装规格选择包装机、包装材料和模具,将待包装的产品去除肠头、计量称重后按包装机操作规程对产品进行包装,包装后的产品要求真空良好、封口平整牢固、计量准确,将包装合格的产品摆放在消毒专用箅子上,均匀摆放一层。

1.3.10　工序 A_{10} 二次灭菌

将摆放好产品的消毒专用箅子从消毒间入口送入消毒间,将摆放好产品的消毒箅子在消毒推车上码放六层,然后将消毒车推入高压灭菌罐内关闭罐盖,按灭菌罐操作规程进行灭菌,罐内温度控制在 100℃,压力 1 MPa,灭菌 6 min。

1.3.11　工序 A_{11} 二次冷却

(1)灭菌后将灭菌罐中热水抽入贮存罐中,然后向灭菌灌内加入凉水,在 20 min 内将灭菌罐内产品降温到 45℃左右;

(2)然后排去灭菌罐内热水,再次向灭菌罐内加水凉水,30 min 内将罐内产品降温到 20℃左右;

(3)再次将灭菌罐内热水排去,打开灭菌罐盖推出产品,推入冷却间,将产品摆放到挂车箅子上,单层均匀摆放,冷却间温度≤8℃,在冷却间将产品中心温度降至≤10℃。

1.3.12　工序 A_{12} 金属检测

将二次冷却后的产品装入清洗干净的桶车内推入装箱间,按照金属检测仪的操作规程将产品放入金属检测仪进行检测,将存有问题不合格产品检出,将合格产品放入清洗干净的桶车内。

1.3.13　工序 A_{13} 装箱

将金属检测合格的产品进行产品质量检验,经检验合格的产品贴产品标签,将产品标签贴在产品包装上较平整一面的取中位置,贴标签后打上生产日期,按纸箱规格将产品装入纸箱内封口后打上生产日期,将包装好的产品入成品库冷藏,成品库温度 0～4℃。

1.3.14　工序 B_1 添加剂准备

将按配方计量称重后的 0～4℃的冰水放入清洗干净的食品箱内,再将按配方计量称重的亚硝、维生素 C 放入冰水中搅拌溶解均匀。

1.3.15 工序 B₂:调味料计量

按配方将盐、白糖、味精、酒计量称重。

1.3.16 工序 C₁ 肠衣准备

将肠衣用手抓住一头在清水中冲洗,将盐分清洗干净后放入清洗干净的食品箱中。

1.3.17 工序 C₂ 复合膜准备

按产品包装的品种、规格和数量进行准备。

1.3.18 工序 C₃ 纸箱及标签准备

按产品的品种、规格和数量进行准备。

1.4 广味香肠生产工艺危害分析(表7-4)

表7-4 危害分析工作单

公司名称:××××××   产品名称:广味香肠

公司地址:××××××   产品类别:熏煮香肠类

预期用途与消费者:开袋即食、胀袋禁食;适用于一般消费者   文件编号:×××××

工序编号加工步骤	是否有本步被引入或增加的潜在危害(有/无)	危害是否显著	对第三栏的判断依据	预防措施	是否被判定为CCP
A₁原料验收	生物性:有	是	1.动源性传染病; 2.肉源本身可能携带细菌、致病菌(大肠杆菌、沙门氏菌、李斯特氏菌、弯曲杆菌等),人食用后可对人体造成食物中毒; 3.运输车辆可能污染原料	1.原料验收时凭供应商提供的动物产品检疫合格证明、非疫区证明(北京市外)、动物及动物产品运载工具消毒证明方可接收; 2.热加工(烟熏蒸煮)可杀灭致病菌等	是
	化学性:有	否	肉中如兽药、瘦肉精残留超标,人食用可导致食物中毒,历史上从未发生过	向供方索要检验报告	否
	物理性:有	否	原料肉中可能存在石子、金属杂质,人食用后可导致不可接受的健康危害	1.对供应商进行评估; 2.生产过程巡检; 3.成品逐个感官检验	否

续表 7-4

工序编号 加工步骤	是否有本步被引入或增加的潜在危害(有/无)	危害是否显著	对第三栏的判断依据	预防措施	是否被判定为CCP
B₁ 辅料验收	生物性:有	否	粉状辅料(淀粉、猪肉香精、增香粉、胡椒粉、大豆蛋白)中可能存在有细菌,人食用后可能会导致人体食物中毒	1.对供应商进行评估; 2.后续加热过程中可杀死细菌	否
	化学性:有	否	辅料当中可能存在限量化学物质超标,由SSOP控制,历史上从未出现此危害	向供应商索取检验报告	否
	物理性:有	否	辅料淀粉中有金属、线头杂物或玻璃	淀粉中的杂质可在筛粉过程中去除	否
C₁ 包材验收	生物性:有	否	运输贮存时外包装破损可能造成内包装材料被致病菌污染	由SSOP控制	否
	化学性:无	否	不会引入危害		否
	物理性:无	否	不会引入危害		否
A₂ 原料冷藏	生物性:有	否	库温过高或冷藏贮存时间过长,可使细菌、致病菌繁殖	−18℃冷冻贮存不会导致细菌繁殖	否
	化学性:无	否	不会引入危害		否
	物理性:无	否	不会引入危害		否
B₂/C₂ 辅料/包材贮存	生物性:有	否	如保管不善,会使细菌、致病菌繁殖	热加工过程可杀灭细菌、致病菌	否
	化学性:无	否	不会引入危害		否
	物理性:无	否	不会引入危害		否
A₃ 解冻	生物性:有	否	如室温过高或解冻时间过长,可使细菌、致病菌繁殖	热加工过程可杀灭细菌、致病菌	否
	化学性:无	否	不会引入危害		否
	物理性:无	否	不会引入危害		否
B₃ 白糖筛选	生物性:无	否	不会引入危害		否
	化学性:无	否	不会引入危害		否
	物理性:有	否	白糖中可能存在杂质	执行白糖筛选规程	否

续表 7-4

工序编号 加工步骤	是否有本步被引 入或增加的潜在 危害（有/无）	危害 是否 显著	对第三栏的判断依据	预防措施	是否被 判定为 CCP
B₄ 辅料计 量称重	生物性：有	否	敞开操作可能会引入细菌、致病菌	热加工过程可杀灭细菌、致病菌	否
	化学性：有	是	有害化学物质（限量添加剂）的过量添加，人食用后会导致人体食物中毒	1.配料人员的培训； 2.计量器具的检定； 3.限量添加剂计量验证	是
	物理性：有	否	敞开操作可能会引入杂质	由 SSOP 控制	否
B₅ 料水配制	生物性：有	否	敞开操作可能会引入细菌、致病菌	热加工过程可杀灭细菌、致病菌	否
	化学性：无	否	加工过程中使用的工器具、设备等食品接触表面清洗消毒或保养后各种剂液的残留，食用可对人体健康造成不可接受的危害		否
	物理性：有	否	搅拌不均匀会导致结团	按工艺作业指导书进行操作,充分搅拌	否
C₃ 肠衣清 洗准备	生物性：无	否	不会引入危害		否
	化学性：无	否	不会引入危害		否
	物理性：无	否	不会引入危害		否
C₄ 复合膜消 毒准备	生物性：有	否	如消毒不彻底会引入危害	由 SSOP 来控制	否
	化学性：无	否	不会引入危害		否
	物理性：无	否	不会引入危害		否
C₅ 纸箱及标 签准备	生物性：无	否	不会引入危害		否
	化学性：无	否	不会引入危害		否
	物理性：无	否	不会引入危害		否
A₄ 修割	生物性：有	否	加工过程室温过高或积压时间过长可导致细菌、致病菌大量繁殖，食用可对人体造成不可接受的危害	热加工过程可杀灭细菌、致病菌	否
	化学性：有	否	加工过程中使用的工器具、设备等食品接触表面清洗消毒或保养后各种剂液的残留，食用可能对人体健康造成不可接受的危害	可通过 SSOP 来控制	否
	物理性：有	否	原料中可能存在碎骨，食用可能对人体健康造成不可接受的危害	可通过 SSOP 来控制	否

续表 7-4

工序编号加工步骤	是否有本步被引入或增加的潜在危害(有/无)	危害是否显著	对第三栏的判断依据	预防措施	是否被判定为CCP
A₅/A₆/A₇绞肉/拌馅/灌制	生物性:有	否	加工过程室温过高或积压时间过长可导致细菌、致病菌大量繁殖	热加工过程可杀灭细菌、致病菌	否
	化学性:有	否	加工过程中使用的工器具、设备等食品接触表面清洗消毒或保养后各种剂液的残留,食用可对人体健康造成不可接受的危害	由 SSOP 来控制	否
	物理性:有	是	操作过程中设备或工器具部件等金属杂质误入产品中,人食用后可对人体可造成危害	1.过程巡检;2.成品出厂前感官检验	否
A₈ 烘烤	生物性:有	是	如果加热温度、时间控制不当,可导致细菌、致病菌杀灭不彻底	通过高温加热及高温持续足够的时间来杀死细菌、致病菌	是
	化学性:无	否	不会引入危害		否
	物理性:无	否	不会引入危害		否
A₉/A₁₀预冷/冷却	生物性:有	否	环境卫生、温度控制不当可使产品受到细菌、致病菌污染并繁殖	通过 SSOP 对清洁区进行控制。通过制冷使车间温度符合《车间温度要求》	否
	化学性:无	否	不会引入危害		否
	物理性:无	否	不会引入危害		否
A₁₁真空包装	生物性:有	是	包装过程中如果环境、卫生、温度控制不当可使产品受到细菌、致病菌污染并繁殖	1.通过制冷使车间温度符合《车间温度标准》;2.通过《真空包装间无菌操作消毒规程》进行控制	是
	化学性:有	否	加工过程中使用的工器具、设备等食品接触表面清洗、消毒后各种剂液残留,食用可能对人体健康造成不可接受的危害	由 SSOP 控制	否
	物理性:有	否	设备或工器具部件等金属杂质误入产品中,人食用后可对人体造成危害	在产品出厂时每个产品均进行感官检测,避免此危害的发生	否
A₁₂/A₁₃/A₁₄装箱/冷藏/发货	生物性:有	否	温度控制不当或积压时间过长可能使细菌、致病菌繁殖	严格按照《车间温度标准》及《产品防护管理规定》进行控制	否
	化学性:无	否	不会引入危害		否
	物理性:无	否	不会引入危害		否

1.5 广味香肠 HACCP 计划表(表 7-5)

公司名称：××××××

公司地址：××××××

预期用途与消费者：开袋即食，胀袋禁食；适用于一般消费者

表 7-5 HACCP 计划表

产品名称：广味香肠
产品类别：熏煮香肠类
文件编号：×××××

编号	步骤编号加工步骤	显著危害	CL	监控					纠偏措施	验证	记录
				对象	方法	频率	人员			
CCP1	A_1 原料肉验收	B：动物源性传染病	原料肉来自于非疫区	动物产品检疫合格证明、非疫区证明（北京市外）、动物及动物产品运载工具消毒证明，简称"三证"	对接收的原料肉检查其动物产品检疫合格证明、非疫区证明（北京市外）、动物及动物产品运载工具消毒证明，简称"三证"	1．对直接从厂家采购的原料肉对于"三证"每批次检查一次；2．对从经销商处采购的每季度索取一次防疫证明	质检部检验员	对无有效证明或证明不完全的原料肉拒绝进货接收	1．质检部每周审核《原料肉验收索证登记表》记录；2．在每年的内审中对原料肉验收情况进行审查	《原料肉验收索证登记记录》
CCP2	B_1 辅料计量称重	C：有害化学物质的过量添加，人食用后会导致人体食物中毒	1．按配方的添加量进行准确添加；2．计量器具测量准确	1．限量添加剂；2．计量器具	1．配料人员称量重量；2．每次使用前调零	1．每批；2．每次使用前	1．配料员；2．称重人员	1．重新测量；2．如发现计量器具不准确时对以前测量的产品重新测量并对该计量器具更换、维修	1．领料员在配料计量过程中进行监督验证；2．每年检定计量器具	1．《添加剂领用单》；2．《计量器具零记录表》；3．计量器具检定报告

续表 7-5

步骤编号加工步骤	显著危害	CL	监控				纠偏措施	验证	记录
			对象	方法	频率	人员			
A8 烘烤 CCP3	B:如加热温度、时间控制不当可导致细菌、致病菌杀灭不彻底	1.烘烤温度达到 (50±1)℃,烘烤时间150 min; 2.烘烤温度达到 (60±1)℃,烘烤时间80 min; 3.当炉内温度升至 (85±1)℃时设定烘烤时间60 min	烟熏炉炉温及加热时间	通过数控电脑控测量炉内温度	第一阶段每测一次; 第二阶段每40 min测一次; 第三阶段每10 min测一次	烟熏炉操作工	1.当操作过程中发生停电或气压不足导致温度不达标时,操作工将产品隔离储存并做好标识,由生产中心技术发展研发中心负责人和技术人员对该产品进行评审后做处理决定(如重新加工,感官评审合格后放行等); 2.当烟熏炉出现故障时,由操作工将此炉中继续操作转入其他炉产品操作,并及时报工程部维修、修复合格后方可使用	1.本工序组长每日对热加工运行记录表进行审核; 2.质检部计量员每周对数控电脑控温度计校验一次; 3.每周对刚出炉产品进行细菌总数及大肠菌群检验	1.《热加工运行监控记录表》; 2.《计量器具校验记录表》; 3.《不合格品评审处置报告单》

206

2 HACCP 在乳品生产中的应用实例

以 HACCP 在超高温灭菌牛乳生产中的应用为例。

2.1 原辅料及产品描述

2.1.1 终产品描述(表 7-6)

表 7-6 超高温灭菌牛乳产品描述表

产品名称	超高温灭菌牛乳		
食用方法	可直接饮用		
包装形式	无菌包装(利乐砖)		
产品特性	感官、色泽:均一的乳白色或微黄色 滋味、气味:具有牛乳固有的滋味和气味,无异味 组织状态:均匀的液体,无凝块、黏稠 理化指标:蛋白质≥2.9%;非脂乳固体≥8.1% 　　　　脂肪≥3.1% 卫生指标:硝酸盐≤11 mg/kg;亚硝酸盐≤0.2 mg/kg 　　　　黄曲霉毒素 M_1≤0.5 µg/kg;防腐剂不得检出		
保存期限	7 个月	保存条件	常温下保存
加工方法	超高温灭菌、无菌灌装	销售对象	普通消费者
产品标准	GB 5408.2—1999		
成品规格	净容量:250 mL(利乐砖)		

2.1.2 原辅料描述

表 7-7 超高温灭菌牛乳原辅料描述表

	名称	执行标准	制定依据
原料	鲜牛乳	JB/2-01-001(2.0)	GB 6914-86
	感官指标	呈乳白色或稍带微黄色,具有新鲜牛乳应有的香味,无异味,呈均匀乳液,无沉淀,无凝块,无肉眼可见机械杂质。	
	理化指标	夏季	冬季
	脂肪/%	≥3.30	≥3.50
	全脂乳固体/%	≥11.60	≥11.80
	酸度/°T	≤16.0	≤16.0
	蛋白质/%	≥2.80	≥2.80
	酒精实验	75°(V/V)酒精实验呈阴性	75°(V/V)酒精实验呈阴性
	掺假实验	无任何掺假	无任何掺假
	抗生素要求 /(μg/L)	链霉素类≤200	链霉素类≤200
		青霉素类≤10	青霉素类≤10
		磺胺类≤100	磺胺类≤100
	煮沸实验	煮沸后,无肉眼可见小颗粒	煮沸后,无肉眼可见小颗粒
	收奶温度/℃	≤8	≤6
	冰点/℃	−0.550 0~ −0.515 0	−0.550 0~ −0.515 0
小料	名称	是否限量	依据
	钙	非限量	—
	维生素 D₃	限量使用	GB 2760—1996

2.2 超高温灭菌牛乳工艺流程图(图 7-2)

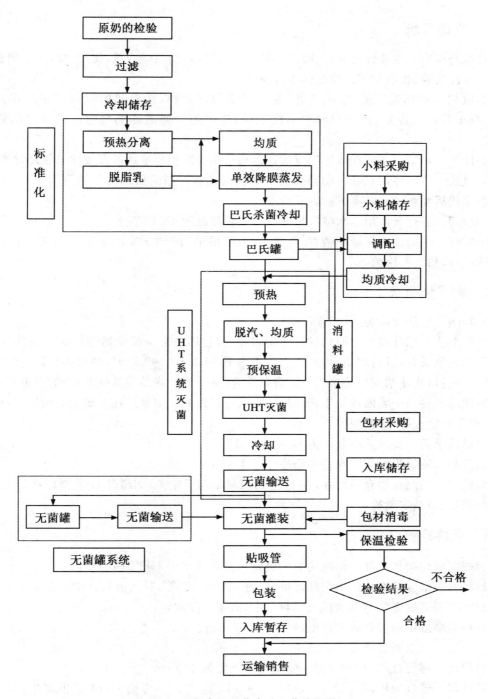

图 7-2　超高温灭菌牛乳工艺流程图

2.3 超高温灭菌牛乳生产工艺描述

2.3.1 收奶系统

(1)原奶检验 主要针对感官、酸度、脂肪、全乳固体、掺假(水、碱、淀粉、盐、亚硝酸盐)、酒精实验、煮沸实验、蛋白质等几项指标进行检测。

(2)收奶 收奶温度见《生鲜牛乳》企业标准规定,检查次批奶的时间记录。收完后要采综合样要检测。注意:新奶与旧奶不能混储;生产纯牛奶的原奶与生产乳酸奶的原奶不能混储。

(3)计量 计量设备用在线体积流量计。利用在线体积流量计可直接读出收奶时的流量。

(4)过滤 原奶经过双联过滤器除去一些较大杂质。当前后压力差达到 1 bar 时应切换清洗;收完奶后要将过滤器拿下检查并清洗。

(5)冷却 经过板换用冰水将收来的新鲜牛乳降温到 4℃ 以下。

(6)贮存 牛奶在原奶罐中暂存,在 24 h 内应尽早用于生产,如超过 24 h 则应进行感官指标、酸度、酒精实验检测。

2.3.2 标准化系统

(1)预热 预热温度为 50~55℃ 。

(2)标准化 用分离机对原奶进行乳脂肪分离,然后将部分脱脂奶与分离出的部分(或全部)稀奶油重新混合,进行均质,均质压力为 200 bar(1 bar＝100 kPa),然后再与另一部分脱脂奶混合。(注:最终使浓缩后的牛奶脂肪含量符合《纯牛奶半成品质量标准》中的规定)。

(3)浓缩 如果全乳固体低于标准则要对其进行浓缩。浓缩后纯牛奶全乳固体应符合《纯牛奶半成品质量标准》中的规定。

(4)巴氏杀菌 要求杀菌条件为 80~90℃ ,15 s。

(5)冷却 通过板换用冰水将牛奶冷却至 1~8℃ 。

(6)贮存 牛奶在奶仓中暂存,在 12 h 内应尽早用于生产,如超过 12 h 则每隔 2 h 进行感官指标、酸度、酒精实验检测。

2.3.3 配料系统

(1)按配料比例将一部分标准化的牛奶直接打入纯牛奶 UHT 前贮罐内。

(2)将另一部分标准化的牛奶经过板换加热至 65~75℃ ,打入混料缸中。

(3)将小料通过螺旋输送器送入混料缸中,高速搅拌均匀。

(4)将混料缸中的混合料液打出经保温管 15 min。

(5)过滤 经双联过滤器过滤杂质。

(6)均质 将混合料液进行均质,要求均质压力为 200 bar。

(7)冷却 通过冷板,将混合料液冷却至 4℃ 以下,打入纯牛奶 UHT 前贮罐中,与已打入的标准化牛奶混合均匀。

(8)取样检验 进料结束,搅拌 5 min,取样按照纯牛奶半成品质量标准进行检验。

(9)贮存　贮存温度≤6℃,不大于 12 h。贮存期间应将搅拌一直在低速下开启,保证物料均匀。

2.3.4　UHT 工艺段

(1)预热　此时已进入超高温杀菌工艺段,预热温度为 65～75℃。

(2)真空脱气　在脱气罐中进行,脱去空气、饲料杂味、豆腥味等。

(3)均质　均质温度为 70～75℃,均质压力为 250 bar(先调二级压力手柄,调至 50 bar,再调一级压力手柄,调至 250 bar)。均质压力自动调整。

(4)预保温　要求 90～95℃保持 60 s,以增加蛋白的稳定性和杀灭酶。

(5)UHT 杀菌　要求 137～142℃,4 s,具体参数要求如下:

①脱气前的温度:70～85℃。

②脱气罐压力:−0.6～−0.3 bar。

③UHT 杀菌温度:137～142℃,保持 4 s。

④到无菌罐的温度 TC26:≤28℃(当生产时)、137～142℃(当升温杀菌时)。

(6)冷却　用循环冷却水将牛奶冷却至 20～25℃。

2.3.5　无菌罐贮存

将 UHT 灭菌的牛奶打入无菌罐作为缓存,缓存温度≤28℃。具体参数见车间提供的无菌罐作业指导书。

2.3.6　灌装

具体参数如下:

(1)预先消毒温度生产前:270℃。

(2)空气过热器温度:360℃。

(3)气刀温度:(125±5)℃。

(4)过氧化氢温度:70～78℃。

(5)蒸汽温度:(130±10)℃。

(6)无菌空气气压:25.0～35.0 kPa。

(7)双氧水(H_2O_2)浓度:30%～50%

2.3.7　包装成品工段

贴管、装箱、喷码。

2.3.8　保温实验

为了检验产品质量,生产中按规定取样,并将所取样品放于保温室(30～35℃)存放 7 d,做 pH 和感官检验。

2.3.9　出厂

保温实验检测合格后,产品方可投放市场。

2.4 超高温灭菌牛乳危害分析工作单(表7-8)

表7-8 超高温灭菌乳危害分析工作单

加工步骤	确定本步骤引入、控制或增加的潜在危害	潜在的危害是否显著(是/否)	潜在危害的判断依据	预防措施	CCP是/否
原奶验收	生物性: 细菌总数过高	是	细菌总数过高会使原奶变质	原奶检验时间、温度	是
	细菌增长	是	细菌总数不高但对于成品7个月的储存期是不可接受的	后续有UHT灭菌	否
	金黄色葡萄球菌、李斯特氏菌、沙门氏菌等致病菌	是	原奶收集过程中可能会有致病菌污染,在后续的加工时间段内可能产生毒素	后续工序有巴氏杀菌工序	否
	化学性: 抗生(青霉素)残留	是	奶牛在饲养过程可能患病需要青霉素治疗	选择合格的供应商	是
	亚硝酸盐、硝酸盐残留等	是	奶牛在饲养过程中由于饲料及水的污染致使污染物在原料奶中残留	每批检验	是
	重金属、农药残留	是	合格供应商提供	每批检验	是
	物理性: 杂草、牛毛、乳块等污染	是	原奶中可能会有	后续有分离步骤	否
过滤	生物性:无				
	化学性:无				
	物理性:杂质	是	原奶中可能会有	后续有分离步骤	否
原奶冷却储存	生物性: 细菌、致病菌污染	是	暂存罐、管道污染	CIP清洗	是
	细菌增殖、产毒	是	微生物可能大量繁殖导致原奶变质	贮藏温度≤4℃ 贮存时间≤24 h	是
	化学性:无				
	物理性:无				
分离	生物性:无				
	化学性:无				
	物理性:异物杂质	否	工艺质量要求的分离远高于控制此危害的要求		
标准化	生物性:无				
	化学性:无				
	物理性:无				

续表 7-8

加工步骤	确定本步骤引入、控制或增加的潜在危害	潜在的危害是否显著(是/否)	潜在危害的判断依据	预防措施	CCP 是/否
巴氏杀菌	生物性:细菌污染	是	杀菌温度,时间不符合工艺标准造成细菌残留 不适当的清洗造成设备管道中细菌残留	严格执行标准、CIP 清洗 后续有 UHT 灭菌	否
	化学性:清洗剂	是	不适当清洗造成清洗剂残留	CIP 清洗、设备定期维护	否
	物理性:无				
巴氏暂存	生物性: 细菌繁殖	是	残留细菌繁殖	贮藏温度≤8℃ 贮存时间≤12 h CIP 清洗	是
	细菌,致病菌污染	是	暂存罐、管道污染		是
	化学性:无				
	物理性:无				
配料	生物性: 微生物污染	否	CIP 清洗		
	微生物殖	否	配料时间短		
	化学性:维生素 D₃ 添加超标	是	添加过程中可能超量添加	按标准控制添加量	否
	物理性:异物杂质	是	可能混有异物	配料时有过滤	否
配料储存	生物性: 微生物污染	否	CIP 清洗	贮藏温度≤6℃ 贮存时间≤12 h	否
	微生物繁殖	是	储存期间微生物可能会大量繁殖		
	化学性:无				
	物理性:无				
预保温	生物性:无				
	化学性:无				
	物理性:无				
UHT 灭菌	生物性:芽孢残留	是	灭菌不彻底造成牛奶中有残留的芽孢存活、繁殖	控制 UHT 灭菌温度和时间	是
	化学性:无				
	物理性:无				

续表 7-8

加工步骤	确定本步骤引入、控制或增加的潜在危害	潜在的危害是否显著（是/否）	潜在危害的判断依据	预防措施	CCP是/否
冷却输送	生物性：微生物污染	是	系统泄露	保持一定系统压力差	否
	化学性：无				
	物理性：无				
无菌罐的储存输送	生物性：微生物污染	是	无菌罐系统灭菌不彻底，致使成品在保质期内变质	控制蒸汽温度和时间	是
	物理性：无				
	化学性：无				
内包材及封条	生物性：细菌总数超标	否	选择合格供应商，每批检验	后续工序包材灭菌	是
	微生物	是	包材可能有微生物，致使成品在保质期内变质		
	化学性：使用有毒材料	是	选择合格的供应商，供应商提供检验报告		是
	物理性：机械损伤	否	选择合格的供应商		
H_2O_2	生物性：微生物污染	否	本身不利于微生物生长、繁殖		
	化学性：含有害化学物质	否	选择合格的供应商，供应商提供检验报告		
	物理性：无				
包材灭菌	生物性：微生物污染	是	不合适的灭菌方式造成的细菌残留	双氧水浓度、温度的控制	是
	化学性：双氧水	是	不适当的包材消毒程序造成包材内表面消毒剂残留	监控双氧水用量	是
	物理性：无				
无菌灌装	生物性：微生物污染	是	不适当的包装机清洗、灭菌造成的细菌残留及污染封合不严密、包装渗漏造成细菌二次污染	1.正确的CIP清洗 2.填料管的清洗和浸泡消毒 3.设置正常参数 4.人工检查密封性	是
	化学性：无				
	物理性：无				

续表 7-8

加工步骤	确定本步骤引入、控制或增加的潜在危害	潜在的危害是否显著(是/否)	潜在危害的判断依据	预防措施	CCP是/否
消料	生物性：微生物污染	否	空气可能轻微污染	后续有 UHT 杀菌	否
	微生物繁殖产毒	是	回收不及时致使消料变质	控制回收时间	
	化学性:无				
	物理性:纸屑等杂质	是	可能混入	后续配料过滤	否
消料罐	生物性：微生物污染	否	CIP 清洗		否
	微生物繁殖产毒	是	处理不及时致使消料变质	控制时间温度	
	化学性:无	否			
	物理性:无	否			
入库暂存	生物性：微生物繁殖	是	系统灭菌不彻底	留存 7 d,保温实验	否
	细菌污染	是	封合不良		否
	化学性:无	否			
	物理性:无	否			

2.5　超高温灭菌牛乳 HACCP 计划表（表 7-9）

表 7-9　超高温灭菌乳 HACCP 计划表

关键控制点(CCP)	显著危害	关键限值	监控					纠偏措施	记录	验证
			对象	内容	方法	频率	人员			
原料验收	生物性：细菌总数过高 化学性：抗生(青霉素)残留 重金属、农药残留、亚硝酸盐、硝酸盐残留等	微生物指标符合标准 抗生素反应阴性 重金属、农药、亚硝酸盐、硝酸盐残留、碱等符合国家标准;酒精试验、掺伪试验达到标准	牛乳	微生物、抗生素、重金属、农药残留、硝酸盐、亚硝酸盐残留、碱、酸度、掺伪、口味等	微生物检验 化学检验 感官检验索证	每批	检验员	根据偏离情况处理:1.报废 2.另作他用	供应商提供的相关证明原料奶接收检验记录 纠偏记录	质量管理部门定期审查供应商提供的相关证明,定期审核原料奶接收检验记录,对纠偏处理结果检查

续表 7-9

关键控制点（CCP）	显著危害	关键限值	监控					纠偏措施	记录	验证
			对象	内容	方法	频率	人员			
储奶罐、管道及前处理系统 CIP 清洗	生物性：细菌繁殖 细菌,致病菌污染	清水清洗 碱液清洗（2%～2.5%，90℃以上，10 min） 清水清洗 碱液清洗（1.5%～2%，90℃以上，10 min） 清水清洗 水流量	接触乳的生产设备及管道	清洗时间、酸碱溶液浓度、温度、流量、压力	电导率测定记录,时间记录,温度记录,pH	每次	操作工	重新清洗	清洗记录 仪器校正记录	检测清洗碱液微生物指标 检测清洗液pH 抽样检测产品微生物指标
超高温灭菌及罐装系统 CIP 清洗	生物性：细菌繁殖 细菌,致病菌污染	清水清洗 碱液清洗（2%～2.5%，90℃以上，10 min） 清水清洗 碱液清洗（1.5%～2%，90℃以上，10 min） 清水清洗 水流量	接触乳的生产设备及管道	清洗时间、酸碱液浓度、温度、流量、压力	电导率测定记录,时间记录,温度记录,pH	每次	操作工	重新清洗	清洗记录 仪器校正记录	检测清洗碱液微生物指标 检测清洗液pH 抽样检测产品微生物指标
UHT 灭菌	生物性:芽孢残留	灭菌温度:（140±2)℃; 灭菌时间:4 s	牛乳	时间、温度	观察温度、流量记录	连续	操作工	根据偏离情况处理: 1.重新加工 2.报废 3.另作他用	灭菌记录 纠偏记录	抽样检测产品微生物指标 质量部定期审查灭菌记录

【能力拓展】

HACCP 的建立、实施方案

HACCP 体系在不同国家或不同部门采取的模式也不相同,一般包括以下几个步骤。

1.1 前提计划

HACCP 不是一个独立的程序,而是一个更大的控制体系的一部分。HACCP 必须建立在牢固的遵守现行的良好操作规范（GMP）和卫生标准操作程序（SSOP）基础之上,除了必备程序之外,支持 HACCP 体系还包括以下有价值的程序。

1.1.1　基础设施设备保障维护计划

建议按照以下方面(但不限于)的要求建立并实施基础设施设备的保障维护计划,保持设施设备运行良好,防止其对产品污染。

(1)设施设备器具的设计要避免对食品造成污染。

(2)设备和器具的安装要防止污染食品。

(3)保持设施设备的维护、保养良好,校验准确。

1.1.2　原辅料采购安全保障计划

建议按照以下方面(但不限于)的要求建立并实施原辅料采购安全保障计划。

(1)确定要采购的原辅料的规格标准(结合危害分析)以保证原辅料符合规定的安全要求。

(2)根据有关法规、标准或食品企业的要求制定并执行原辅料采购的卫生接收准则。

(3)采购前应验证供方的食品安全控制体系。

(4)必要时,在采购过程中对原辅料的食品安全特性实施有针对性的检验。

(5)采购过程中,如发现原辅料中存在风险物质(包括重大疫情),应及时报告主管部门。

(6)确保所有原辅料都贮藏在卫生和适宜的环境条件下,并防止交叉污染。

1.1.3　产品包装、贮藏、运输和销售防护计划

建议按照以下方面(但不限于)的要求建立并实施产品包装、贮藏、运输和销售防护计划。

(1)确保产品包装符合相应的规格要求以保持产品的完整性。

(2)确保产品在贮藏、运输和销售等过程中免受人为或意外的污染,保护产品免受损伤和导致变质,保护好产品标识的完整性。

(3)制定有效的监控措施防止产品在运输过程中被换货。

(4)确保产品贮藏在安全且适宜的环境中。

1.1.4　产品标识和可追溯性保障计划

建议按照以下方面(但不限于)的要求建立并实施产品标识和可追溯性保障计划:

(1)进行产品的批次和代码管理,确保从原料到成品的唯一性标识清晰,具有可追溯性;

(2)保持产品销售记录,了解产品的去向;

(3)在使用说明和食品标签上注明产品预期和非预期(必要时)的用途、使用方式和消费群体。

1.1.5　产品召回计划

当已放行产品在一定范围内存在危害时,建议按以下方面(但不限于)的要求建立并实施相应的产品召回计划,以防止危害发生或防止危害再次发生。

(1)确保充分获取已放行产品中有关危害的信息(包括顾客的投诉信息、官方检验信息、行业协会的统计信息等)。

(2)确保对上述信息的有效分析。

(3)确保企业产品在任何时候从市场召回时都能尽可能快速有效和完全进入调查程序。

(4)确保对召回产品和企业相关库存产品的适当处置。

(5)确保对问题的生产工艺进行有效的纠正。

1.1.6 应急预案

建议建立应急预案,预防潜在的食品安全事故或紧急情况,必要时做出响应,以减少可能产生危害的影响。

(1)当突发事件发生时,确保能充分调度相关资源(包括人财物)。

(2)必要时,特别在事故或紧急情况发生后,企业需对应急预案予以评审和改进。

1.1.7 产品加工操作线上潜在危害的预防监控计划

产品加工操作线上某些工序很容易引入危害,但这些工序在 HACCP 计划中又不足以构成关键控制点,建议食品企业按以下方面(但不限于)的要求建立并实施产品加工操作线上潜在危害的预防监控计划。

(1)确保产品加工操作线上与加工工序有关的每种可能引入的特定潜在危害及其所有原因都得到识别。

(2)确保通过产品加工标准操作程序对上述有关危害得到有效预防。

(3)确保对产品加工标准操作程序得到有效的监视。

1.1.8 人员培训计划

基于适当的教育、培训、技能和经验,从事影响食品安全工作的人员应当是能够胜任的。建议按以下方面(但不限于)的要求建立并实施人员培训计划。

(1)确保从事影响食品安全工作的各级管理者和员工具有必要的能力。

(2)确保对上述管理者和员工提供持续的 HACCP 体系、相关专业技术知识及操作技能和法律法规等方面的培训,或采取其他措施,必要时,聘请外部专家,以满足对人员能力和专业技术知识的需求。

(3)确保培训的有效性。

(4)确保各级管理者和员工具有食品安全意识,并认识到所从事活动对保证食品安全的相关性和重要性,以及如何为实现食品安全目标做出贡献。

1.2 组成 HACCP 小组

建议按照以下要求组成 HACCP 小组:

(1)小组成员的组成要求:HACCP 小组应由相关学科或专业的人员(如工程、生产加工、卫生、质量保证和食品微生物学)和熟悉现场人员组成。

HACCP 小组成员应当经最高管理者批准,具有与食品企业的产品、过程、所涉及危害相关的专业技术知识、技能和经验,并经过适当培训,小组成员的学科或专业的分布应尽可能覆盖食品企业的产品及其相关危害涉及的范围。

(2)明确小组的职责和权限:食品企业应当根据本指南的要求和自身情况规定 HACCP 小组成员的职责和权限,HACCP 小组的主要职责就是建立和实施 HACCP 计划。小组应明确

HACCP 计划的范围,该范围应列出食品企业在食品链中所涉及的环节,并说明危害的总体分类(如:是否包括所有危害分类或只是选择性的分类),确认危害分析和 HACCP 计划的完整性。

1.3　描述产品特性和销售方式

针对特定产品,识别并确定进行危害分析所需的下列适用信息,对产品特性及其销售方式进行全面的描述。

(1)原料的名称、种类、成分及其生物、化学和物理特性;

(2)原料的产地、生产、包装、贮藏、运输和交付方式;

(3)原料接收准则、接收方式和使用方式;

(4)产品的名称、种类、成分及其生物、化学、物理特性(如 pH、A_w 等);

(5)产品的操作(加工)方式(热处理、冷冻、盐渍、烟熏等);

(6)产品的包装、保质期、贮藏条件、运输条件和交付方式;

(7)产品的销售方式(如销售过程中是否要冷冻、冷藏或在常温下进行销售)和消费者食用方式,符合法规要求的食品标识;

(8)其他必要的信息。

1.4　确定预期用途和消费者

在描述产品特性和销售方式的基础上,识别并确定进行所需的下列适用信息。

(1)最终消费者或使用者对产品的使用期望;

(2)食品预期的用途;

(3)食品预期的食用、使用或加工方式;

(4)食品预期消费群体或加工者;

(5)食品相对于普通公众和易受伤害群体的适用性(如团体进餐情况、婴儿、老人、体弱免疫缺陷者、易患病的人群等);

(6)产品非预期(但极可能出现)的用途、食用、使用或加工方式和消费群体;

(7)其他必要的信息。

1.5　绘制生产流程图并进行现场确认

(1)建议在直接控制的范围内,根据特定食品的特定操作制定流程图,流程图包括:

①每个步骤及其相应的特定操作;

②这些步骤之间的顺序和相互关系;

③人流物流在流程中的出入位置;

④特定操作的前后步骤及其输入输出接口。

流程图的表述应当完整、准确、清晰。每个步骤的特定操作应当在所附工艺说明中列出。适用时,应提供厂区平面图、设备设施布置图、人流物流图、供排水网络图、捕灭鼠虫装置分布

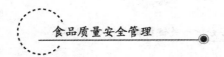

图等附图。

(2)建议按以下要求现场确认流程图：

①现场确认流程图在操作的任何阶段和时间内都和加工操作相互一致,验证流程图的准确性和完整性。

②必要时,应对流程图予以更改。

③流程图的确认应由食品企业授权且对加工操作有充分知识的人员进行。

1.6 进行危害分析

危害分析的目的是列出与各步骤有关的所有潜在危害,通过危害分析确定哪些危害是显著危害和必须在 HACCP 计划中需要控制的危害,并考虑已识别危害的相应控制措施。

危害分析要达到三个目标:确认显著危害及其相应的控制措施;为确保安全产品的实现或者提高产品的安全性,通过危害分析,考虑是否需要对生产过程或产品进行改进;为确定关键控制点提供有效的证据。

危害分析的步骤包括:危害识别、危害评估、确定控制措施和做出危害分析报告。

1.6.1 危害识别

建议 HACCP 小组根据以下方面的相关因素,在从原料生产直到最终消费的范围内,识别特定产品在每个操作步骤中有根据预期被引入、产生或增长的所有特定潜在危害:

(1)特定产品(包括原料成分)、特定操作和特定环境;

(2)前提计划有效性的评价结果;

(3)消费者或其他顾客和法律法规对产品及原料的食品安全要求;

(4)纠正措施、产品召回和应急预案的状况;

(5)动植物疫情、历史上的流行病学或疾病统计数据和食品安全事故;

(6)科技文献,包括相关类别产品的危害控制指南;

(7)危害识别范围内的其他步骤对特定产品产生的影响;

(8)经验。

HACCP 小组应当识别每种特定潜在危害的所有原因。食品企业应对危害识别的结果予以确认。

1.6.2 危害评估

建议 HACCP 小组针对已确认的每种特定潜在危害,评估危害的发生对消费者健康造成不良后果的严重性,并根据前提计划的有效性进行确认的结果评估危害发生的可能性。

若确认证实前提计划能够降低、控制或消除某个危害,那么 HACCP 计划就不必对此危害加以控制。

应对危害评估的结果予以确认。当影响评估结果的任何因素发生变化时,HACCP 小组应当重新进行危害评估。

1.6.3　制定控制措施

建议 HACCP 小组针对已确认的每种显著危害,识别危害控制机理,制定相应的控制措施或其组合,并提供依据。应明确显著危害与控制措施之间的对应关系,并考虑一项控制措施控制多种显著危害或多项控制措施控制一种显著危害的情况。当这些措施涉及特定操作的改变时,应当做出相应的变更,并修改流程图。在现有技术条件下,当不能制定有效控制某种显著危害的控制措施时,食品企业应当策划和实施必要的技术改造。必要时,应当变更过程、产品或预期用途,直至建立有效的控制措施。应对所制定的控制措施予以确认和验证。当任何影响控制措施有效性的因素发生变化时,应当评价控制措施更新或改进的需求,必要时,对其予以更新或改进,并再确认。

1.6.4　危害分析报告

建议 HACCP 小组提供形成文件的危害分析报告,包括预备和基本步骤的分析依据和结果,并明确各因素之间的相互关系。

在危害分析报告中,适用时,应包括特定操作或特定产品的改进需求及其实施改进的结果。此外,报告应分析控制措施与相应显著危害在特定操作中的控制关系,为确定关键控制点提供基础。HACCP 小组应不断完善危害分析,并补充危害分析报告。

应根据影响危害分析结果的任何因素的变化,对危害分析报告做出必要的更新或修订。危害分析报告应当经最高管理者的批准。

1.7　确定关键控制点(CCP)

建议 HACCP 小组根据危害分析所提供的控制措施与显著危害之间在特定操作中的控制关系,系统地识别针对每种显著危害实施相应控制措施或控制措施组合的一个或多个最适当的步骤,确定关键控制点或其组合,确保所有显著危害得到有效控制。当显著危害或控制措施发生变化时,如必要,HACCP 小组应当更新相应的关键控制点。

1.8　建立关键限值(CL)

建议 HACCP 小组根据危害控制机理,在每个关键控制点上确定每项控制措施或其组合应满足的一项或多项的关键限值,并提供科学证据,以确保控制措施或其组合的实施结果能够防止、消除相应危害或将其降低到可接受水平指标之内。

(1)为确保关键限值的科学性,适用时,HACCP 小组应参考相关的科学文献,食品企业进行必要的试验研究,咨询相关专家等,以获得提供科学证据所需的数据。

(2)在通常情况下,关键限值应当是可测量的,并应当实时、快速地得到测量结果。

对基于感知(视觉、嗅觉、味觉和触觉)的关键限值,应当经评估由能够胜任的人员进行确定。

(3)应对所确定的关键限值予以确认。

(4)HACCP 小组宜建立关键控制点的操作限值,以防止或减少关键限值偏离的风险。

1.9　建立关键控制点的监控程序

建议 HACCP 小组针对每个关键控制点制定并实施有效的监控程序,要求确定:监控对象;监控方法;监控频次;监控人员。

监控对象包括每个关键控制点涉及的所有关键限值。监控方法能准确、及时地监测关键限值是否失控,测量设备处于校准状态。适用时应当实施连续监控,非连续监控的频次应当能保证关键控制点受控的需要。

食品企业应当授权专门的监控人员对各关键控制点实施监控。监控人员应当接受适当的培训,理解监控的技术、目的和重要性,并及时准确地记录和报告监控结果。

当监控表明偏离操作限值时,监控人员应及时采取操作调整措施,以防止关键限值的偏离。

当监控表明偏离关键限值时,监控人员应当立即停止该操作步骤的运行,并及时通知纠偏人员采取纠偏行动。

1.10　建立关键控制点的纠偏行动程序

建议 HACCP 小组针对关键控制点的每个关键限值预先建立纠偏行动计划,并在关键限值发生偏离时予以实施,以防止存在显著危害的产品伤害消费者。

纠偏行动计划需确保:

(1)采取纠正措施,识别和消除偏离原因,使关键控制点恢复受控;

(2)实施纠正,确定、隔离、评估和处置受偏离影响的产品。

在评估中,核查相应危害在受影响产品中的可接受水平指标,适用时,包括生物、化学或物理特性的测量或检验。若核查结果表明危害处于可接受水平指标之内,可放行产品至后续操作;否则,应当按不安全产品予以处置。应当由经食品企业授权的专家或专业人员对受偏离影响的产品进行评估,并提供评估结论。

当实际发生偏离的原因与预先判断不同时,HACCP 小组应当修改相应的纠偏行动计划。

当某个关键限值反复发生偏离或偏离原因涉及相应控制措施的能力时,HACCP 小组应当重新评估相关控制措施的有效性和适宜性,必要时对其予以更新或改进,并再确认。

实施纠偏行动的人员应当经食品企业授权,经过适当培训,充分了解食品企业的产品、生产工艺和 HACCP 计划,并及时准确地记录和报告纠偏结果。

注:在纠偏行动中采取的纠正也适用于产品操作线上危害预防。

1.11　建立关键控制点的验证程序

建议 HACCP 小组建立并实施 HACCP 计划运行的验证程序,以证实 HACCP 计划处于有效运行状态。

(1)对 HACCP 计划运行的监控、纠偏以及监控设备校准的记录进行复核。

(2)验证关键控制点的控制措施实施的有效性,以证实关键控制点处于受控状态。适用时,应当通过有资格的检验机构,对所需的控制设备和方法进行技术验证,并提供形成文件的技术验证报告。

(3)对产品的食品安全特性进行有针对性的取样、检测和分析,包括成品微生物检测,以验证 HACCP 计划运行的有效性。

(4)验证的方法应当结合基本的科学原则,包括运用科学的数据、依靠专家的意见和在操作现场进行观察或检测。

(5)验证的频次应当足以证实 HACCP 计划的有效运行。

(6)实施验证的人员应当经食品企业授权,并经过适当的培训,充分了解食品企业的产品、生产工艺和 HACCP 计划,理解验证的技术、目的和重要性,可以是独立的专家。为保证验证活动的全面性、准确性、独立性,验证不应由从事监控和纠偏行动的人员进行。

当验证要求未被满足时,应当采取适当的纠正和纠正措施,并再验证。

1.12　建立关键控制点的记录保持程序

记录保持是维持一个有效的 HACCP 计划的关键因素。记录应完整、真实、及时,记录是不能更改的。对于每一个 HACCP 计划应记录但不仅限于以下内容:

(1)HACCP 计划及制定 HACCP 计划的支持性材料,包括危害分析工作单,HACCP 计划表,HACCP 小组名单和各自的责任,描述食品特性、销售方式、预期用途和消费群体,流程图,流程图的确认记录等;

(2)每个关键控制点的监控程序、纠偏行动计划和验证程序。

【知识延伸】

二维码 7-1　HACCP 体系审核简介

【思考题】

1.HACCP 的概念是什么? HACCP 有哪些特点和优势? 实施 HACCP 的目的和意义是什么?

2.简述 HACCP 与 GMP、SSOP、SRFFE、ISO 9000 的关系。

3.HACCP 的基本原理有哪些? 具体内容是什么?

4.编制 HACCP 计划应包括哪些内容?

5.如何建立与实施 HACCP 体系?

【参考文献】

[1] 车振明.食品安全与检测.北京:中国轻工业出版社,2010.

[2] 莫慧平. 食品卫生与安全管理. 北京:中国轻工业出版社,2011.

[3] 成晓霞,张国顺. 食品安全控制技术. 北京:中国轻工业出版社,2009.

[4] 姜南,张欣,等. 危害分析和关键控制点(HACCP)及在食品生产中的应用. 北京:化学工业出版社,2003.

[5] 张瑞菊. 食品安全与健康. 北京:中国轻工业出版社,2011.

[6] 李晓东,刘雪梅,等. HACCP 体系在肉制品生产中的应用[J]. 质量控制,2002,4:10-11.

[7] 李洪恩,苗津. 超高温瞬时灭菌乳的质量控制[J]. 口岸卫生控制,2004,9(5):25-28.

[8] 伍良军,黄勇,等. HACCP 在超高温灭菌乳生产工艺中的应用[J]. 中国乳业,2003,1:32-35.

[9] 王松治. HACCP 在单冻虾仁加工过程中的应用[J]. 浙江预防医学,2004,16(12):33-34.

[10] 阎晓莉,马维君,等. 浓缩苹果汁生产中 HACCP 的建立与运用[J]. 西北农林科技大学学报(自然科学版),2003,31(10):85-87.

[11] 张妍,张甦. 食品安全管理体系内审员培训教程. 北京:化学工业出版社,2008.

模块八　食品安全过程控制体系(下)　卫生标准操作程序(SSOP)

【预期学习目标】

1.理解 SSOP 的一般要求、SSOP 与 GMP 之间的关系以及作用,掌握 SSOP 在企业中实际应用的具体过程及实例。

2.能够将 SSOP 在工厂中进行应用和分析、解决问题,学会建立 SSOP 的基本方法,具有一定的操作能力。

3.学会与人交流和沟通的方法,能进行良好的合作,具备团队意识,吃苦耐劳,遵守工作纪律和要求,具备良好的职业道德。

【理论前导】

卫生标准操作程序是食品加工企业为了保证达到 GMP 所规定的要求,确保在加工过程中消除不良的人为因素,使其所加工的食品符合卫生要求而制定的指导食品生产加工过程中如何实施清洗、消毒和保持卫生的指导性文件。

卫生标准操作程序(SSOP)是 HACCP 体系要求加工企业采取有效的充分满足 GMP 要求的卫生监控程序,作为 HACCP 体系的前提和必要条件,对加工企业而言,如何来正确制订和有效执行 SSOP 有着重要的意义。

1　SSOP 简介

1.1　SSOP 的一般要求

(1)必须建立和实施 SSOP,以强调加工前、加工中和加工后的卫生状况和卫生行为。

(2)SSOP 应该描述加工企业的操作如何受到监控来保证达到 GMP 规定的条件和要求。

(3)必须保持 SSOP 记录,至少应记录与加工厂相关的卫生条件和操作受到监控和纠偏的结果。

(4)按照官方执法机构或第三方认证机构的要求建立书面的 SSOP 计划。

1.2　SSOP 与 GMP 之间的关系

(1)SSOP 是企业为了达到 GMP 所规定的卫生要求而制定的企业内部的卫生控制文件。

(2)GMP 的规定是原则性的,包括硬件和软件两个方面,是相关食品加工企业必须达到的基本条件。

（3）SSOP 的规定是具体的，负责指导卫生操作和卫生管理的具体实施。

（4）GMP 是 SSOP 的基础，制定 SSOP 的依据是 GMP。将 GMP 法规中有关卫生方面的要求具体化，使其转化为具有可操作性的作业指导文件，即构成了 SSOP 的主要内容。

1.3　SSOP 应至少包括的关键内容

（1）用于接触食品或食品接触面的水的安全。

（2）与食品接触的表面的卫生状况和清洁程度，包括工器具、设备、手套和工作服。

（3）防止发生食品与不洁物、食品与包装材料、人流与物流、高清洁度区域的食品和低清洁度区域的食品之间的交叉污染。

（4）手的清洗消毒设施以及卫生间设施的维护。

（5）保护食品、食品包装材料和食品接触面免受润滑剂、燃油、杀虫剂、清洗剂、消毒剂、冷凝水、涂料、铁锈和其他化学、物理及生物性外来杂质的污染。

（6）有毒化学物质的正确标识、储存和使用。

（7）直接或间接接触食品的职工健康状况的控制。

（8）害虫的控制及去除。

2　SSOP 的内容及作用

2.1　水和冰的安全

2.1.1　目的

建立完善的用水计划，保证工厂用水的安全性。

2.1.2　范围

食品加工企业的所有用水及用水场所。

2.1.3　职责

动力设备部负责制定和实施具体计划，品管部、化验室负责评估计划是否有效和有效性改进。

2.1.4　程序

（1）水源　公司采用城市供水，即工厂所在地统一供应的自来水。城市供水经过了净化和处理，有良好的化学和微生物标准，具备严格的卫生安全监控程序，经检验符合国家饮用水标准 GB5749—2006。

（2）水的储存和处理 城市供水由自来水厂进行了加氯处理,管网末梢水出水口余氯含量在 0.3～0.05 mg/kg,符合 GB5749—2006 的要求。

（3）防止饮用水与污水的交叉污染

①动力设备部应绘制供水网络图及出水口编号图和排水网络图,化验室负责水质化验。

②车间、设备、管道在设计以及施工安装时应充分考虑自来水与污水的交叉污染问题,管道没有交叉互联。

③车间施工和设备管道安装完成后,动力设备部应针对防止虹吸和回流现象、防止自来水与污水的交叉污染进行检查。以后每季度作一次全面检查。

④无保护装置的水管不能直接放在水槽内;水管管道不留死水区;供水管阀门不得埋于污水中。

（4）废水排放

①车间地面应略高于厂区地面,车间地面应有 1°～1.5°的斜坡度。

②排水不易直接流到地面,应防止地面的污水飞溅污染产品及工器具。

③排水沟应用表面光滑不渗水的材料铺砌,并应形成 3°的倾斜度,从清洁区到非清洁区排放;与外界要有金属网防鼠虫,使用 U、P、S 型水封防异味;污水由污水处理厂统一处理。

（5）水的检测

①水的检测标准 自来水按国家饮用水标准 GB 5749—2006 执行。

②取样计划 对所有生产用水的出水口制订一份生产用水取样计划,保证一年内检测完所有的出水口。每次必须包括总的出水口。

③取样方法 采用 250 mL 的无菌取样瓶。取样时应先对出水口进行消毒处理(用 75% 的酒精溶液擦拭数遍或用酒精棉点燃灭菌),然后连续放水 5 min 后再进行取样。取样后应立即送化验室进行检验,不能立即检验的应置于 2～5℃冰箱室冷藏。

④日常检测的内容和方法。

余氯:试纸、比色法。

pH:pH 计、试纸。

微生物:恒温培养。

⑤监测频率

余氯:每周一次进行监测。

全项目:每年两次,由卫生防疫部门全项目监测(间隔时间少于 6 个月)。

⑥水的监测由化验室化验员负责,每次检测结果均应填入生产用水监测记录,由分管领导负责监督检查。

（6）纠正措施 当发现自来水微生物指标或余氯等项目不达标时,立即停止生产,暂存这段时间内生产的产品,进行安全评估,保证产品的安全性;同时告知自来水公司和相关职能部门进行查修整改,直至用水符合标准时,方可生产。

（7）锅炉用水采用城市自来水,水质由锅炉工按锅炉操作规程进行处理并监测,监测记录填入锅炉水处理记录,由动力设备部负责检查监督。

2.2 食品接触面的状况和清洁

2.2.1 目的

通过对食品接触面控制及其清洗消毒,降低产品在生产过程中受到污染的程度,为生产安全卫生的产品奠定基础。

2.2.2 范围

生产过程中与产品直接或间接接触的所有食品接触面。

2.2.3 职责

办公室负责制订清洗消毒文件;品管部负责监督文件的实施;化验室、动力设备部负责协调辅助。

2.2.4 内容

(1)食品接触面的分类
①直接接触面　工器具、操作台面、路卡、内包装、加工人员的手等。
②间接接触面　外包装、加工人员的工作服(围裙)、帽、靴、所有的门把手、操作设备的按钮、电灯开关等。
(2)为保持食品接触面的清洁卫生,必须对食品接触面的设计、制作工艺和用材事先进行考虑。
①结构设计和安装应无粗糙焊缝、破裂、凹陷,要表面光滑(包括缝、角和边在内),无不良关节连接或其他可以藏匿水或污物的地方。
②食品接触面的材料要求无毒、不吸水、抗腐蚀、不与清洁剂和消毒剂产生化学反应。不使用竹木制品、黑铁或铸铁、黄铜、镀锌金属。
(3)食品接触面的清洗消毒及其管理
①食品接触面清洁的方法主要采用清水冲洗或人力刷洗,根据不同环节进行消毒处理。
②食品接触面消毒的方法主要采用82℃热水清洗5 min(物理方法)和采用含有效氯50～200 mg/kg消毒剂浸洗30 s(化学方法)。
③清洗消毒步骤如下:预冲洗—再冲洗—消毒—最后冲洗。
④手、靴清洗消毒。
车间入口处设置洗手池和手、靴消毒池并配制消毒液,如果员工在车间内接触了脏物,要到车间入口处重新洗手。
进车间不得戴首饰,不留长指甲,进车间时要对手和靴子进行消毒。
有关消毒剂的种类和优缺点见表8-1。

228

表 8-1　消毒剂的种类和优缺点

消毒剂	使用形式	优点	缺点
氯 (次氯酸)	次氯酸盐、漂白粉、氯气、有机氯(氯胺)	杀死所有类型微生物,水质对其影响小,价格低廉,使用方便,无残留,浓度易于确定(试纸条),在低温下使用更有效	刺激皮肤、眼睛和喉咙,不够稳定,降解快,易受有机物及 pH 影响,可腐蚀金属和软化橡胶
碘	将碘溶于表面活性剂和酸中制备而成	杀死大部分微生物,有机物对其影响小,浓度、活性易于确定(试纸条/颜色),在低温下使用更有效	在 49℃失活,碱性下活性降低,比次氯酸盐价格高,可污染塑料和有孔材料,不适于 CIP 系统(起泡)
季铵盐化合物(QACs)	如新洁尔灭、洛本清(新型廉价消毒剂)	对单核细胞增生李斯特菌特别有效,有机物对其影响小,浓度易于确定(试纸条),稳定性好,无腐蚀性,常用于即食食品生产设备杀菌和靴鞋、地板、工器具等杀菌	可被大多数清洁剂失活甚至与其发生反应,低温下效率低,亦可被硬水失活,需与其他消毒剂配合使用(因其具有灭菌选择性),不适于 CIP 系统(起泡)
无机酸	表面活性剂和酸的结合物	杀死大部分微生物,相当稳定,有机物的影响小,高温下可使用,不受硬水影响	可腐蚀金属,对不同微生物的杀菌效力不同,不适于 CIP 系统(起泡)
过氧乙酸	乙酸和氢过氧化物形成过氧乙酸	能破坏微生物孢子,杀死大部分类型的微生物(广谱杀菌剂),稳定性较好,在低温下使用有效,符合排放要求,适于 CIP 系统	价格较贵,稳定性较差,可被某些金属或有机物失活,可腐蚀某些金属
二氧化氯	现场产生气体通过水或含氯溶液	杀死大部分类型的微生物,有机物对其影响小,比氯更强的氧化剂(消毒剂),比氯的腐蚀性小,pH 敏感性低	不稳定,不能贮存,具有潜在的爆炸性和毒性,设备费用相对较高
臭氧	现场产生气体溶于溶液	杀死大部分类型的微生物,是比氯和二氧化氯更强的氧化剂(消毒剂)	不稳定,不能贮存,可腐蚀金属和软化橡胶,潜在的毒性,可被有机物失活,价格相对较高,对 pH 较敏感
热水	82℃以上	杀死大部分类型的微生物,渗入不规则的表面,价格低廉,适于 CIP 系统	针对性差,有烫伤的危险

⑤工作服　工作服采用不脱毛、不脱线、不起球的布料制作,每位员工配两套以上工作服。工作服和帽子要换洗,保持整洁,每天下班后把第二天要穿的工作服挂在更衣室里进行紫外线灯辐照消毒,使用后的工作服每天送洗衣房清洗。员工离开车间必须脱下工作服、帽子和靴子,工作服、帽子和靴子不得穿出车间。

⑥门把手、按钮、灯开关等间接接触面　车间的门把手、软帘门、按钮、灯开关等间接接触面每天用清水擦净,每 15 d 用 75%的酒精擦洗一次。其他区域的门把手、按钮、灯开关等间接接触面每月用 75%的酒精擦涂 1 次。

(4)食品接触面清洁状况的监测

①由品管部、各车间主任和化验室负责食品接触面清洁状况的感官和化学监测,监测的对象包括:食品接触面状况;食品接触面的清洗或消毒;使用的消毒剂类型和浓度;可能接触食品

的手和工作服、帽子和靴子是否清洁卫生并且状况良好。

②监测方法

感官检查——表面状态良好；

——表面已清洗消毒；

——手和工作服、帽子和靴子清洁且保持良好；

化学监测——消毒剂的浓度是否符合规定的要求（试纸法）；

验证检查——表面的微生物检查（接触平板、棉拭和发光法）；

——棉拭子涂抹，细菌总数小于 100 个/cm²；

——验证检查应保持记录。

③对清洗消毒的监测频率

感官检查频率——每天加工前、加工过程中以及生产结束后经过清洗消毒后进行。

——洗手消毒主要在员工进入车间时、从卫生间出来后和加工过程中检查。

化验室监测频率——按化验室制订的《食品接触面监测抽样计划》进行，每周 1 次。

2.2.5 相关文件

（1）消毒液配制和监测程序。

（2）食品接触面监测抽样计划。

（3）接触面清洗消毒规程。

2.2.6 相关记录

（1）操作台、工器具卫生检测记录。

（2）加工车间卫生检查记录表。

（3）每日清洁消毒巡检审查表。

（4）工器具消毒记录。

2.3 防止发生交叉感染

2.3.1 目的

通过建立完善的交叉污染控制计划来防止工厂布局和生产中的交叉污染。

2.3.2 范围

在布局、生产、隔离、存放、操作等方面的所有交叉污染控制行为。

2.3.3 职责

办公室负责制定计划；动力设备部、各车间具体实施。品管部负责评估计划是否有效，进行监督并提供改进措施。

2.3.4 交叉污染的控制

（1）工厂设计和布局控制

①工厂设计和布局严格按照设计规划进行，由动力设备部进行监控。

②对于原料、辅料、包装材料、半成品和成品要分开存放，按照不同种类存放在不同仓库。

③人流、物流、水流和气流的设计严格按照从高清洁区到低清洁区的规则。

（2）食品接触表面清洁控制

①手的清洗和消毒

a.手清洗消毒的时间：进入车间前、接触不洁物后；在接触到除已清洁的手和胳膊暴露以外的人体暴露部分后；上厕所后；交换工作时。

b.洗手消毒程序：用自来水湿手，用洗手液搓洗，清水冲洗，再将手浸泡在有效氯浓度 50 mg/kg 的消毒液中消毒，并保持 30 s，清水冲洗干净后进入车间操作。

②在进入车间前，摘除所有首饰；男工禁止留长发和胡须；不得化妆擦香水。

③进入清洁区车间程序

脱下鞋→换拖鞋→戴上工作帽→换工作服→换上工作靴→对着镜子整理衣帽→洗手→手消毒→通过靴消毒池。

要穿戴整齐，禁止头发外露。

④食品、饮料等食品和个人日用品不允许带入车间，车间内不得吸烟、吐痰、喝水、吃东西。

⑤车间内使用的工器具、设备应及时清洗消毒，清洁的设备器具和未清洁的设备器具采取分区方法进行区分。

⑥产品和盛放产品的容器不能落地，应加垫板。

2.3.5 监督与检查

（1）品管部和各车间主任在车间进行巡检监督。

（2）品管部主管负责检查记录的审核，并对不合格内容提出改进意见。

（3）在车间装修、生产线重建时，品管部出具建议。

2.3.6 相关文件

卫生的入场顺序和规则。

2.3.7 相关记录

（1）加工车间卫生检查记录表。

（2）每日清洁消毒巡检审查表。

2.4　手的清洁与消毒,厕所设施的维护与卫生保持

2.4.1　目的

通过对手、靴的清洗消毒及其设施的维护,降低产品在生产过程中受到污染的程度,为生产安全的产品奠定基础。

2.4.2　范围

所有清洗消毒设施及所有进入生产车间的人员。

2.4.3　职责

办公室负责制订清洗消毒及卫生设施维护的文件,品管部负责监督文件有效实施。动力设备部负责卫生设施的检查和维护。

2.4.4　内容

(1)洗手消毒的设施

①在车间各入口处设有贴墙的镜子、非手动开关(脚踩式)的水龙头、装有皂液的皂液器和盛有含有效氯 50 mg/kg 消毒液的消毒池以及含有效氯 200 mg/kg 消毒液的靴消毒池。

②设施数量满足,根据人流分时段的特点配足水龙头和手、靴消毒池。

③洗手消毒的程序。

a.清水湿手:用自来水将手冲洗一遍润湿。

b.皂液搓手:手指交叉搓洗,手指、手心、手背要充分搓洗到位。

c.清水洗手:用自来水将手上的皂液冲洗干净。

d.手的消毒:将手浸泡在含有效氯 50 mg/kg 消毒液中进行消毒并保持 30 s。

e.清水洗手:用自来水将手上消毒液残留冲洗干净。

f.进生产车间:过消毒池,用手肘撑开门帘然后进入车间。

g.清洗消毒好的手进车间前不可接触任何物品,包括门帘、门把手、头发或身体的其他部位等。

④洗手消毒和靴消毒的频率。

a.每次进入生产车间时清洗消毒一次,手接触了污染物后清洗消毒一次。

b.工人每次进入车间时均应穿工作靴通过靴消毒池消毒并保持 30 s。

⑤洗手消毒设施的监测及纠偏。

a.每天下班时由班组长对设施进行检查,检查的内容包括设施是否清洁完好、数量是否充足够用;上班检查手、靴是否进行消毒后再进入车间;消毒液是否按规定配制。

b.发现设施不清洁立即安排人员进行清洁打扫;水龙头脚踩板不能正常使用时立即通知维修人员马上进行维修或更换;皂液器等不能正常使用马上进行更换;消毒液经化验室检测达

不到浓度要求时，应添加母液或重新配制。

c.品管部每天不定期对以上设施的状态及使用情况进行监督检查。

（2）卫生间设施

①卫生间与车间相连但相隔，门不朝向车间，结构采用蹲坑式，数量为约 20 人一个蹲位。配套设施有冲水装置、手纸、纸篓、洗手设施、灭蝇灯。

②卫生间要求通风良好，整体清洁，有防蚊虫设施；由专职保洁员经常冲洗，确保卫生间的整洁。

③检查频率与内容。

a.车间主任每天定期检查卫生间设施及卫生状况。

b.检查内容包括整体是否清洁、是否通风良好、地面无积水、各设施是否能正常使用、手纸、皂液是否够用。

c.品管部每日不定期巡检。

④纠偏措施。卫生间不清洁马上安排保洁员打扫干净；通风不良马上打开门窗和排气扇；地面不干燥马上用干拖把拖干，拖把用完后及时冲洗干净然后拿到厂区的草坪上晾（晒）干；冲水装置、水龙头坏了马上通知机修人员进行维修或更换；喷壶、皂液器、纸篓坏了马上进行更换；手纸、皂液用完或不足马上补充添加。

⑤员工上完厕所后立即冲水，然后洗手，进入车间前在车间入口处按洗手消毒程序再一次对手进行清洗消毒后才进入车间。

2.4.5　相关文件

无。

2.4.6　相关记录

（1）加工车间卫生检查记录表。

（2）每日清洁消毒巡检审查表。

（3）消毒液配制检测记录表。

2.5　防止外部污染

2.5.1　目的

对外来污染物进行分类，规定了工厂在生产加工过程中如何实施对外来污染物的控制和监督检查，以保证所加工的食品未被污染，符合安全和卫生要求。

2.5.2　范围

适合于食品加工企业的各类部门。

2.5.3 职责

①办公室负责本文件的制订和修改。

②动力设备部、各车间和仓库负责本程序的实施。

③品管部负责监督和检查。

2.5.4 定义和分类

(1)"被污染食品"的定义

①若食品表面或内部带有任何的对健康有害的有毒有害物质;

②若食品在不卫生条件下进行加工处理、包装或储存,有可能被污染物污染或对身体有害。

(2)外来污染物的分类

①微生物性污染物:污染的水滴和冷凝水;空气中的灰尘、颗粒;溅起的污水(清洗工器具的设备的水、冲洗地面的水、其他已污染的水、直接排到地面溅起的水滴等);吐沫、喷嚏污染等。

②物理性污染:车间顶面和墙壁的脱落物;工器具上的脱落碎片;因头发外露而造成脱落的头发;内外包装带有的杂物等。

③化学性的污染物:润滑剂、燃料、杀虫剂、清洗剂等化学品。

2.5.5 外来污染物的控制

(1)水滴和冷凝水的控制 车间应保持通风,及时将水气带走,防止形成冷凝水。

(2)防止污染的水溅到食品上

①车间地面应平整并有一定坡度,防止形成积水。

②班后清扫、清洗、消毒地面和台面,班前清洗地面和台面并清除积水,班中如需要清理、清洗地面和台面时,应防止水溅到产品上。

③在进行清洗工作前应将产品移至其他位置或采取足够的措施保护产品不受污染。

④车间内设有专用工器具清洗消毒池,工器具清洗消毒时不会喷溅到产品上。

⑤设立专用的洗手消毒间,池旁无产品存放。

⑥车间设备和池子中的水通过管道排放引入下水道,不直接排到地面。

(3)包装物料的控制

①包装物料应储存于专用仓库中,仓库地面应保持清洁,清洁时不使尘土飞扬,防止污染物料。

②保持库房通风、干燥,杜绝门窗和地角渗水,防止霉变;仓库门窗缝隙严密能够防鼠虫进入。

③内包装和外包装应分开存放,以防外包装表面的灰尘污染内包装。

④内包装不得裸露和着地放置,应采取适当的保护以防被污染。

⑤包装物从仓库送至车间的途中和在车间的暂存过程中均应采取适当的保护,以防被

污染。

（4）物理性外来杂质的控制

①车间内天花板、墙壁使用耐腐蚀、易清洗、不易脱落的材料。

②生产线上方的灯具应装有防护罩。

③加工器具、设备、操作台使用耐腐蚀、易清洗、不易脱落的材料,禁用竹木器具。

④裸露食品的正上方和设备内不应使用可松动脱落的螺丝,必须使用时需每批生产前检查。

⑤工人禁戴耳环戒指等饰物,不得涂抹化妆品、头发不得外露。

⑥与生产无关的物品如钥匙、手机等不得带入车间。

⑦车间内使用的抹布以及衣帽、围裙无破损,无易脱落的线头。

⑧车间门口设软帘门,进门过道处设灭蝇灯防止蚊虫进入车间。

⑨每天生产前均需冲洗所有设备和工器具。

（5）化学性外来杂质的控制

①加工设备上所使用的润滑油必须是食品级润滑油,有润滑油的部位必须采取一定的措施以防直接污染产品。

②有毒化学物质必须正确标识、保管和使用;在生产区域操作有毒化合物时必须采取相应的措施保护产品不受污染。

③在使用清洗剂、氯消毒剂后,设备和工器具需进行严格的清洗程序,确保无化学残留。车间不允许使用杀虫剂。

④禁止使用没有标签和标识的化学品。

2.5.6　监督与检查

（1）车间主任在车间进行全程现场监督,品管部每日定期和不定期到车间巡检。

（2）品管部主管负责检查记录的审核,并对不合格内容提出改善。

（3）在车间装修、生产线建设时,品管部主管应提出 SSOP 要求并进行监督。

2.5.7　相关文件

车间设施清洗消毒规程。

2.5.8　相关记录

（1）加工车间卫生检查记录表。

（2）每日清洁消毒巡检审查表。

2.6　有毒化合物的正确标记、贮存和使用

2.6.1　目的

建立完整的有毒有害化学品控制计划,有正确的标志,妥善保存和使用有毒有害化学品,

确保产品免受污染。

2.6.2 范围

车间、仓库和化验室的所有有毒有害化学品控制行为。

2.6.3 职责

采供部负责所有化学品的采购;仓库负责标记、储存和管理。各使用部门负责登记建立台账,制定正确使用和管理制度。品管部负责监督实施情况。

2.6.4 程序

(1)有毒有害化学品的采购

①有毒有害化学品由各部门提出采购申请,申请内容包括所需数量、规格、品牌、纯度级别等,经分管领导批准后,由采购人员统一采购。

②办公室负责申请车间日常用洗涤剂、消毒剂和杀虫剂。

③化验室负责申请化验室用药品、试剂。

④动力设备部负责申请燃油、机械润滑油。

⑤采购人员按各部门的申请采购,所购化学品应核对是否符合申请要求,应为正规厂家生产的合格产品,标示清楚,包装完好。

(2)有毒有害化学品容器的标记

①采购人员必须保证所购化学品原包装容器的标签完好,标示内容清楚。标签应标明容器内的化学品名称、生产厂名、厂址、生产日期、批准文号、使用说明、注意事项等。

②仓库在验收外购化学品时要检查标签是否完好,内容标示是否清楚。自己配制、稀释的清洗剂、消毒剂等要自行标示化学品名称、浓度、使用说明及注意事项。

③办公室负责车间用化学品容器的标示,内容包括化学品名称、用途及注意事项。

④化验室负责化验室用化学品容器的标示,内容包括化学品名称、用途及注意事项。

⑤各部门应每天检查各容器标示的完好性,如果有破损、字迹模糊、内容不清等要立即更换重新标示。

(3)有毒有害化学品的贮存

①有毒有害化学品由仓库统一贮存,各部门领用后由各部门贮存。原则上可不留库存的坚决不留库存。

②化验室内食品级化学品与非食品级化学品分别存放在不同橱柜内。

③清洗剂、消毒剂与杀虫剂要分开存放。

④有毒有害化学品应存放在仓库及各使用部门的专门存放处,不得放在车间食品加工区域。

⑤化学品仓库要上锁,由仓管员保管。各部门化学品存放处也要上锁,并指定专人保管。

(4)有毒有害化学品的使用和管理

①由办公室制定常用化学品验收制度,建立化学品入库登记记录。

②由仓库建立化学品台账，标明库存化学品的名称、数量、有效期、毒性、用途、进货日期等。

③对化学品的保管、配制、使用人员要进行必要的培训，考核合格后方能上岗。

④建立化学品的领用、核销制度，各部门要严格领用制度，在使用完后要到保管部门核销。

⑤各部门要建立使用登记制度，并填写使用记录。内容包括配制记录、用途、实际用量、剩余配制液的处理等。

⑥化学品的包装容器使用后要统一由仓库进行回收和处理。

⑦对负责化学品保管、配制、使用的人员必须进行培训，合格后方能上岗工作。

（5）监督检查

①由仓库管理员每周检查核对化学品台账、领用核销记录、包装物的回收处理记录。

②各使用部门每天检查化学品的领用核销记录、使用登记记录。

（6）纠正措施

①每月由各部门联合检查化学品的标示、储存和使用情况，发现问题及时纠正。

②存放不正确的有毒有害化学品要及时转移。

③标签不全的应退还给供应商或作无害化处理。

④对于不正确的使用有毒有害化学品要及时评价其造成的影响，判断是否污染了产品，确定是否销毁。

⑤加强员工培训以纠正不正确的操作。

2.6.5 相关文件

（1）有毒有害化学品管理规定。

（2）有毒有害化学品一览表。

2.6.6 相关记录

（1）有毒有害物品出入库登记记录。

（2）每日清洁消毒巡检审查表。

2.7 员工健康状况的控制

2.7.1 目的

本文件规定对公司员工的健康及卫生状况如何进行监督和控制，以保证所加工的产品符合安全和卫生要求。

2.7.2 范围

食品加工企业内的所有员工。

2.7.3 职责

办公室负责本文件的制订和修改,并负责本程序的实施。

2.7.4 员工健康状况的控制

(1)公司所有员工上岗前必须通过健康体检,获得健康证,持证上岗。

(2)生产班长每天对员工健康状况进行检查,对于有感冒、腹泻、发烧、呕吐、黄疸症、发烧伴有咽喉疼痛、外伤、烫伤等患病症状的员工,应立即调离食品工作岗位,并视情况令其回家休息、医院检查、临时安排工作或采用外伤保护等措施。

(3)员工在生产过程中,应按照 SSOP 其他各项中的个人卫生要求,及时对手清洗消毒,保持个人良好卫生状况。

(4)办公室每年度至少一次组织所有员工进行健康体检,根据体检和日常健康检查情况建立员工健康体检档案。

(5)办公室针对不同情况不定期对员工进行培训,使员工认识疾病对食品卫生带来的危害,并及时汇报个人健康情况。

(6)对外来人员(包括客户验厂人员、参观、检查人员等)应进行健康调查,并填写"来访者健康问卷",经办公室或品管部门确认对产品无安全危害后,方可进入生产区域。

2.7.5 监督与检查

(1)品管部每天巡检时对员工的健康状况进行观察检查,并填入《每日清洁消毒巡检审查表》。

(2)对于有不健康状况员工的情况,车间主任和品管部应及时向分管经理汇报,采取相应措施,并通知办公室记入员工健康档案。

2.7.6 相关记录

(1)加工车间卫生检查记录表。

(2)每日清洁消毒巡检审查表。

2.8 虫害、鼠害的灭除

2.8.1 目的

通过建立完整的害虫控制计划来防止工厂的虫害问题。

2.8.2 范围

食品加工企业内的所有害虫控制行为。

2.8.3　职责

办公室负责制定与实施具体计划；品管部负责评估计划是否有效，并建议改进措施。

2.8.4　程序

（1）害虫包括所有对食品卫生带来危害的动物，如：各种啮齿类动物、昆虫、鸟类、家养宠物等。

（2）有害动物的危害包括：

①直接消耗食品；

②在食品中留下令人厌恶的东西（如粪便、毛发）；

③给食品带来致病性微生物和寄生虫的污染。

（3）控制害虫的操作分为三个阶段：

①除去害虫的藏身地及食物；

②将工厂内的害虫驱逐出去；

③消灭那些进入厂区的害虫。

（4）有害动物预防和灭除计划应考虑和检查的范围

①厂房和地面。

a.是否已清除地面杂草、草丛、灌木丛、垃圾等，以减少害虫接近和进入工厂；

b.地面是否有吸引害虫的脏水；

c.是否有足够的捕虫器，是否进行了良好的保养和维护；

d.有没有家养动物存在的迹象。

②结构布局。

a.门窗是否关闭且密封，车间与外界相通的出入口处是否配有阻止有害动物进入的装置；

b.门窗有没有维护良好并装有防蚊虫设施；

c.是否存在超过约 0.6 cm 的可使啮齿类动物和昆虫进入的洞口；

d.排水道是否清洁干净，且没有吸引啮齿类动物和其他害虫的杂物；

e.有没有充足的干净空间以限制啮齿类动物的活动（墙到物至少 15 cm）；

f.排水道的盖子保护良好并正确安装。

③工厂机械、设备和工器具。

a.机器设备和工器具是否正确进行清洁和消毒处理而消除了那些可能吸引害虫的食品或固态物；

b.生产线旁是否有适当的空间以便于进行清洁卫生工作；

c.是否存在能积存食品或其他杂物的可作为害虫的引诱物和藏身地的卫生死角；

d.灭蝇灯安装是否合适，是否有合适的光强度来吸引飞虫；

e.灭蝇灯的捕捉装置是否定期清洁。

④原料库及内部环境管理。

a.原料、物料库是否安装了防鼠网等设施；

b. 员工更衣室、休息室是否清洁消毒,是否会吸引啮齿类动物和其他害虫;

c. 垃圾、废物、杂物等害虫的藏身之处是否已清除;

d. 是否有啮齿类动物、昆虫、鸟类的迹象;

e. 已观察到的害虫迹象是否清扫干净,以利于继续观察。

⑤废物处理。

a. 是否正确收集储藏和处理废物,以限制对啮齿动物和害虫的吸引;

b. 垃圾桶等是否被正确清洁消毒,限制对害虫的吸引。

⑥杀虫剂的使用和其他控制措施。

a. 使用杀虫剂时必须得到主管领导的批准;

b. 使用者应对杀虫剂和被杀对象有充足的了解;

c. 包装残留物应收回并正确处理;

d. 禁止使用灭鼠药;

e. 杀虫灭鼠的范围应包括全厂范围,包括生产区和生活区;

f. 对捕捉到的老鼠应作焚烧或深埋处理,并做好记录。

(5)管理控制

①办公室、动力设备部负责日常检查确保清除产品残留、可能的害虫隐藏地和害虫出入通道。

②办公室组织、指导杀虫工作,所有喷药行为需记录在《灭虫记录》中。

③保留工厂内所使用的杀虫剂的标签和安全资料。

④保证杀虫剂和杀虫设备被正确使用、存放在正确标记的储藏间内。

⑤办公室派专人检查厂区内的昆虫、鼠害、鸟类活动踪迹和各项害虫控制措施。

(6)环境控制

①动力设备部负责消除积水来源,如排水沟、低洼地等。

②动力设备部必须保证生产车间所有的门处于良好状态以避免害虫进入,门在不使用时应关闭。通风窗户应加上纱网。

③厂区内安装电子灭蝇设备,动力设备部负责派专人每周检查。由于灭蝇灯效率会逐月下降每年由动力设备部负责厂内灭蝇灯管的更换。

④办公室负责随时清洁灰尘、污物、废弃材料,将被污染的材料移出工厂。

⑤采供部和仓库应保证库存周转,减少害虫污染发展和传播的可能性。仓库员工应有计划地及时打扫空置的货架区。破损或退回的货物应隔离以免造成交叉污染。

⑥在生产车间外部放置捕鼠笼(夹),办公室负责检查捕鼠情况。

⑦发霉、潮湿或被昆虫污染过的装置应立即清洗,必要时更换。

2.8.5 相关文件

(1)捕鼠工作计划。

(2)灭虫蝇工作计划。

2.8.6　记录

（1）每日清洁消毒巡检审查表。

（2）灭鼠记录。

（3）灭虫记录。

【案例分析】

×××公司实施 SSOP 文本实例

1.1　前言

本卫生标准操作程序是×××公司按《出口食品生产企业注册登记管理规定》建立卫生质量体系的要求，本卫生标准操作程序是公司卫生质量体系的二级文件，是公司所有卫生操作活动的行为准则。

为保证卫生标准操作程序能顺利贯彻、实施、确保公司产品质量达到质量目标，本卫生标准操作程序在后面附录了公司在执行本程序时必须填好的相应记录、表格、所有相关质量人员必须按照此统一格式记录。

本程序由×××公司技术部起草。

本程序由×××公司批准、实施。

1.2　加工用水、冰的安全卫生

1.2.1　生产、加工用水和冰的水质

必须符合国家生活饮用水卫生标准（GB5749）的指标要求，品控部负责每天检查余氯和水的 pH，化验室负责每周进行一次微生物检测，每年报请卫生防疫部门 2 次水质全分析。

（1）水质检验符合加工用水标准，告知生产部可进行生产。

（2）水质不符合加工用水标准，告知生产部不能进行生产。并对水质进行加氯（1～3 mg/L 消毒 30 min）处理，加工用水符合 GB 5749 各项相关指标，做好相关记录。

1.2.2　加工用水贮水塔，可用浇混凝土水池，加盖密封，水塔周围保持清洁卫生；断绝鼠饵；由设备部负责记录检查实施

（1）根据水质检测情况适时通知生产设备部门对贮水塔进行清洗，消毒，做好记录。

（2）凡与水接触的设备，净水剂均不能污染水质。

1.2.3　加工用水、冷却水与生产废水输水管道不得交叉，生产车间的每个供水管出水口按顺序编号

1.2.4　各生产车间安排专人负责车间生产废水排水沟的清理疏通，确保生产废水的排放畅通

1.2.5　行政部门安排专人负责厂区污水排水沟的清理疏通，确保厂区污水排放畅通

1.2.6　设备部门负责加工用水抽取供给及供水设备维护保养,作好供水设备的运行记录,确保加工用水充足

1.2.7　相关文件

GB 5749(生活饮用水卫生标准)。

1.2.8　相关记录

(1)水质余氯、pH 检测记录。

(2)贮水塔清洗、消毒记录。

(3)水质检验记录。

(4)水质检验报告。

(5)供水设备运行记录。

1.3　与食品接触面的清洁度

1.3.1　所有生产设备及工器具必须符合卫生标准,采用无毒、耐磨、耐腐、无味、不吸水、易于清洗的材料加工而成

1.3.2　所有生产车间管道、管线尽可能集中走向

冷水管不宜在生产线和设备、包装台上方通过,防止水滴入食品。其他管线和阀门不能设置在原料暴露和成品的上方。

1.3.3　所有生产设备、操作平台、工装器具,安装、摆放应与墙壁屋顶(天花板)有一定的距离,传动部分应有防水、防尘罩,以便于清洗和消毒

1.3.4　生产设备、操作平台、工装器具的清洗消毒

1.3.4.1　清洗时应将清洗物表面彻底湿润,清除表面物的污染,使被清除的污物处于悬浮状态,易于清洗。

(1)设备、操作平台,由上而下清洗。

(2)物料盘、小桶,周转箱,先冲洗外面,再对内反冲,地面冲洗干净。

1.3.4.2　消毒:用 200 mg/kg 次氯酸钠溶液消毒 3~5 min,用清水由上而下、由内而外冲洗干净(车间班、组长领用配制,做好记录)。空气消毒用紫外线或臭氧消毒。

1.3.4.3　生产中,手巾、手套经清洗后,用 75%酒精溶液喷洒消毒

1.3.5　所有生产设备、操作平台、工用具、生产员工的手,在生产过程中接触到污染源及生产后都必须进行清洗、消毒

1.3.6　每位员工工作服、工作帽、工作手套(袖套)、工作鞋等必须每天进行集中清洗、消毒,非生产人员进入车间必须按规定换工作服、工作帽、工作鞋

(1)不同区域的工作服分别清洗消毒,清洁工作服与脏工作服分区域放置。

(2)存放工作服房间应设有臭氧或紫外线消毒设施,且干净、干燥和清洁。

1.3.7　相关记录

(1)消毒液配置使用记录。

(2)微生物涂抹检验记录。

1.4　防止发生交叉污染

1.4.1　冲洗生产线、生产设备，操作平台等必须从上至下进行冲洗，避免污水倒流污染

(1)在连续生产过程中，每 4 h 用 200 mg/kg 的次氯酸钠溶液对生产线(流态化床)，生产设备等进行一次消毒，冲洗干净后使用。

(2)在连续生产作业中，每隔 1 h 对操作平台清洗一次，每 4 h 用 200 mg/kg 次氯酸钠溶液清洗，从上至下清洗消毒 1 次。

(3)经常对车间地面清洗、消毒，清扫地面上的积水，保证生产车间地面的清洁卫生。

1.4.2　清洁区和非清洁区的生产设备，工用具等要严格分开，非清洁的生产设施、公用具不得在清洁区混放混用

(1)清洁区的工用具等经常清洗、消毒后，整齐有序地摆放在各自指定位置上。

(2)非清洁区的生产设施、工用具要编号，收集整理后存放在指定位置上。

1.4.3　原料、半成品、成品在加工、包装、贮存过程中，要严格分开，不得混装混放

(1)原料、半成品、成品在加工、包装过程中的自检产生的不合格品与合格品分开存放，不得混装。

(2)成品在贮存时应按批号分开存放。

(3)原料，半成品和成品应根据各工序情况，严格分开，不得混装混放。

1.4.4　加强员工个人卫生管理

严格执行"四勤四不"(即勤洗手、剪指甲，勤理发，勤换洗工作服，勤检查个人卫生；不准染指甲、描眉毛、涂口红，不准戴耳环、戒指、项链、手表等，不准挖耳鼻及随地吐痰，不准吸烟、进食和开窗户)卫生管理制度，严禁非清洁区人员到清洁区串岗走动。

1.4.5　内外包装材料必须分开存放并保持清洁，严禁使用不清洁的包装物

(1)内外包装材料根据要求采用符合国家卫生标准的包装材料(内包装材料按 GB 9687—88 执行，外包装材料即瓦楞纸箱按 GB 5034—86 执行)，由品控部检验合格后入库，不合格由采购部门退货处理，入库存后按要求离地离墙，存放在相应条件的仓库中。

(2)凡装过有毒有害物质的食品包装不应再使用，其他使用过的包装物应指定专人进行检查验收，严格剔除非食品包装物和严重脏污的食品包装物，再进行严格的洗涤、消毒。

(3)加工人员系围腰的绳、手套、袖套、皮筋脱落后，不允许用塑料包装袋、橡皮筋随意捆扎，必须经加工缝制合格。

1.4.6　被污染的原材料，包装物及生产中的不合格品与废弃物必须作好标识，并及时处理，处理合格的转入下一道工序，处理不合格转作他用或销毁，严禁流入下一道工序

(1)被污染的原材料，包装物，以及生产中的废弃物应尽快运出厂，放置在指定地点；地面不渗水、方便清扫、远离车间，并不准位于生产车间的上风向场所。

(2)生产中产生的废弃物采用密闭加盖容器盛放。

1.4.7　生产、加工车间实行封闭式生产，严格防尘、防蝇、防虫、防鼠措施，防止外来污染

(1)在生产车间的玻璃窗户上装塑料防蝇、防尘纱窗。

(2)车间内用紫外线灯对空气消毒 30 min 或臭氧消毒 1 h。

(3)采用湿式打扫卫生等方法除尘。

(4)在车间的下水道口用网笼防虫,防鼠。

1.4.8 在各个不同的加工场所及关键控制点,设立警示牌,提醒员工严格按照工艺加工生产,严格监控每个工段每批产品过程是否都能达标

1.4.9 中途停产休息时,上厕所生产员工必须进行更衣、洗手、消毒后方可继续生产。严格遵守各项操作卫生制度,由专职卫生员严格监督执行

1.4.10 相关记录

(1)车间卫生检查记录。

(2)《不合格品处理单》。

(3)《包装材料检验记录》。

1.5 手的清洗与消毒,卫生间设施的维护与卫生保持

1.5.1 手的清洗消毒

(1)湿润手部,涂抹肥皂清洗液,揉搓、清洗、消毒,清洗,干洗。

(2)消毒用 50 mg/L 次氯酸钠溶液浸泡 3～5 min,清水冲洗,或用 75％酒精喷洒手部。

1.5.2 洗手要求

生产人员遇到下列情况之一必须洗手消毒:开始工作前,离开车间又重新进入车间前,处理被污染的原料之后,从事与生产无关的其他活动之后。

1.5.3 卫生间设施

(1)洗手池卫生设施主要包括水池、非手动式龙头、干手机、洗手剂、鞋消毒池、穿衣镜。

(2)洗手池应设置在生产车间进出口及车间内适当地点。

(3)更衣室内设置个人衣物存放柜、鞋架(箱)、工作服消毒柜(挂式),并安装消毒灯(紫外线灯或臭氧消毒)。

1.5.4 厕所必须设置在与生产相应的地段

厕所的窗子需有纱窗防虫蛀,门窗不得直接开向操作间;便池必须是水冲式;粪便排泄管不得与车间内的污水排放管混用。

1.5.5 生产结束后,必须对卫生间、洗手池、消毒池进行清洗、消毒

1.5.6 卫生设施保持、维护

(1)保持由卫生监督岗人员,对使用设施进行清洗消毒,配合监督管理,做好相关记录。

(2)设备科必须保持卫生间的设施维护良好,处于正常可用状态。

(3)化验室定期对空气作微生物检查。

1.5.7 相关记录

(1)消毒液配制使用记录。

(2)车间卫生检查记录。

1.6 防止洗涤剂、消毒液、化学试剂的污染

1.6.1 生产加工所使用的洗涤剂、消毒液、润滑油,实验室使用的化学试剂必须标识清楚,单独存放,专人保管,并作好相关的领用记录

（1）生产加工中使用的洗涤剂、消毒液,应由车间专职负责洗涤,消毒管理的人员统一领用,统一保管。

（2）负责洗涤、消毒管理的人员应根据各工序的生产要求,发放洗涤剂和消毒液,并及时将当时未使用完的洗涤剂和消毒液回收存放。

（3）管理人员在上述工作中作好相应的洗涤剂、消毒液领用记录。

（4）车间生产、加工中所使用的润滑油,由车间设备、设施的维护人员专职保管使用,未使用完的润滑油由维护人员及时回放,同时作好相应的润滑油领用记录。

（5）化验室使用的化学试剂,按《化验室管理制度》执行。

（6）生产车间照明灯需有防护罩。

1.6.2 杀虫剂、灭鼠药不得直接喷洒在食品及食品接触面上

（1）生产车间、原料、半成品、成品库房,不准使用杀虫剂和灭鼠药,只能用鼠笼、粘鼠胶、灭虫灯。

（2）在生产区外要使用杀虫剂和灭鼠药时,必须通知生产部门,并作好相应的预防措施。

（3）杀虫剂、灭鼠药必须统一保管、单独存放,并作好相应的领用记录。

1.6.3 相关文件

（1）《有毒有害物品的管理制度》。

（2）《化验室管理制度》。

1.6.4 相关记录

（1）消毒液、洗涤剂领用记录。

（2）杀虫剂、灭鼠药使用记录。

1.7 有毒化学物质的标记、贮存及使用

1.7.1 有毒化学物质的标记

（1）有毒化学物质在购进时,应向供应商索取生产许可证明及检验报告,使用说明书及相关证明文件。

（2）检查标识是否完整,即化合物名称齐全、毒性主要成分、规格、数量、使用方法、厂址、厂名、生产日期、保存条件、时间等。

（3）所有有毒化学药品必须有醒目的特殊标志,能引起大家注意。

1.7.2 有毒化学物品贮存

（1）必须按物质不同的属性,分类贮存。

（2）必须实行专人管理、专人发放、专人使用,并作好相关记录。

1.7.3 有毒化学物品使用

（1）使用人员必须先了解该物品的性质,正确的使用方法、保护措施。

（2）有毒化学物质在使用时,切忌用嘴吸和与伤口接触。

（3）切忌将开启后有毒物品放在上风口,人站在下风口,应在通风柜中操作。

（4）开启有毒物品时,不能将瓶口对着人。

（5）专领、专用、做好相关记录。

1.7.4　有毒化学物质不能与食品表面、包装物接触

1.7.5　相关文件

《有毒有害物品验收记录》。

1.8　生产质量管理人员的健康与卫生控制

1.8.1　每年对生产质量管理人员至少进行一次健康检查,新招员工在招聘录用时必须进行健康检查,建立生产质量人员健康档案

1.8.2　从业人员要经过卫生培训教育,考试合格方可上岗

1.8.3　健康要求,凡是有下列病症之一者,不得从事食品加工

(1)痢疾、伤寒、病毒性肝炎、消化道传染病。

(2)活动性肺结核。

(3)化脓性或渗出性皮肤病。

(4)其他有害碍于食品卫生的疾病。

1.8.4　受伤处理

凡受刀伤或其他外伤的生产人员,应立即采取妥善措施包扎防护,伤口未恢复不得从事与食品接触工作。

1.8.5　个人卫生

(1)生产质量管理人员应保持良好的个人卫生,勤洗澡、勤换衣、勤理发,不得留长指甲和涂指甲油。

(2)生产质量管理人员进车间不得将与生产无关的个人用品和饰物带入车间,进车间必须穿戴工作服、工作帽、工作鞋,头发不许外露,必须洗手、消毒。半成品,成品加工人员必须戴口罩。

(3)直接与原料、半成品接触的人员不准戴耳环、戒指、手镯、手表、化妆、喷洒香水进入车间。

(4)手接触赃物、进厕所、用餐后都必须洗手、消毒才能进行工作。

(5)上班前不准酗酒,工作时不准吸烟、饮酒、吃食物、打喷嚏、挖耳及其他有碍食品卫生的活动。

(6)不准穿工作服、鞋、帽进厕所和离开生产加工场所。

(7)非生产人员进入生产车间,必须遵守本章5.2条的规定。

1.8.6　生产监督管理人员和卫生监督人员对生产质量管理人员的健康观察,发现异常即时报告,并进行体检。

1.8.7　相关记录

《生产质量管理人员健康档案》。

1.9　虫鼠害的防治

1.9.1　生产车间及贮藏库

必须设有防虫、防蝇、防鼠装置,所有开启的窗户必须装有纱窗,地面通风口,下水管道必须安装防鼠设施,以确保无虫害、无鼠害。

(1)生产车间及贮藏库内设有灭蝇灯。

(2)生产车间及贮藏库的一些卫生死角(如:下水道、墙角),要定期清洗、消毒,防止蚊虫滋生。

（3）根据生产车间和贮藏库的布局设置老鼠夹或鼠笼。

（4）车间及贮藏库的所有需要开启的窗户都要安装纱窗防虫防蝇。

（5）所有地面通风口和下水道都必须安装金属防鼠网。

（6）在对外排水口处设水封装置,在下水道设网笼防虫。

1.9.2　生产车间、贮藏库以外的厂区

采用药物驱虫灭鼠时,必须对所用药品的资料进行记录,并按使用说明进行操作。

（1）在生产车间贮藏库以外的厂区采用药物驱虫、灭鼠时,应通知生产部门采取防止措施。

（2）投药灭鼠时,应对所有投药点、投药量,做好记录,并按预期计划将未被老鼠食用的鼠药回收处理,同时对所有区域检查、清理。

1.9.3　相关文件

《有毒有害物品管理制度》。

1.9.4　相关记录

（1）鼠夹布置图。

（2）驱虫、灭鼠药领用记录。

（3）灭鼠投药点、投药量、灭鼠量记录。

1.10　防止食品包装材料,食品接触掺而入其他有害物

1.10.1　食品包装物的采购、贮存应符合下列标准要求:

（1）用于外包装纸箱符合 GB 5034—86。用于内包装的塑料袋应符合 GB 9687—88,不符合上述卫生标准的内、外包装材料不准购进。

（2）包装物在贮存时,应按《物资管理制度》的要求贮存,要求隔地、隔墙、防尘、防鼠、防虫、防潮。

①内外包装材料分别存放,要求上有盖布、下有垫板,并有防虫、防鼠设施。

②每批内包装材料进厂后由仓储通知化验室进行涂抹微生物检验及感官检验,合格后方能办理入库手续,微生物超标必须采用紫外线或臭氧进行消毒处理。严禁使用不合格的包装材料。

（3）包装物在运输过程中,应按照包装物标准中有关运输要求进行运输。

（4）严禁使用没有标识的化学物品。

1.10.2　食品包装物贮存运输,贮存过程中应防止污水和掺入其他有害物质。

（1）用于运输车辆必须清洁卫生。

（2）食品包装物不能和有毒、有害物品共同运输。

（3）食品包装物运输车辆需加蓬、防水、防尘。

1.10.3　产品包装时,应严格按《工序作业指导书进行》。

1.10.4　相关文件

（1）GB 5034—86。

（2）GB 9687—88。

1.10.5　相关记录

包装材料检验记录

【能力拓展】

卫生监控与记录表

卫生监控与记录表（表 8-2 至表 8-11）。

表 8-2　×××公司纠偏记录表

×××公司		文件编号：
		日　　期：
		页　　码：

纠偏记录表

发生日期	年　月　日	报告日期	年　月　日
发生地点		报告人	
客户		产品名称	

异常质量问题描述（如 发生，包括什么人、事、时间、地点等）：

检验员：

异常问题解决办法：

生产管理人员：

复核结果：

检验人员：

审核人：	审核日期：	质量负责人：

拟制		审核		批准		
						版本：A

未经×××公司书面批准，严禁复印派发。

表 8-3 ×××公司防蝇虫执行记录表

×××公司		文件编号：	
		日　　期：	
		页　　码：	

防蝇虫执行记录表

年　　月　　日

时间	喷洒药剂	药剂规格	浓度	执行人

喷洒执行记录情况	
喷洒地点	
备注	
基准	冬春季每月 5 次,夏、秋季每月 15 次; 执行打"√",未执行打"×"

审核人：　　　　　　　　　　审核日期：

拟制		审核		批准		
						版本:A

未经×××公司书面批准,严禁复印派发。

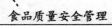

表 8-4 ×××公司生产过程卫生监督考核表

×××公司	文件编号：
	日　　期：
	页　　码：

生产过程卫生监督考核表

考核指标 100%	上工序负责人和 卫生检验员签字	下工序负责人和 卫生检验员签字	备注
产品质量卫生 75% 工艺操作 10% 车间卫生 5% 个人卫生 5% 公用具卫生 5%			

说明：上工序交下工序，若考核指标后符合规定时，下工序负责人卫质检员拒绝签字，产品质量问题由上工序承担，及时报生产部。

拟制		审核		批准		版本：A

表 8-5　×××公司防鼠记录表

×××公司			文件编号：				
			日　　期：				
			页　　码：				

防鼠记录表

年　　月　　日

防鼠点			投药名称	投药量	灭鼠量	施药时间	结束时间
分区	编号	防鼠点部位					
生产区	A	间					
	B	间					
	C	楼梯间过道					
	D	库					
		库					
		库					
非生产区	E	库					
		库					
		库					
	F	物料库					
		库					
		库					
备注							
记录人：		记录日期：		审核人：		审核日期：	
拟制			审核			批准		版本:01

未经×××公司书面批准,严禁复印派发。

表 8-6 ×××公司化学药品出、入库管理记录

××× 公司			文件编号：
			日　期：
			页　码：

化学药品出、入库管理记录

出库时间	化学药品名称	出库数量	用途	取用人签名	管理人签名	备注

入库时间	化学药品名称	入库时间	购买人签名	生产厂家	管理人签名	备注

审核：　　　　　　　　　　　　　　　　　　　审核日期：

拟制		审核		批准	

版本：A

未经×××公司书面批准，严禁复印派发。

表 8-7　×××公司化学药品使用记录

	×××公司	文件编号：
		日　　期：
		页　　码：

化学药品使用记录

车间：

日期	时间	取用品名	用途	用量	配置浓度	执行人	备注

审核人：　　　　　　　审核日期：　　　　　　　　　　　负责人：

拟制		审核		批准		
						版本：01

未经×××公司书面批准，严禁复印派发。

表 8-8　×××公司加工车间微生物涂抹检查表

		文件编号：
	×××公司	日　　期：
		页　　码：

加工车间微生物涂抹检查表

车间：　　　　　　　　检查时间：　　　　　　　　报告日期：

序号	名称	细菌总数/ ［个/g］	大肠菌群/ ［MPN/100 g］	结论

审核人：　　　　　　　　审核日期：　　　　　　　　负责人：

拟制		审核		批准	
					版本：A

未经×××公司书面批准,严禁复印派发。

表 8-9 ×××公司加工人员健康检查档案记录

×××公司		文件编号：
		日　期：
		页　　码：

加工人员健康检查档案记录

车间：　　　　　　　　　　　　　　　　　　　　　　　　　　　年　　月　　日

检查人：　　　　　　　　　　　　　　　　　　检查时间：

拟制		审核		批准		
						版本：01

未经×××公司书面批准，严禁复印派发。

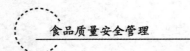

表 8-10 ×××公司水质余氯、pH 检测报告

×××公司		文件编号：
		章 节 号：
		页　　码：

水质余氯、pH 检测报告

年　　月　　日

取样地点	检验方法	执行标准	游离氯含量 /(mg/L)	结合氯含量 /(mg/L)	pH

检验员：＿＿＿＿＿＿＿　　　　　审核人：＿＿＿＿＿＿＿＿

年　　月　　日

拟制		审核		批准		
未经×××公司书面批准，严禁复印派发。						版本：01

表 8-11 ×××公司消毒液配置记录表

×××公司		文件编号：
		日　　期：
		页　　码：

消毒液配置记录表

车间＿＿＿＿＿＿＿班　　　　　　　　　　　药品：＿＿＿＿＿＿＿＿

作业日	时间	药品投入量/mL	水量/kg	操作者	备注

审核人：＿＿＿＿＿＿＿　　　　　　　　　　审核日期：＿＿＿＿＿＿＿

拟制		审核		批准	
					版本：01

未经×××公司书面批准，严禁复印派发。

【知识延伸】

1 捕鼠工作计划

1.1 目的

为有效防止老鼠对环境及产品的污染和损害,提高产品质量及卫生标准。

1.2 范围

公司内除加工车间室内以外的所有场所、地域。

1.3 职责

办公室负责制订计划,安排、布置并检查记录防鼠、灭鼠工作,专职卫生员负责放置灭鼠器械,处理老鼠等具体工作。

1.4 工作程序

1.4.1 防鼠

凡车间与外界相通的下水道的出口处均放置防鼠网,防止老鼠进入车间,专职卫生员经常检查防鼠网安全情况,发现损坏要立即更换。

1.4.2 灭鼠

(1)建立灭鼠编号图和灭鼠记录。

(2)定期放置老鼠笼(夹),每次放置 20 个,隔日交换位置放置。

(3)根据灭鼠情况确定放置鼠笼(夹)频率,发现老鼠时要连续放,连续三天未发现老鼠可在一周之后再放置。

(4)灭鼠器械为灭鼠笼、捕鼠夹(板),不使用鼠药,以免对产品造成污染。

(5)处理方法

采用锅炉焚烧处理。

1.4.3 记录

相关资料将保存 3 年。

1.5　参考文件

无。

1.6　使用记录

灭鼠记录。

2　灭虫蝇工作计划

2.1　目的

为有效防止虫害对环境及产品的污染和损害，提高产品质量及卫生标准。

2.2　范围

公司所有场所。

2.3　职责

办公室负责制订灭虫蝇工作计划、并布置、检查和记录，专职卫生员负责具体工作。

2.4　工作程序

（1）对蚊蝇滋生地（垃圾箱、车间外公共厕所等）采用药物杀灭的办法，使用次数根据季节和蚊蝇等害虫活动情况而定。

（2）专职卫生员每周检查各车间入口处捕虫灯的使用情况，并经常清理被捕虫灯电死的蚊蝇等昆虫。

（3）用专门的垃圾袋将打扫下的蚊蝇等昆虫经消毒后统一处理，不得随意扔掉。

（4）捕虫灯管最长 6 个月更换一次，一旦发现使用效果差应立即换灯管。

（5）记录

相关资料将保存 3 年。

2.5　参考文件

无。

2.6 使用记录

灭虫记录。

【思考题】

1. SSOP 的基本概念。

2. 简述 SSOP 和 GMP 之间的关系。

3. SSOP 包括哪些方面的内容？

4. 如何进行食品接触面的清洗消毒及管理？

5. 简述洗手消毒的程序。

6. 外来污染物是如何进行分类的？

7. 工厂内应该如何存放有毒有害化学物品？

【参考文献】

[1] 刁恩杰. 食品安全与质量管理学. 北京:化学工业出版社,2008.

[2] 朱坚等. 食品安全与控制导论. 北京:化学工业出版社,2009.

[3] 刘先德. 食品安全与质量管理. 北京:中国林业出版社,2010.

[4] 宁喜斌. 食品质量安全管理. 北京:中国计量出版社,2012.

[5] 张登沥等. HACCP 与 GMP、SSOP 的相互关系[J]. 上海水产大学学报,2004(03).

[6] 夏桂珍. 食品加工企业应如何学习应用 GMP,SSOP 及 HACCP 管理体系[J]. 中国酿造,2003(06).

模块九　食品质量检验

【预期学习目标】

　　1.理解食品质量检验的定义、功能及要点。

　　2.熟练掌握质量检验的主要制度、基本程序。

　　3.熟悉质量检验的主要分类方法、具体分类及检验形式等问题。

　　4.了解食品质量检验计划的概念和编制情况,以及食品质量检验的组织机构、主要职责等。

　　5.能够熟悉抽样检验的概念、采样方法等。

　　6.掌握食品感官检验、理化检验、微生物检验的方法与步骤等。

【理论前导】

1　食品质量检验制度

　　食品质量检验制度是食品质量和安全管理体系的重要组成部分,在现代食品质量与安全管理注重食品检验过程的调控基础上,对食品质量的最终检验为保证和提高食品质量与安全提供了更加全面的技术手段。通过对过程与结果的双重控制,可以有效降低最终产品的不合格率。

　　食品质量检验制度是我国食品质量安全市场准入制度的重要指标之一。食品质量安全领域准入制度规定的强制检验包含三部分检验:第一,核发食品生产许可证前进行的发证检验;第二,企业对每批产品的出厂检验;第三,相关行政部门日常的监督检验。

1.1　食品质量检验的定义、功能与要点

1.1.1　食品质量检验的定义

　　食品质量检验是通过观察、判断、测量、试验等方法,根据食品标准或检验规程对食品的原材料、半成品、成品进行一个产品或多个产品质量特性及安全方面的测定或试验,并依据所得到的特性值和规定值进行比较、判定,做出食品是否合格的技术性评价的检验活动。其定义与食品验证、食品试验有所不同,食品验证是指通过提供客观证据对食品质量的规定要求达到满足的认定,更加侧重于检查、核对客观证据,如检查有无合格证件,核对供应商提供产品的检验数据等;而食品试验是指按照程序确定食品的一个或多个性能,是食品检验的一部分或过程之一。从内涵而言,食品检验包含验证和试验,并大于此范围。

1.1.2 食品质量检验的功能

（1）鉴别功能 质量检验的鉴别功能主要指企业的质量检验机构将食品技术标准、相关法规、合同等作为评定依据，对产品质量进行各阶段的质量与安全检验，并将检验结果与标准比较，形成食品质量合格与否的鉴定和评价。鉴别功能是监督功能的前提和基础。

（2）监督功能 质量检验的监督功能是质量检验最重要、最基本的功能，产品成型的过程非常复杂，影响质量的因素众多，工序不可能始终处于等同的状态，故质量波动客观存在。质量检验的监督功能主要体现在检验人员通过对制作食品的原材料、外购部件、外协部件和成品的质量检验，挑出或筛查出不合格产品，严格监督食品的各个环节的质量检验过程，杜绝一切不合格原材料进厂，把控最终生产成品的合格出厂。

（3）预防功能 质量检验的预防功能表现在质检人员通过抽样检验，对食品生产过程进行能力预防分析，并运用控制图原理判断过程状态，预防不合格产品的出现。检验人员通过进货检验、过程检验及抽样检验方式等，防止不合格产品进入工序加工阶段和大批量产品生产阶段，避免造成企业生产中的巨大损失。

（4）改进功能 质量检验人员一般都是由具有一定生产经验、专业熟练的技术人员或技术工人担任，他们往往都是直接参与生产现场工作的人员，比较设计、工艺人员具有更加丰富的实践经验，对生产中影响人员情况、机器运行、周围环境、相关法规等因素也了如指掌，在质量改进中能提出更加切合实际的可行建议和措施。这是质量检验人员的优势所在。如果可以将设计、工艺、检验和操作人才联合起来进行质量检验，能够迅速有效的推进质量改进的步伐，取得良好的检验效果。

（5）报告功能 质量检验的报告功能是强调各个阶段检验中的记录与汇总过程，通过对食品检验过程中的质量记录，可以有效证实食品在生产过程中是否符合标准测定值，当产品质量发生异常情况时，检测记录能够及时向异常现象反映于有关部门，形成重要的质量管理体系依据和报告。质量报告的具体内容有：原辅料、包装材料等进货验收的质量情况和合格率；过程验收和成品验收的合格率、返工率、报废率、等级率及损失金额；不合格产品的原因分析及重大质量问题的调查、分析和处理意见；提高产品质量的建议。

1.1.3 食品质量检验的要点

（1）质量检验所使用的物理、化学等技术手段和方法，包括各种计量检测器具、仪器仪表、试验设备等，并且对其实施有效控制，以获得所需的准确度和精密度。

（2）为满足顾客要求或预期的使用要求和政府法律、法规的强制性规定，产品质量具有一定技术性能、安全性能、对环境和人身安全要求、对人员的健康要求等特性，不同的产品会有不同的质量特性要求，同一产品的用途不同，其质量特性要求也会有所不同。

（3）产品质量特性是在产品实现过程形成的，是由产品的原材料、构成产品的各个部分的质量决定的，并与产品实现过程的专业技术、人员水平、设备能力、环境条件密不可分。故企业需要实时对过程中的操作人员进行技能培训、对设备进行核定、对环境进行监控、明确规定工艺方法，还要对产品进行质量检验，判定产品的质量状态。

（4）产品的质量特性在产品技术标准（国家标准、行业标准、企业标准）和其他相关的产品设计图样、检验规程中明确规定，成为质量检验的技术依据和检验后比较检验结果的基础条件。经过比较对照,确定每项检验的特性是否符合标准和文件规定的要求。

(5)质量检验的结果,要依据产品技术标准和相关的产品图样、过程文件或检验规程的规定进行对比,确定检验过程与结果是否合格,从而对单件产品或批产品质量进行符合性判定。

1.2 质量检验的主要制度

1.2.1 三检制度

三检制由实行操作者的自检、工人之间互检和专职检验人员专检等三部分组成。自检是指由操作工人(生产者)按照作业指导书规定的技术标准,对自己所加工的产品进行检验,并做出是否合格的判断。目的是操作者通过检验了解被加工产品的质量性能及状况,不断调整生产中的操作过程,生产出完全符合质量要求的产品。互检是由同工种或上下道工序的操作者相互检验操作工人所加工的产品,通过检验及时发现不符合工艺规程规定的质量问题,及时采取改进措施,保证加工产品的质量。如小组质量员或班组长对本小组工人加工出来的产品进行抽检等。专检是由专业检验人员进行的检验,是现代化大生产劳动分工的客观要求,是互检和自检不能取代的专业检验,由企业质量检验机构直接领导、专职从事质量检验的人员进行检验,保障被检验产品从技术要求、工艺知识和检验技能方面的更好达标,提高检验的可靠性、效能性。专检是三检制的主导检验方式,也是最为规范的检验形式,具有相对稳定性和规范性。

1.2.2 留名制度

留名制是指当生产过程出现改变产品状态的情况时,需要记录检验、交接、存放和运输的过程及责任者的姓名,以示负责。在成品出厂检验单上,检验员必须签名或加盖印章。留名制度属于重要的技术责任制。操作者签名表示按规定要求完成工序,检验者签名表示该工序已经能够达到规定的质量标准。签名后的记录文件应妥为保存,以便日后作为参考或证明材料。

1.2.3 重点工序双岗制度

重点工序双岗制是当操作者进行重点工序加工时,应有检验人员同时在场监督,必要时应有技术负责人或用户的验收代表在场,监视工序是否按规定的程序和要求进行和完成的制度。重点工序是指加工关键零部件或关键部位的工序,如下道工序加工基准的工序,或工序过程的参数或结果不能保留客观证据,或事后无法检验查证的工序。实行双岗制的工序,在工序完成后,操作者、检验员或技术负责人和用户验收代表,应及时在相关文件上签名,并尽可能将情况记录存档,以示负责,以便日后查询和取证。

1.2.4 质量重复查验制度

质量重复查验制度是生产重要产品的企业,为了保证交付产品的质量安全、稳妥、可靠,避免产品质量隐患,在产品检验入库后的出厂前,组织产品设计、生产、试验及技术部门人员进行产品质量重复检验、调查的制度。即使是百分百的全数检验形式,也会出现一些缺失或纰漏,因此质量的重复检验是相当有必要的制度方式,相当于为企业的产品筑起了坚实的质量防线,最大限度的保障质量的合格率。

1.2.5　质量统计、分析制度

质量统计、分析是指企业和相关质量检验部门,根据上级要求和企业质量状况,对生产中各种质量指标进行统计汇总、计算和分析的制度。质量统计需要按期向企业相关负责部门及上级有关部门汇报,反映生产中产品质量的变动规律和发展趋势,为质量管理和决策提供可靠依据。统计指标主要有:抽查合格率、返工率、指标合格率、成品一次合格率、加工废品率等。

1.2.6　不合格产品有效管理制度

不合格产品有效管理制度是整个质量管理工作的重要一环。对于不合格产品的管理要坚持查清不合格原因、责任者,并及时提出相应解决和改进措施,真正发挥检验工作的监督功能和预防作用。所谓有效,就是及时、准确和高效,对于不合格产品而言,现场管理极为重要,尤其是如何对于不合格产品进行有效处理和处置,以下重点提到两项:第一,对不合格的产品进行标记工作,当产品被检验为不合格产品或不合格半成品时,根据不合格品的类别、不合格的程度、等级等情况,分别对不合格品做出相应特殊标记,以示区分;第二,对各类不合格产品在特殊标记后进行分区隔离存放,避免相互混淆,以便日后进行不同程度的处理和处置,尽量减少由于不合格品出现而导致的经济损失。

1.2.7　追溯制度

追溯制又称跟踪管理,是当企业涉及事故、损失、责任时,为及时有效追究责任人权责,而提供相应证明依据的制度。在生产过程中,每完成一个工序,都要记录详细检验结果及存在的问题,以及操作者、检验者的姓名、时间、地点及情况分析,在产品上也要作以质量状态标志。通过对于记录和带标志的产品进行相应的监督与跟踪。如果遇到需要追究责任的情况,能够做到职责分明,查处有据,极大地加强职工的责任感。

1.2.8　质量检查考核制度

在质量检验过程中,由于主观与客观因素的影响,产生检验误差是很难避免的。目前很多企业对检验人员的误差,仍缺乏足够重视,导致事实与检验结果不相符的不良后果,造成一定的损失。针对这样的情况,企业应该采取更加完善的检验措施,如重复检验、复核检验、改变检验条件后重新检验、建立标准品等,对由于技术误差造成的后果进行足够和完善的弥补,以便更加及时的发现检验过的产品所存在的缺陷。

1.3　质量检验的基本程序

质量检验的基本程序(步骤)大体可分为五个阶段:准备阶段、测量试验阶段、结果记录阶段、结果比较与判定阶段、确认和处置阶段(图 9-1)。

1.3.1　质量检验的准备阶段

(1)熟悉规定要求　熟悉检验标准和技术文件规定的具体内容和特殊要求,确定测量的项目和量值。具体做法大体分为 3 种:直接测量、间接测量和比较测量等。直接测量是将质量特

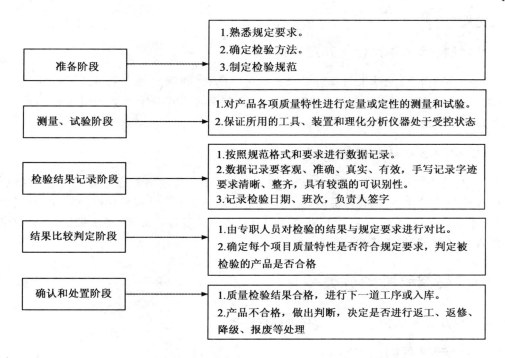

图 9-1　质量检验的基本程序图

性转化为可以直接测量的物理量;间接测量是采取间接测量方法,经过换算过程,形成检验需要的数值;取得标准实物样品作为样板进行比较测量。

(2)确定检验方法　选择哪种检验方法,要依靠测定对象的精密度、准确度适合检验要求的计量器具和测试、理化分析等过程所需要的仪器设备而定。通过测量、试验的条件,确定检验实物的数量,此外,对批量产品还需要确定批的抽样方案。

(3)制定检验规范　将确定的检验方案和方法用技术文书形式做出书面规定,制订规范化的检验规程、检验指导书等,并绘制图表形式的检验流程书、工序检验卡等。另外,准备阶段还要及时对检验人员进行相关知识和技能的培训与考核,确定能否适应检验工作的需要。

1.3.2　质量测量、试验阶段

按照已经确定的检验方法,对产品的各项质量特性进行定量或定性的测量和试验,得到需要的数值和结果,并且在测量过程中,必须保证所用的工具、装置和理化分析仪器处于受控状态。

1.3.3　质量检验结果记录阶段

将测定完成的结果按照一定的规范格式和要求进行数据记录,检验记录按照质量体系文件的规定要求调控。质量检验记录是证实产品质量是否符合标准要求的有力证据,数据记录要客观、准确、真实、有效,手写记录字迹要求清晰、整齐,具有较强的可识别性,不能随意进行涂改,如果确实需要更改记录内容,需要按照规定程序进行处理。质量检验记录不仅要记录检验数据,还要记录检验日期、班次等内容,由负责检验的人员进行确认签名,以便明确责任范围,进行规范性管理。

1.3.4 质量检验结果比较与判定阶段

由专职人员对检验的结果与规定要求进行对照比较,并确定每个项目质量特性是否符合规定要求,判定被检验的产品是否合格。有关检验结果的正式判定需要经过授权的责任人员做出,尤其是涉及成本昂贵或关系重大的产品。

1.3.5 质量检验确认和处置阶段

检验人员对检验记录和判定结果进行签字确认,对产品做出相应处置,如果符合规范要求,即质量检验结果合格,便将产品进行下一道工序或入库;若产品不合格,要做出适当判断,通过判断结果决定是否进行返工、返修、降级、报废等方法处理。此外,对于批量产品的检验结果,分别做出接收、拒收或复检处理。

1.4 食品质量检验的分类

质量检验方式可按不同的方法和标准进行分类。

1.4.1 按生产过程的顺序分类

按照企业生产产品过程的先后顺序和程序,可将质量检验分为进货检验、工序检验和最终检验等三类。

1.4.1.1 进货检验

食品企业所需的原料、配料、包装材料等多由其他企业生产并供应。进货检验是企业对所采购的原材料及半成品等在入库之前所进行的检验,其目的是防止不合格品进入仓库,避免由于使用不合格原料等影响产品质量,使产品生产进度受到影响,打乱正常的生产秩序。进货检验对于把好质量关,减少企业不必要的经济损失至关重要,应由企业专职检验人员严格按照技术文件要求认真检验。进货检验可分为首批样品进货检验或成批进货检验。

(1)首批样品进货检验 如果遇到以下情况,食品企业需要进行首批样品进货检验:第一,首次交货,双方并不熟悉对方产品性质、诚信状况等情况;第二,供货方产品设计上出现较大变更或供货产品的制造工艺有较大改变,需要进行重新评估等;第三,供货方停产后较长一段时间才恢复生产,食品企业需要针对恢复生产的厂商、企业进行进一步评估,并对供应产品进行详细的检验、测定;第四,需方质量安全与检验要求出现比较实质性的改变。对首批样品进行质量检验,需要按检验程序、规范性文件以及该产品的规格要求或特殊要求进行全面检验或全数检验,并且对某项质量特性的试验数据进行详细记录,以便有效分析首批样品是否合格,是否具有一定质量缺陷,以便预测今后可能发生的问题,及时与供货方沟通,进行改进或提高。

(2)成批进货检验 根据进货时购置而来的原材料、半成品对产品质量的影响程度,可将原材料、半成品分为三类,第一类为关键件,必须按规定严格检查;第二类为重要件,抽得部分样品检查;第三类为一般件,对产品型号规格、合格标志等进行验证。通过以上三类分别检验原材料、半成品入厂时的合格程度,可以有效提高工作效率,使检验工作主次分明,将主要力量集中于检测关键件和重要件上,确保进货质量。

1.4.1.2　工序检验

也称过程检验,是在产品形成过程中对加工工序进行的检验,其目的在于避免不合格半成品流入下一道工序中,影响整个生产过程的进程和产品质量,尽早预防由于不合格半成品导致不良后果的发生,造成继续加工的经济损失,确保正常的生产秩序。工序检验是按生产工艺流程和操作规程进行的检验,检验工艺要起到保证工艺规程顺利全面执行的作用。工序检验一般由生产部门和质检部门分工协作共同完成。工序检验根据过程的各阶段又可分为:首件检验、巡回检验、在线检验、完工检验。

(1)首件检验　首先,检验加工后的第一件产品;其次,在生产过程中当出现人员换班、更改工序顺序、调整工装、变换设备工艺等变更情况时,需要对生产出的前几件产品进行检验。这样可以及时发现生产过程中影响产品质量的各项因素,进行过程监督,防止产品成批报废,造成经济损失。

(2)巡回检验　检测员在生产现场按一定时间间隔,对有关工序过程中的产品和生产条件进行的抽样监督检验,并对可能影响检验结果的各项质量因素进行重点性监督,如正在生产工作的人员因素、机器正常运行因素、所使用的材料合格情况因素、所使用的生产方法是否得当、相关测定指标是否正常运行,环境因素等。巡回检验是工序检验的关键步骤。

(3)在线检验　在企业流水线生产过程中,完成每道工序或多道工序后,需要对工序过程中所生产的产品进行检验,一般要在流水线中设置几个检验工序,由生产部门或品质部门派专职人员在此进行检验,以确保工序规程的有效监督,达到保证工序过程中的质量保证。

(4)完工检验　对一批加工完成的半成品进行的检验,工作内容包括之前各道工序的检验是否顺利完成,检验结果是否符合要求,对之前所有的检验数据进行符合、检查,发现或排除不合格产品,使合格产品继续进行下一道工序,或进入半成品仓库。

1.4.1.3　最终检验

是产品完工后的产品入库前,或发到用户手中之前进行的一次全面彻底检验。最终检验是最关键的检验过程,必须根据合同规定及有关技术标准或技术要求,对产品实施最终检验。防止不合格产品出厂,避免造成企业和用户的双重损失。最终检验除了针对出厂产品进行检验外,还应对在此之前进行的进货检验、工序检验的合格性进行最终核对,保证所有规定的检验都顺利完成,只有各项检验结果满足规定要求后才能进行最终检验。最终检验的形式分为成品检验、形式检验和出厂检验。

(1)成品检验　是在生产结束后、产品入库前对产品进行的常规检验。如包装、感官指标、非致病性微生物指标、部分理化指标等。

(2)形式检验　包括常规检验项目和非常规检验项目。非常规检验即农药兽药残留、重金属、致病菌等,特点是检验耗时较长、费用大,故不可能每批入库(或出厂)产品都会进行。一般情况下,每个生产季度应进行一次形式检验。如遇新产品或老产品转厂生产、长期停产后恢复生产、正式生产时主要原辅材料及配方工艺和关键生产设备有较大改变、国家质量监督机构提出进行形式检验要求、出厂检验结果与上次形式检验有较大差异等情况时,需要进行形式检验。

(3)出厂检验　又称交收检验,是将仓库中的产品送交客户前进行的最后一道检验工序。由于食品具有保质期,出厂与入库有一定时间差,故出厂检验非常必要。其项目可以同入库检验相同,也可以从入库检验的项目中选择部分进行检验。只有形式检验在有效期内、出厂检验合格的产品,才能判定它符合质量要求。

1.4.2 按质量特性的数据性质分类

按照产品质量特性的数据性质,可将质量检验分为计量值检验和计数值检验等两类。

(1)计量值检验 计量值检验需要测量和记录质量特性的具体数值,取得计量值数据,并根据数据值与标准对比,判断产品是否合格。计量值检验所取得的质量数据,可应用控制图、直方图等统计方法进行质量分析,可以获得较多的质量信息。

(2)计数值检验 包括计件检验和计点检验,只记录不合格的件数或点数,不记录检验后的具体测量数值。质量特性本身很难用数值表示的产品适合使用此种方式检验。如食品的味道是否可口等,只能通过感官判断是否合格。

1.4.3 按检验后的样品状况分类

按照产品检验后的样品状况,可将质量检验分为破坏性检验和非破坏性检验等两种。

(1)破坏性检验 有些产品的检验是带有一定破坏性的,即产品检验后本身不再存在或不再具有使用特性,也就是说检验过程中必须将被检验的样品破坏后才能取得检验结果,故破坏性检验只能采用抽样检验形式,如食品化学检验等。

(2)非破坏性检验 非破坏性检验是检验过程中产品不受到破坏、产品质量不发生实质性变化的检验,如食品重量的测量等检验。由于现代无损探伤技术的发展,非破坏性检验的可用范围逐渐扩大。

1.4.4 按检验的目的分类

按照产品质量检验的目的,可将质量检验分为生产检验、验收检验、监督检验、验证检验和仲裁检验等五类。

(1)生产检验 生产检验执行内控标准,是指生产企业在产品形成的整个生产过程中的各个阶段所进行的检验。生产检验的目的在于保证生产企业的产品质量,如食品的出厂检验或称交收检验。

(2)验收检验 验收检验执行验收标准,是顾客对生产企业(即需方对供方)提供的产品所进行的检验。

(3)监督检验 监督检验是依靠经各级政府主管部门所授权的独立检验机构,按质量监督管理部门制订的计划,从生产企业或市场抽取产品或商品所进行的市场抽查监督检验。其目的是为了对投入市场的产品质量进行宏观控制。

(4)验证检验 验证检验指各级政府主管部门所授权的独立检验机构,从企业生产的产品中抽取样品,通过检验验证企业产品是否符合所执行的质量标准要求的检验,如产品质量认证中的形式试验。

(5)仲裁检验 仲裁检验指当供需双方因产品质量发生争议时,由各级政府主管部门所授权的独立检验机构抽取样品进行检验,提供仲裁机构作为裁决的技术依据。

1.4.5　按被检验产品的数量分类

按照被检验产品的数量,可将质量检验分为全数检验、抽样检验和免于检验等三类。

(1)全数检验　也称为100％检验,是按规定的标准,将所提交检验的全部产品逐件进行检验的形式。需要进行全数检验的情况如下:产品价值比较高但检验费用不高的产品;生产批量不大,质量又无可靠措施保证的产品;手工操作比率大、质量不稳定的产品;抽样检验中被判定为不合格批次,需全数重新检验的产品。但即使是进行了全数检验,也不能完全保证产品百分百的合格,其中还会存在一些错验和漏验的现象,如果条件允许,最好重复多次全数检验才能更加稳妥和可靠。

(2)抽样检验　抽样检验是按预先确定的抽样方案,从交验产品中抽取规定数量的样品作为样本,通过对样本的检验推断产品是否合格的检验方式。需要进行抽样检验的情况如下:价值不高但检验费用较高的产品;生产批量大、自动化程度高、产品质量比较稳定;带有破坏性检验项目的产品;生产效率高、检验时间长的产品;外协件、外购件大量进货时。

(3)免于检验　简称免检,属于无试验检验,是对经国家权威部门产品质量认证合格的产品或信得过产品在买入时执行的检验方式,接收与否以供应方的合格证或检验数据为判断标准和依据。执行免检时,需方往往要对供应方的生产过程派员进驻或索取生产过程的控制图等方式进行产品生产过程的质量监督,以确保质量的有效检验。

1.4.6　按检验周期分类

按照产品质量的检验周期,可将质量检验分为周期检验和逐批检验等两类。周期检验和逐批检验构成企业的完整检验体系。

(1)周期检验　周期检验是某批或若干批产品中按确定的时间间隔(季或月)所进行的检验。目的在于判断周期内的生产过程是否稳定。

(2)逐批检验　逐批检验是指对生产过程所产生的每一批产品,逐批进行的检验。逐批检验的目的在于判断批产品的合格与否。周期检验是为了判定生产过程中系统因素作用的检验,而逐批检验是为了判定随机因素作用的检验,二者是投产和维持生产的完整的检验体系。周期检验是逐批检验的前提,没有周期检验或周期检验不合格的生产系统不存在逐批检验。逐批检验是周期检验的补充,逐批检验是在经周期检验杜绝系统因素作用的基础上而进行的控制随机因素作用的检验。

1.4.7　按检验的效果分类

按照产品质量的检验效果,可将质量检验分为判定性检验、信息性检验和寻因性检验等三类。

(1)判定检验　判定检验是依据产品的质量标准,通过检验判断产品合格与否的符合性判断。判定性检验的主要职能是监督与把关,其预防职能体现得非常微弱。

(2)信息检验　信息检验是由于信息技术的发展,运用检验所获得的信息进行质量控制检验方法。信息性检验既是检验又是质量控制,具有较强的预防功能。

(3)寻因检验　寻因检验用于产品的生产制造过程,杜绝不合格品产生的检验方式。是在产品的设计阶段,通过充分的预测,寻找可能产生不合格的原因,有针对性地设计和制造防差错装置,具有很强的预防功能。

1.4.8 按检验的供需关系分类

按照产品质量检验的供需关系,可将质量检验分为第一方检验、第二方检验和第三方检验三种。

(1)第一方检验 生产方(供方)称为第一方。第一方检验指生产企业自己对自己所生产的产品进行的检验。第一方检验实际就是生产检验。

(2)第二方检验 顾客(需方)称为第二方。需方对采购的产品或原材料、外购件、外协件及配套产品等所进行的检验称为第二方检验。第二方检验实际就是进货检验和验收检验。

(3)第三方检验 由各级政府主管部门所授权的独立检验机构称为第三方。第三方检验包括监督检验、验证检验、仲裁检验等,比较前两种检验模式,更加公正和具有说服力。

1.4.9 按检验项目性质分类

按照产品质量检验的项目性质,可将质量检验分为常规检验和非常规检验等两类。

(1)常规检验 每批产品必须进行的检验,如感官指标、净含量、部分理化指标、非致病性微生物指标、包装等。

(2)非常规检验 非逐批进行的检验,如农药兽药残留、重金属、致病菌等。

1.4.10 按检验地点分类

按检验地点,可将质量检验分为固定检验和流动检验等两类。

(1)固定检验 是在生产现场内部设立固定的检验站点。检验站可以属于生产车间公共部门,各个工作段、小组或工作地上任何一个环节都可以依次进入检验站点进行检验;还可以设置专门站点,具体做法是在流水线或自动线的工序之间,与线上工作同时进行,流水作业,达到工作流程检验化,这种专门站点是构成流水线的重要部分,只能固定检验项目,形成专项检验。

(2)流动检验 由检验人员到工作现场进行流动检查,具有较强的灵活性。在检验过程中,检验人员按照一定的经验路线和有规律性的数量,对有关工序进行质量检、工序控制图上的检验点情况、操作人员的工艺状况、废次品的隔离情况进行检验。通过流动检验可以及时发现生产过程中的不稳定因素对企业和产品造成的影响,预防成批不良产品生产,更方便于专职人员对于操作人员的监督与指导。

1.4.11 按检验性质分类

按检验性质,可将质量检验分为感官检验、理化检验和微生物检验等三类。

(1)感官检验 是依靠人的眼、耳、鼻、口、唇、舌头、手等感觉器官对食品的质量进行相对客观的评价和判定。如通过对食品的形状、颜色、气味等综合性因素,根据人的视觉、听觉、触觉和嗅觉等感觉进行检验,并判定质量是否合格。其特点是快速、灵敏、简便、易行。是食品检验中最直观的评定形式。

(2)理化检验 通过物理、化学的方法,使用某种测量工具或仪器设备进行的检验。特点是能测得具体数值,误差较小。具体方法有密度法、折射检验法、旋光法、化学分析法、仪器分析法等。

（3）微生物检验　是利用食品微生物学的理论和技术，研究食品中微生物的种类和特性等进行鉴别和判定。食品中微生物种类、数量、性质、活动规律和人类健康密切相关，是非常重要的检验形式。

1.5　食品质量检验的形式

1.5.1　查验原始质量凭证

如果与供货方属于长期合作关系，并且之前合作的产品质量稳定、有充分信誉保证，可以采取查验原始质量凭证的质量检验方式，具体做法如查验对方的质量证明书、合格证、检验或试验报告等，以认定其质量状况。

1.5.2　实物检验

如果被检验对象属于对产品的安全性有决定性影响的物品、材料和质量特性，则必须由本单位专职检验人员或委托外部检验单位按规定的程序和要求进行实物质量检验。

1.5.3　派专员进厂验收

采购方派专职人员到供货方场地或生产厂，对其产品的形成过程和质量控制进行现场检验，认定供货方产品生产过程质量受到严格把关和控制，确定产品合格，给予认可接受。

2　食品质量检验组织

2.1　组织机构

根据食品质量安全市场准入制度的要求，食品企业必须建立质量检验机构，并且需要配有专门的检验仪器设备、合格的专职检验人员和检验场地（如检验室）等。质量检验部门的组织机构形式和大小因食品企业的产品结构、规模等具体情况的不同而有所差别。我国企业中检验部门的检验人员，在管理归属上存在两种形式：第一，检验人员由检验部门管理；第二，检验人员由所在部门或车间管理。由于企业人员具有一定自主权利，可以根据企业实际需求进行合理检验监督，切实、客观地履行其职责，故在实际操作过程中，第一种形式比较适宜企业进行有效管理。我国企业的机构设置中，质量检验部门由一名主管领导负责管理工作，俗称总检验师，管理若干专业检验人员，按职责要求完成各自负责的部分检验工作，并且人员之间也会实行一些互相监督的机制。当然企业质量检验部门的组织结构不能完全照搬程序和规定，其中根据企业性质特点不同，也会有一定的调整因素，因此没有任何企业的组织机构完全一致或都能统一规定，要根据企业的具体情况进行实际调整与安排，才能因地制宜，发挥检验机制的最大功效。具体而言，在企业质量检验部门与机构中，可以根据检验的流程，设立检验站点、检验科室、计量站等分类机构。企业中的检验部门一般按生产流程可分为进货检验、工序检验、成品检验等(在检验的分类中我们已经详细介绍了这一部分的内容,这里不再详述)。

2.2 检验部门的主要职责

在检验部门设置完成后,企业应当最先明确部门的相关职责,以便合理规划人员,进行有效的贯彻机制,顺利完成质量检验部门的基本任务,做到责任到位,权责分明,有效提高企业对于整个部门和产品的管理与领导。

具体而言,检验部门的主要职责有以下 12 项:

(1)参与制订检验计划,编制检验人员所用的全部手册和检验程序。

(2)参与制定产品及工序的检验标准。

(3)制定人员、设备和供应等方面的部门预算。

(4)分配检验人员的工作,监督和评定他们的工作成绩。

(5)参与设计检验场地,选择设备和仪表,设计工作方法。

(6)在调查和解决质量问题上,以及在其他跨部门工作中同其他部门协作。

(7)复核不合规格产品的情况,参与研究处置方法。

(8)参与制定有关质量方面必需的文件。

(9)负责原材料、过程和产品的质量检验,并提出检验报告。

(10)复核存在着不合规格迹象的工序情况。

(11)负责建立和管理质量档案。

(12)负责组织检验人员的培训工作。

2.3 检验人员应该具备的条件

2.3.1 检验人员的证件要求

检验人员必须取得由劳动和社会保障部门核发的食品检验工初级工以上工种资格证书。证书是上岗的有效凭证,在取得资格证之前,杜绝无证上岗,有效控制检验人员的专业水平与素质。

2.3.2 检验人员的业务水平要求

检验人员需要具备较高的检验水平和较强的分析问题的能力。检验水平是指检验人员对产品质量做出正确判断的程度,主要表现在错、漏检率和分析能力上。要保证一定的检验水平,检验人员应该具备如下条件:

(1)具有较强的分析、判断能力　检验员的分析能力具体表现为是否能够利用先进的科学技术和仪器设备,提出具有说服力的数据资料;而判断能力主要表现在检验过程中是否能通过检验后的有效数据变化预测质量的发展趋势,当遇到产品质量问题时能否及时、准确地找出问题和原因所在等;

(2)具有较高的文化程度,掌握全面质量管理的基本知识,必须基本掌握与所承担的检验任务相适应的生产技能;

（3）能正确使用和操作测量仪器和仪表,熟练掌握相应的测试技术和方法。

2.3.3 对检验人员的其他要求

（1）检验人员必须身体健康,尤其不能患有色盲、高度近视等眼疾。

（2）检验人员必须具有较强的责任心,处理问题和办理企业事务时,要求公正、不偏私、不受诱惑和不惧威胁。

3 食品质量检验计划

3.1 质量检验计划的概念和作用

3.1.1 质量检验计划的概念

质量检验计划是对检验涉及的活动、过程和资源做出规范化的书面文件规定,用以指导检验活动,使其既能正确、有序、协调、高效地保证产品的符合性质量,又能降低成本的进行检验工作。检验计划是生产企业对整个检验工作进行的系统策划和总体安排,通常以文字或图表形式明确规定检验场地和检验组织设置,并且有效配备资源,如专业检验人员、检验设备、检验仪器、检验测量工具等,在检验之前,需要有计划地组织人员进行检验方式和工作量的预测与安排,质量检验计划是指导检验人员工作的主要依据和检验部门开展检验工作的前提条件,也是企业质量工作计划的重要组成部分。

3.1.2 质量检验计划的作用

（1）提高工作效率　通过对检验活动的统筹安排,按照产品加工及物流的流程,恰当地设置检验项目,充分利用企业现有资源,选择适宜的检验方法,合理地配备和使用人员,使检验工作的质量和效率得到提高。根据产品和工艺要求合理地选择检验项目和方法,合理配备和使用人员、设备、仪器仪表和量具,有利于调动每个检验人员的积极性,提高检验的工作质量和效率,降低物质和劳动消耗。

（2）节约经济成本　有效合理的计划能够将不合格产品质量缺陷的严重性分为不同等级,按照不同标准进行处理和处置,既有利于保证质量符合要求,充分发挥检验职能的有效性,又可以使产品制造过程更为经济,节约质量成本中的检验费用,降低产品制造成本。

（3）明确权责　制作有效的质量检验计划,可以明确检验人员的责任和权利,明确每个检验专员分担的任务和应负的责任,有利于充分调动专业检验人员的工作积极性,更加便于对专业检验人员进行业务等综合考核。

（4）规范化作用　合理的质量检验计划有利于检验工作的规范化、科学化和标准化,使产品质量在生产产品过程中更好的处于受控状态。

3.2 质量检验计划的编制

3.2.1 质量检验计划的目的

质量检验计划的目的在于使分散在各个生产部门的检验人员熟悉和掌握产品及其检验工作的总体情况和基本要求,有效的、全面的指导检验工作的顺利进行,更好地保证检验的质量。同时,计划的有效实施,可以保证企业的检验活动和生产作业活动密切协调和紧密衔接。

3.2.2 质量检验计划的原则

(1)防止产生和及时发现不合格产品或半成品,进行及时处理和适当的管理。

(2)保证通过质量检验的产品符合质量标准的要求。

(3)检验计划必须对检验项目、检验方式和手段等具体内容有准确、清晰地描述和规定,能使检验活动相关人员有同样的理解,避免由于检验计划的内容遗漏而产生误解和误会的情况。

(4)产品关键的质量特性应当作为质量检验的重点或关键环节,实行优先处理原则。

(5)进货检验应在采购项目明细中做出详细说明和记录,对外部供货商的产品质量检验,应在合同的附件或检验书中标注,并经双方共同评审确认。

(6)在制作检验计划时要综合考虑质量检验成本,在保证产品质量的前提下,尽量降低成本,提高经济效益。

3.3 质量检验计划的内容

3.3.1 检验流程图的编制

检验流程图是在从原料或半成品到生产成品的整个过程中,运用一些图表方式安排各项检验工作。编制检验流程图能够提高检验工作,明确责任和权利。检验流程图是正确指导检验活动的重要依据和基础资料。检验流程图一般包括检验点的设置、检验项目和检验方法等内容,可结合产品工艺流程图进行绘制。

3.3.1.1 检验点的设置

检验点是需要由专职检验人员进行检验的工序或环节。应根据技术上的必要性、经济上的合理性、管理上的可行性来安排。

(1)检验点设置的对象 对象的选择与产品的复杂程度、工艺路线、生产形式等因素相关,通常可在下列工序或环节作为选择设置检验点的对象:质量容易波动或对成品质量影响较大的关键工序;检验手段或检验技术比较复杂,依靠操作工人自检、互检无法保证质量的工序;工艺阶段的末道工序和成品入库检验;原材料、辅料等的检验。

(2)检验点设置的要求 进行统筹分析每道工序对产品质量的影响程度,全面安排对产品质量有较大影响的关键工序的检验点设置工作,使整个产品的生产加工都有严密的技术把关;对于大批量生产或技术要求不高、生产过程较稳定的状况,可适当减少检验点的设置。对加工对象经常变换,加工质量要求较高,工艺条件不成熟的情况,检验点的设置应多些;保持检验点的相对稳定,有利于专职检验人员熟悉检验对象的情况,有效地保证产品质量,便于对检验点的管理。检验点的设置要有相应的检验人员和测试手段作保证。检验人员的数量、拥有的技术程度都要适应检验点承担的检测任务的需求。

3.3.1.2　检验项目

企业通常根据产品技术标准、产品要求等因素的重要程度,来确定所需要检验的项目。企业所执行的标准有验收标准和内控标准。按重要程度质量特性可分为关键质量特性、重要质量特性和一般质量特性。根据产品技术标准、工艺文件所规定技术要求,列出质量特性表,并按质量特性缺陷严重程度对缺陷进行分级,以此作为检验项目。质量特性的重要程度一般可分为三个级别:第一,关键质量特性。当质量特性达不到要求时,造成的缺陷称为致命缺陷。致命缺陷对使用、维修或保管产品的人有危险性,对产品的基本功能有致命影响;第二,重要质量特性。当质量特性达不到要求时,造成的缺陷称为重缺陷。重缺陷能够使产品造成故障或严重降低产品的实用性能;第三,一般质量特性。当质量特性达不到要求时,造成的缺陷称为轻缺陷。轻缺陷只对产品的实用性能有轻微影响或几乎没有影响。

3.3.1.3　检验方式与手段

明确各检验点及各检验项目所采取的检验方法,如采用感官检验还是某种理化检验,采用全数检验还是按某种方式进行抽样检验,采用自检还是专检等。明确是使用理化检验手段,还是感官检验手段。

3.3.1.4　检验数据处理

确定如何搜集、记录、整理、分析质量数据。

3.3.2　编制检验指导书

检验指导书又称检验卡片或检验规程,是产品生产制造过程中,用以指导检验人员正确实施产品和工序检验的专业技术文件,是产品检验计划的重要部分。适用于产品实现过程中重要的过程和关键的产品。检验指导书依据检验类型、检验质量特性的差别,有不同的形式,繁简程度也不相同。故在指导书上应明确规定需要检验的质量特性及其质量要求、检验手段、抽样的样本容量等。检验指导书包含以下内容:

(1)检验对象及其在检验流程的位置　一般检验对象要根据企业实际情况具体规定,如某件产品需要进行抽样检验,那么检验对象应当是随意抽取的样品。

(2)所要检验的质量特性　各种质量特性的具体要求要明确,凡能定量的要求尽量定量表示,不能定量的最好另行建立实物标准,使检验员能够理解和掌握。并且,如何判断质量特性的重要程度,应由设计部门联合工艺、检验部门分析后提出,不能由生产车间自行确定,也不能由检验部门单独决定。规定的巡检频次应与质量特性的重要度相适应。越是重要的质量特性,巡检频次应高些。

(3)检验方法　包括检验人员的资格要求、抽样方案、所用设备的要求、操作规范等,凡有技术要求的项目必须有相应的检测手段。

(4)规范准则　应做的记录和报告要求。检验指导书应规范化,相对稳定。但企业仍可根据检验指导书的具体内容自行设计检验指导书格式。如果生产技术条件发生较大变化,检验指导书也应作相应更改。通过检验指导书,检验员就能知道检验的项目以及如何检验.有利于质量检验工作正常进行。

3.3.3　编制检验手册

检验手册是质量检验工作的指导文件,是质量检验人员和管理人员的工作指南,是质量检验活动的管理规定和技术规范的文件集合。编制检验手册属于专职检验部门的工作范畴,由熟悉产品质量检验管理和检测技术的人员编写,并经授权的负责人批准签字后生效。编制检验手册对加强生产企业的检验工作,使质量体系的业务活动实现标准化、规范化、科学化具有重要意义。检验手册基本上由程序性和技术性两方面内容组成(表9-1)。

表 9-1　检验手册的分类与具体内容表

项目	检验手册的分类	编制检验手册的具体内容	备注
检验手册基本上由程序性和技术性两方面内容组成	1. 程序性检验手册	(1)质量检验体系和机构;	包括机构框图,机构职能(职责、权限)的规定
		(2)质量检验的管理制度和工作制度;	
		(3)进货检验程序;	严格按照规程进行选择购进
		(4)过程检验程序;	工序检验的各项程序
		(5)成品检验程序;	
		(6)计量控制程序;	包括通用仪器设备及计量器具的检定、校验周期表
		(7)检验的有关事项;	原始记录表格格式、样式及必要的文字说明
		(8)不合格产品审核和鉴别程序;	不合格产品严格记录审核过程,鉴定结论等
		(9)检验标志的发放和控制程序;	
		(10)检验的结果和产品的质量状况	反馈意见及纠正的措施
	2. 技术性检验手册	(1)不合格产品严重性分级的原则和规定;	不同级别的产品瑕疵要区别对待,分出等级
		(2)抽样检验的原则和抽样方案的规定;	随机抽取部分样品,根据样品的结果判断整批产品的各项规定
		(3)各种材料规格及其主要性能及标准;	材料分为外购和自产两类,大多数企业都是外购原材料,材料的性能依靠手册进行规范选择购置
		(4)工序规范、控制、质量标准;	
		(5)产品规格、性能及技术指标;	包含有关技术资料,产品样品、图片等
		(6)试验规范及标准;	试验所使用的仪器、设备、技术手段、方法、过程等
		(7)索引、术语等	专业术语及相关标准

【能力拓展】

1　抽样检验与检验采样

1.1　抽样检验

1.1.1　抽样检验概述

抽样检验是从待检验的产品中,随机抽取一定量的样本进行检验,从而对整批产品质量做出估计的过程。当产品的数量较大且产品的合格与否容易鉴别时,对全部产品进行检验是一种理想的检验方法,但是全数检验成本高,工作量大,耗时多,特别是破坏性检验,不适宜采用全数检验。采用抽样检验,由于抽取样品的量减少,降低了成本,所需检验人员数量较少,便于管理,有利用集中精力抓好关键质量,适用于破坏性检验。同时抽样检验是对整批产品的质量进行估计,这就刺激生产方严把质量关。但是,抽样检验也存在一定的缺点:抽检的产品中可能存在一定数量的不合格产品;抽检可能存在一定的错判性,但风险的大小可以采取一定的措施加以控制。以统计技术为基础建立抽样方案的抽样检验称为统计抽样检验,它的理论依据是概率论、数理统计、管理学和经济学。将统计学运用到抽样检验中,可以为抽样检验提供可靠的结论,使实施方案科学合理,实施过程简便,降低了检验的成本,有效地保证了质量水平。

1.1.2　抽样检验的特点和适用范围

1.1.2.1　抽样检验的特点

抽样检验的对象是整批产品,只需从批中抽取很少一部分产品进行检验,并通过对抽样检验结果运用统计学原理分析,判断整批产品合格与否,合格批次中可能含有不合格产品,不合格批次中也可能含有合格品。抽样检验不同于那些过时的、不科学的检验方法,更适合于产量大,速度快的现代化生产。

1.1.2.2　抽样检验的适用范围

(1)产品检验项目为破坏性检验或试验,如产品的可靠性、寿命、疲劳、耐久性等质量特性的试验。

(2)生产批量大、产品质量比较稳定的情况。

(3)检验项目多、周期长的产品。

(4)不易划分单位产品的流程性材料产品的检验。

(5)希望节省检验费用和时间。

(6)希望通过抽样检验对生产方改进质量起促进作用,强调生产方风险的场合。

(7)允许有不合格品混入的检验,有少数产品不合格不会造成重大损失的情况。

1.1.3　抽样检验方案

在抽样检验中,为了确定样本的数量和判定整批产品的合格与否所制定的一系列规则称为抽样检验方案。依据抽样方案可决定如何抽样,样品数量的多少,以及整批产品接受或拒收的判别标准等。抽样检验实践中,根据检验目的和要求的不同,形成了许多不同特点的抽样方案,这些方案按照检验特性值的不同,大体分类如下:

1.1.3.1　按数值的种类分类

抽样检验方案按照数值的种类可分为计数抽样检验方案和计量抽样检验方案两大类。

(1)计数抽样检验方案　计数抽样检验方案是指在检验产品质量时用计数的方法,即根据被检样本中的不合格产品数和缺陷数判定整批产品接受与否,而不管样本中各单位产品的质量特性值如何。计数抽样检验又包括计件抽样检验方案和计点抽样检验方案。计件抽样检验方案是指根据抽检样本中不合格产品数判定整批产品质量;计点抽样检验方案是指根据抽检样本中产品包含的缺陷数判定整批产品的质量。

计数检验的特点是程序简单,检验费用比较低,仅需要区分产品是合格或不合格。尤其是质量特征较多的产品,采用计数检验可能只用一种抽样方案就可以达到检验该批产品接受与否的目的;对于计数检验不需要预先假定分布规律;只需要判定合格或不合格的产品,采用计数检验最合适。

(2)计量抽样检验方案　计量抽样方案是检验样本中每个单位产品的质量特性的具体数值,并计算样本平均质量特征值,与标准进行比较,进而判定整批样品接受与否的抽样方案。其特点是只要抽取少量样品组成样本,即可判定整批产品的不合格率,从而判断是否接收该批产品;对于计量抽样检验需要预先假定分布规律;对于某些产品的关键质量特性直接影响产品的合格率时,一般采用计量抽样检验。

1.1.3.2　按抽检次数分类

根据在整批产品中最多需要抽取样本多少次才能做出该批产品合格或不合格判的判定,将抽样检验方案分为一次抽样检验方案、二次抽样检验方案、多次抽样检验方案和序贯抽样检验方案。

(1)一次抽样检验方案　从检验批中只抽取一个样本,根据该样本的检验结果合格与否,对该批产品做出是否接收判断的抽样方案,又称单式抽样。该方案的优点是抽检数是常数,能够最大限度地利用有关批质量的信息;缺点是抽样量一般比二次抽样或多次抽样大。

(2)二次抽样检验方案　二次抽样检验是一次抽样检验的延伸,是指从整批产品中抽取一组样本(n_1),检验其中的不合格产品个数 b_1,如果 b_1 不超过预先设定的不合格标准数 a_1,那么判定该批产品为合格予以接收;如果 b_1 超过了不合格标准数 $a_2(a_2>a_1+1)$,那么判定产品为不合格不予接收;如果 $a_1<b_1\leqslant a_2$,那么需要继续抽取第二组样本(n_2),检验其中的不合格产品个数 b_2,b_1 与 b_2 的和不超过 a_2,判定该批产品为合格予以接收。该检验方案的优点是平均取样量小,仅为一次抽样检验的 $67\%\sim75\%$;缺点是抽样量不定,程序复杂。

(3)多次抽样检验方案　多次抽样检验方案是二次抽样检验的进一步推广,允许抽取至少3个以上样本组,才能最终做出对检验批次接收与否判定的抽样形式。该方案平均抽样量更少,但操作难度大,一般需要受过专门培训的人员进行。

(4)序贯抽样检验方案　序贯抽样检验又称逐项或逐次抽样检验,这种检验方案不受检验次数的限制,每次抽取一个单位产品进行检验,做出合格、不合格或继续抽检的决定,直至按规则做出是否接收批。序贯抽检优缺点与多次抽检基本相同。

1.2　检验采样

采样就是从整批检验对象中抽取一定量具有代表性的样品作为分析材料的过程。食品采样的目的在于检验感官上是否出现变化,食品的成分有无缺陷,添加物是否符合国家标准,有无物理、化学和生物性污染以及腐败变质的现象。在食品检测时,无论是成品、半成品还是原料,即使是同一类物质,由于产地、环境、加工及贮藏条件的不同,其所含成分及被污染程度也不同。为确保分析结果的准确性,检验结果能够对整批产品的质量进行评估,要求所采集的样品具有代表性。采集是食品检验工作中的重要环节,掌握科学的采样方法能够确保在采样过程中样品不被污染和成分不会逸散,所采集样品能够代表全部被检验物质,否则后续的样品处理和检验环节无论多么严格也没有意义。

1.2.1　采用的原则和程序

1.2.1.1　采样的原则

采样在食品质量检验中是至关重要的,采样必须遵循以下原则:

(1)采集的样品要均匀,有代表性。所谓有代表性是指采集的样品能够代表全部待测食品的组分、质量和卫生状况,能够得出正确的检测结果和分析结论,对整批食品进行正确的评价。

(2)采样时要设法保持样品原有的理化指标,防止成分散逸、微生物污染和杂质的引入。

1.2.1.2　采样的程序

正确的采样应按以下程序进行:

(1)采样前要对被采集对象进行了解,调查被检样品的来源、种类、状态、批次、生产日期、重量、包装、加工方式和贮运条件等状况,审查与被检测对象有关的一切资料,包括质检报告、运货单等。

(2)现场检查,观察该批食品的整体情况,包括感官性状、品质、储藏和包装情况等,记录采样的环境状况,包括温度、湿度等。有包装的食品要检查包装物有无破损、变形、受污染;未经包装的食品要检查食品的外观,有无发霉、变质、虫害和污染等。

(3)采样,采样依次分为三阶段,依次为获取检样、原始样品和平均样品。从大批量的物料的各个部分采集少量的小样为获取检样,将所获取的检样混合在一起既得原始样品,按照一定的规则(如"四分法"),对原始样品进行平均缩分,获得的一部分作为分析检验用的样品称为平均样本。将平均样本分为三等份,一份用于全部检验项目的样品称为试验样品,一份作为复检的样品称为复检样品,一份用于被查的样品称为保留样品。

(4)填写采样记录,样本送检。采样完毕后,详细填写采样记录单,注明采样单位、日期、地址、样品名称、采样数量、检验项目、采样人等信息,采样单一式两份,分别由采样机构和被采样单位保留存档。采集的样本按照不同的检测项目进行包装,填写送样单,在规定时间内送检。

1.2.2　采样的工具和方法

1.2.2.1　采样的工具

常用的采样工具(图9-2)有以下几种:

（1）采样管、长柄勺，用于采集液体样品。

（2）采样铲，对流动的粮食、油料、食品、饲料或倒包采样时常使用。

（3）金属探管、金属探子，用于粮食、调味品等袋装的颗粒状或粉末状食品采集。采样时，先将探管或探子前端插入袋中，颗粒状样品从凹槽内进入，从管子的后端流出。

（4）双套取样管，适用于易变质，如吸湿、氧化、分解等，粉粒状物料的采样。采样时，先将套管槽口关闭，将取样器插入样品后，旋转内管将槽口打开，待样品进入管内，关闭槽口，拔出取样管后，可分别从管上、中、下部取样。

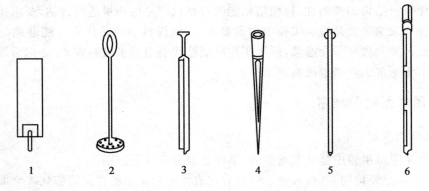

图 9-2　常用采样工具

1.采取颗粒状样品的取样铲　2.液体采样搅拌器　3.谷类、糖类、奶粉等样品的采取工具

4.固体脂肪采取工具　5.采样管——采取液体样品　6.套筒式采样器

1.2.2.2　采样的方法

采样的方法一般可分为随机采样和代表性采样。随机采样就是按照随机的原则从整批食品的不同部位抽取样品的方法，采样时，在不同的部位、不同的层次随机抽取样品，这时总体中的每个个体被抽到的机会是相同的。随机采样可以避免采样者的主观性，但有些物料，如黏稠状液体、蔬菜、大块熟肉类，难以进行混匀，单采用随机采样的方法是不行的，必须与代表性采样相结合，代表性采样是利用系统采样法进行的，在了解样品的性质、位置和时间变化规律的情况下，按照相应的规则，从具有代表性的各个部位分别采集样品。在实际采样过程中，为保证检测结果的准确性，具体采样方法因样品的性质差异而定。

（1）大型包装食品　大型包装食品，如整车、整船、整仓食品，可以根据装运方式，将其看作是一个规则的几何体，如正方体，将其分为若干个相等部分，然后按照以下方式进行采样。

①有完整包装的食品（桶、袋、箱等），可以按照总件数的 1/2 的平方根确定采样数量。然后从样品的不同堆放部位，按照相应的采样数量抽取样品，如果采样量太大，可以按照顺序进行堆放，重复上面的操作直到获得需要的数量为止。取样后打开包装，分别从每个包装的上、中、下三层的四角和中心设点，抽取等量样品混合均匀即为原始样品，将原始样品按"四分法"进行缩分制成平均样品。"四分法"是将散粒状的原始样品充分混匀后，堆积在光滑的玻璃板上，形成圆锥体，由上向下平压成厚度在 3 cm 以下的圆柱，画出两条十字对角线，将圆柱体平均分为四等份，取对角线两份进行混匀，再按照上法进行缩分，直至达到所需样品量为止（图 9-3）。

②无包装散堆食品，先将整批散堆食品分成等体积的若干层，再在每层的中心和四角设点

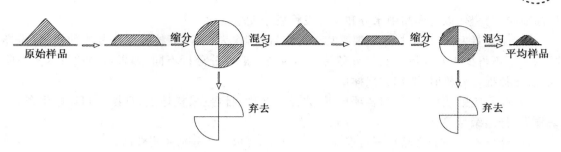

图 9-3 四分法取样图

取样,将所得样品混合均匀,然后按"四分法"进行缩分获取检样即可。

(2)小包装食品 小包装食品(500 g 以下)按照生产批号或者生产班次连同包装随机抽样,如果包装在 250 g 以上取样量不得少于 6 个,如果包装在 250 g 以下取样量不得低于 10 个,同一班次或批号的取样量为 1/3 000,尾数超过 1 000 个,要增取 1 个,每班每个品种的取样量不得少于 3 个。

(3)不均匀食品 此类食品,如鱼、肉和蔬菜等,本身并不均匀,不同的部位所含的成分及成熟度存在差异,如果均匀取样很难代表全部样品的特征,取样时更要注重代表性,按照检验的要求,可以在不同部位采样,混合均匀代表整个食品,也可以在同一类食品的同一部位采样,混匀后代表某一部位的情况。

①肉类 根据分析的目的和要求,可以从不同部位取样,混合均匀代表整只动物情况,也可以从同一批多只动物的同一部位取样,代表这一部位的情况。

②水产品 个体较小的鱼,虾等水产品,可以在堆放的不同部位设点,随机抽取样本,切碎混匀后进行缩分既得检样,个体较大的鱼类,可以在头、体、尾设点取适当量或在多个个体上切取可食部分,切碎混匀后进行缩分即可。

③果蔬产品 个体较小的果蔬,可以随机抽取若干个体,切碎混匀,缩分到所需量。个体较大的果蔬,根据其形状和成熟度的不同,可以沿中心平均切成两组或四组对称部分,取其中的一组或两组对称部分切碎混合,再进行缩分到所需量。

(4)液体食品 如果容器较大时,可以按照容器的形状进行分区分层采样,经所采集的样品混合均匀即为原始样品,如容器较小时,先将容器振荡,使内部液体混合均匀,从中抽取样品作为检样。

(5)生产线食品 流水线生产食品时,采样一般都设在流水的某一关键点上,如罐头生产线的封盖前点,每隔一定的时间,从采样点上取流经的一个或一定数量的样品,在一定的时间范围内,如一个班次,所采集的样品合并构成原始样品。

1.2.3 采样的要求

(1)采样用的器具必须保持干燥、洁净、无异味,不能带有待测组分和干扰物质,在检测前防止一切有害物质带入样品,供细菌检测的样品,在采样时一定严格按照无菌操作进行,在进行微量或痕量元素测定时,要对采样的容器进行处理,去除干扰物。

(2)采集样品后应该在规定的时间内送检,避免样品放置过久,其成分易挥发或破坏,设法保持样品原有的理化指标和微生物状况,检验前不应发生污染、变质和散逸等情况。有包装的样品应包装完整,以免样品中水分和易挥发性成分发生变化。

(3)采样量要足够大,样品量要平均分为三等份,作为检验、复检和保留复查使用,每份样品的质量不得少于 0.5 kg。检测残留污染物时与一般成分分析不同,如果检测项目事先不明确,属于捕捉性分析时,要加大采样量。

(4)样品应贴上标签,注明各项事宜,如样品名称、批号、采样地点、日期、项目、贮运条件、采样人、样品编号等。

(5)性质不相同的样品切不可混在一起,应分别包装,并分别注明性质。

2 食品感官检验

食品的感官检验,通过视觉、味觉、嗅觉、触觉和听觉而感知到的食品及其他物质的特征或者性质,并用文字、语言和符号等加以记录,利用统计学方法进行分析和解释,对食品的色、香、味、形、质地等特征做出评价的一种科学方法。

食品的质量能够直接被人们鉴定、评价的就是感官特征,在各种食品的质量标准中,感官指标也是非常重要的评价标准,如外观、口感、色泽、风味、质地等,这些指标能够直观的反映出食品的品质,当食品的质量发生变化时,这些感官指标也会随着发生改变,因此,通过感官评价能够很好地判定食品的质量及变化,特别是当食品的感官性质发生了微小的变化时,这些变化采用大型的仪器也很难检测出来,利用感官检验予以鉴别,这是理化检测和微生物检测无法比拟的,特别是感官检验能够综合的对食品质量进行评价,能够察觉异常显现的发生,这是其他检验方法缺少的,食品感官检验是食品检测中的一个重要组成部分。

2.1 感官检验的起源和发展

自从人类能够对食品进行好与坏的评价,可以说就有了感官检验,但真正意义上的感官检验的出现只是近几十年,最早的感官检验可以追溯到 20 世纪 30 年代左右,1936 年 S. Keker 将统计学方法运用到感官检验中,利用两点试验法感官检测肉的嫩度。20 世纪 40—50 年代,食品感官检验又由美国军方的需求而得到更加深远的发展,当时政府为了给军队提供喜爱的食品,运用了科学手段制订膳食标准和精美的食谱,却不能保证被人们所接受,要确定食品的可接受性,必须要进行感官评价。20 世纪 50 年代初期,一些感官计量技术开始出现,Boggs,Hansen. G 和 Peryam 等首先建立并完善了"区别检验法",50 年代中后期出现了"排序法"和"喜好打分法"。1957 年 Arthur D. Little 公司创立了"风味剖析法",这个方法是一种定性的描述方法,可以通过培训一组感官评审员能够很好地对产品进行感官评价。现阶段,随着统计学原理、感官的生理学和心理学的引入,使感官评价有了更加完善的理论基础,计算机技术的应用进一步影响和推动了感官检验的发展,可以合理地优化检验项目,能够快速准确的得出统计分析结果。

2.2 感官检验的类型

食品感官检验,按照作用的不同可以分为分析型感官检验和嗜好型感官检验,在具体检验时,根据检验目的和要求的不同,确定采用哪种检验方法。

2.2.1　分析型感官检验

分析型感官检验是利用人体的感觉器官作为测量仪器,通过感觉测定食品的特性或差别的方法。如质量检验、食品品质鉴定等。分析型感官检验是依靠人体的感觉进行的,为了消除主观差异,使结果更加精准,重现性更好,必须注意以下几个问题:

(1)评价基准和尺度应统一、标准化。通过感官测定食品的质量时,对于每一个检测项目必须有明确的基准和具体评价的尺度,使评价标准化,以防止不同的检测员根据自己的基准和尺度进行评价,使结果难以统一。评价基准标准化的最好方法就是制定标准品。

(2)试验条件规范化。食品的感官检验极易受到环境的影响,环境条件的微小变化都可能引起检验结果的偏差,故试验条件要规范,要有良好的感官检测实验室,有适宜的环境温度和光照,能够令检验人员心情愉悦,防止因环境因素和实验条件给结果带来大的波动。

(3)评审员应该经过选择和训练。感官检验的评审人员必须有良好的心理素质和生理条件,并经过适当的训练。有良好的感知力。

2.2.2　嗜好型感官检验

嗜好型感官检验是根据消费者的嗜好程度评价食品特性的方法。这种方法与分析型感官评价正好相反,是利用样品为工具,了解人们的感官反应及偏爱,如市场调查中使用的感官评价。嗜好型感官评价多用于食品的设计、生产和推广。

嗜好型感官检验与分析型感官检验不同之处在于不需要评价标准,对实验条件要求不高,主要依赖于人们的生理和心理的综合评价,受到生活习惯、文化程度、生活环境、审美观点等方面的影响,人的主观判断和感觉程度起着主要作用。其检验结果往往因人、因地、因时不同而存在差异,如饮食习惯的不同造成人们对于食物的喜好程度不同,同样的食物可能在不同的地域,人们的接受程度也不相同。这不能证明食物的好坏,只能说明不同的群体对于口味的偏爱程度不同。嗜好型感官检验完全取决于主观行为或群体行为,并不能对食品的质量做出评价。

2.3　食品感官评价的基本要求

食品检验是以人的感觉器官作为测量工具的,除了受主观因素影响外,也受到客观因素的影响,易受到外界因素的干扰,为了减少干扰,确保检验结果的客观、真实、可靠,必须在一定的控制条件下进行感官评价,被控制的条件包括品评环境条件的控制,样品的制备和品评小组的控制。

2.3.1　品评环境条件的控制

环境条件对于品评人员的心理和生理有着重要的影响,控制好环境条件,创造最能发挥品评人员的感官作用的氛围和减少对评价人员的干扰对检验的影响是非常重要的,品评环境条件的控制包括品评室的位置,品评室环境、灯光、室内空气、准备室的面积和出入口等。

2.3.1.1　品评室的规格

品评室应该布置3个独立的区域:办公室、样品制备室和品评实验室,最早的实验室是将一张试验台分为 6～10 个单独的隔间,每个隔间内摆放有待检验样品,检验人员在单独的隔间内进行,防止相互接触,避免相互干扰。但有人认为采用这种方式进行品评时,评判人员难以进行接触和讨论,为达到检验结果的一致性,品尝也可在一张大圆桌上进行,圆桌的中间摆放要检测的样品和标准参照物。现在所使用的品评实验室综合考虑了这两点,既设有独立品尝的品评室,是一组 6～10 个相邻的又独立分开的小隔间,每个小隔间三面是墙,前面有一个用于传递样品的小窗口,以及简单的通信设备、照明工具、具有洗漱盆和水龙头的试验台,供品评人员独立进行品尝和鉴定;又设有大圆桌,供品评人员进行品评和讨论,在进行讨论的房间里应有黑板和多媒体设备,便于在讨论时使用(图 9-4)。

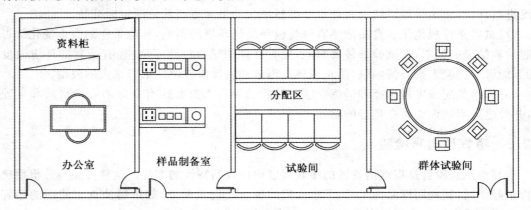

图 9-4 较为理想的感官实验室平面布置图

2.3.1.2 品评室的位置

品评室的位置一般要考虑检验人员的出入方便性,确保他们在进入检验室的时候不经过办公区和样品制备室,避免他们接受与样品和实验有关的一些信息,从而影响其检验。品评室还要远离有气味或声音嘈杂的区域,避免干扰。

2.3.1.3 其他设施

品评实验室外还设有办公室和样品制备室,办公室用于日常的办公和存放实验会用到的资料和品评者的答卷;样品准备室用于准备和提供样品,样品准备室要与检验室相分离,避免品评人员见到样品的制备过程,从中获得信息,影响检验结果。

2.3.1.4 试验区环境

(1)温度和湿度 试验区内保持对感官检验人员较为舒适的温度和湿度,一般温度控制在 21℃,湿度控制在 60% 左右。

(2)空气纯净度 试验区的空气要保持纯净,没有异味,试验区内不得有散发气味的材料和用品。

(3)照明 光线可以直接影响感官检验中外观和色泽的鉴定,一般要求样品表面光亮达到 1 000 lx 为宜。

(4)其他干扰 感官检验要求为检验人员提供舒适和安静的检验环境,不得有外界干扰。评价室的墙壁宜于白色涂料,颜色太深会影响人的情绪。

2.3.2　样品的制备

样品的感官评价的目的是研究样品所处的环境、加工过程或贮运条件等发生改变对样品的感官影响,为了达到检验结果的客观性和准确性,就要对样品的准备工作加以控制,确保没有受到外界因素的干扰。

(1)样品的数量　每样样品的数量应该足够每个品评人员品尝 3 次以上,以便提高结果的准确性。

(2)样品的温度　样品的温度是感官检验中一个重要的考虑因素,温度的变化往往能够引起感官检验的结果发生变化。一般来说,感官检验往往要在一个特定的温度下或适当的温度下才能获得稳定的结果,温度的变化范围如果过大,容易引起感觉器官的不适应,感觉也会变得迟钝,而且有些食品在温度波动中会造成芳香物质和水分的丧失,这些变化都会影响感官检验。实验时通常要把样品放在一个恒温的环境中,检验时统一呈送,以保证样品温度的均一、稳定。样品被品评的温度通常是该种食品的食用温度,当样品数量较大时,保持温度一致尤为重要。

(3)样品的形状和大小　食品感官检验中对于样品的形状和大小也有严格的要求。固体检样即使形状和大小的差异不会被检验人员所觉察,也会对检验结果造成影响,如果检验人员能够明显察觉检样的形状和大小的差异,那么试验结果就更加会受到影响。液体检样必须取等量。

(4)样品的混合　如果需要检验的样品是几种物质的混合体时,混合的时间和程度要保持一致。

(5)常用的器具　在样品的制备过程中常会用到天平、量筒、秒表和温度计等器具,除此之外,还会用到一些器皿。感官检验时要求所用器皿要符合要求,同一试验中所用的器皿尽量保持相同,同时要确保所用器皿不会对感官检验造成影响,通常采用玻璃或陶瓷器皿比较合适,特别是在温度比较高的情况下,如果使用塑料容器的话,会产生异味影响食品本身的风味。

在器具使用完毕进行清洗的过程,一定不能用带有芳香性味道的清洗剂,洗涤完毕后,用清水反复冲洗,然后用毛巾小心擦拭干净,不能留下毛屑。

(6)样品的编号　呈送给品评人员的样品应予以编号,避免给品评人员任何信息或暗示作用,如品评人员很容易给编号为 1 的样品打分偏高。编号是由试验的组织者进行的,编号一般采用数字、英文字母或拉丁字母相结合的方式,随机组合,最好采用三位数字,实验前不能告予品评人员标号的含义。

(7)样品的摆放　样品的摆放顺序也会对感官检验结果造成影响,一般采用随机摆放或圆形摆放,确保样品出现在每个位置的概率都是相同的,摆放位置给感官检验结果造成的影响:一是如果评价两个与客观顺序无关的检样时,往往会过高的评价最初的刺激或第二次刺激;二是如果几个被检样品感官无太大区别时,往往会选择在特殊位置上的样品。

2.3.3　检验人员的筛选和培训

感官检验人员感觉器官的灵敏性和稳定性直接影响实验的结果,实验人员对于整个试验是至关重要的,为了做好检验工作,得到可靠的检验结果,检验人员的筛选和培训是食品感官检验的首要条件。

2.3.3.1　感官检验人员的类型

感官检验是用人来对样品进行测量的,他们对于试验过程、环境和产品的状态的感觉方式都是试验潜在的误差因素,根据试验的目的和要求,以及有无经验和训练程度的不同,将感官检验人员分为:专家型、训练型、有经验型、无经验型、消费者五类。

2.3.3.2　感官检验人员的要求

(1)检验目的不同对于检验人员的要求也不相同,但感官检验人员具备的基本要求是:

①身体健康,感觉正常,不具有任何感觉方面缺陷,没有过敏反应和服用影响感觉器官灵敏度药物的经历;

②各检验人员的感官要有一致性,具备正常的敏感性;

③检验人员要具备对感官评价的兴趣,只有对感官检验有兴趣的人,了解感官评价的意义和重要性,才能全身心地投入到工作中,圆满完成检验工作;

④具有对检验产品的相关专业知识,能够客观地对待所有试验样品,在检验时不会带有感情色彩,对产品无偏见;

⑤检验过程中要集中注意力,避免外界环境的干扰,同时检验人员之间不能用肢体或语言相互传递检验结果;

⑥参加感官检验的人员要准时出席,因为感官检验是一项群体活动,要求检验人员同时进行检验,以减少误差,同时一些样品也有最佳鉴别期,也需要检验人员按时完成,对于经常出差或事物繁忙者,不易定为感官检验人员;

⑦感官检验人员注意良好的个人卫生,不能带有个人气味,影响感官检验的结果;

⑧感官检验人员要有良好的语言表达能力,能够对实验重点和产品的各项特性进行叙述,具有对检验结果进行详尽的表述能力。

(2)感官检验前,对检验人员的基本要求

①感官检验开始前 30 min,检验人员不得食用味道过于浓郁的食物、饮料和口香糖,不得食用辛辣刺激性食品;

②感官检验人员禁止使用强气味的化妆品,如唇膏、雪花膏、洗面奶等;

③感官检验人员在检验时不能过饱或过饥,身体过于劳累或出于病态不宜进行品评工作。

2.3.3.3　感官检验人员的培训

根据感官检验目的和要求不同,为了检验人员都能够以专业、科学的精神对待品评工作培训是至关重要的,只有经过培训才能真正适合感官鉴评。

(1)感官培训的作用

①提高和稳定感官检验人员感觉器官的灵敏性。通过训练提高检验人员在试验时运用感觉器官的能力,减少外界因素对感官灵敏度的影响,使之维持在一个稳定的水平。

②降低感官检验人员之间对鉴评结果的偏差。通过训练可以使检验人员在评价标准、评价方法、品评特定描述和感官刺激强度等方面有一致的认识,减少检验人员对品评结果之间的差别。

③增强感官检验人员对外界因素影响的抵抗力。通过训练,可以提高检验人员的注意力,降低外界因素对品评结果的影响。

④加强感官检验的相关知识。通过训练不但可以提高试验能力,而且能使检验人员加强

基本的感官知识。

（2）培训注意事项

①为了提高培训效果,可以为检验人员提供已知差别的样品做分析训练或品评标准试样,加强试验能力,使检验人员了解感官检验程序。

②参加培训的人数要比实际感官检验人多,保证不会因为个别检验人员的缺席而造成试验人数不足。

③参加过培训的感官检验人员,如果在一定时期内没有从事过感官检验工作,那么需要经过重新培训,才能再进行感官鉴评。

④培训期间。每一位参加培训人员都要主持至少一次的感官检验工作,使其对实验的设计、实验的准备、样品的制备、试验过程、数据的收集和整理、结果的讨论等整个检验程序有所了解,同时能够熟悉进行训练应遵循的原则。

2.3.4　感官检验的常用方法

感官检验是依靠感觉器官的感觉建立起来的检验方法,随着科学技术的不断发展和进步,感官检验也日趋成熟和完善,根据检验目的、要求和统计方法的不同,感官检验的常用方法可以分为差异识别试验、类别试验和描述性试验:

2.3.4.1　差异识别试验

差异识别试验是感官检验人员对两个或两个以上的样品做出感官差异评价,评价的结果建立在检验人员做出不同结论的数量和检验次数,并利用统计学进行合理的分析。常用的方法有:两点试验法、三点实验法、A-非 A 试验、五中取二试验法、选择检验法等。

（1）两点试验法　两点试验法又称配对试验法,是随机顺序给感官检验人员提供两个样品,要求检验人员对这两个样品做出比较,判断两样品间是否存在差异,差异如何。

（2）三点试验法　三点试验法是为感官检验人员同时提供 3 个样品,其中 2 个是相同的,要求检验人员挑选出有差异的那个样品的检验方法称为三点检验法。多用于鉴别两个样品之间存在的微小差别或培训品评人员。为了使样品的排列顺序和出现的概率相同,可运用以下 6 种组合:AAB、BBA、ABA、BAB、ABB、BAA。试验时,品评人员以 6 的倍数出现,如果人数不是 6 的倍数,可向每个品评人员提供六组样品做重复试验。

（3）A-非 A 试验　A-非 A 试验是在感官检验人员熟悉样品 A 以后,再提供一系列包括 A 和非 A 在内的样品给检验人员,要求检验人员分辨出哪些样品是 A,哪些是非 A 样品的试验方法。此方法适用于产品感官特性存在差异,特别适用于检验样品具有浓郁的气味或味道有延迟,也可以用这种方法对品评人员进行筛选。

（4）五中取二试验法　五中取二试验法是给感官检验人员提供五个样品,其中 3 个是相同的,另外两个是相同时,要求检验人员在品评后,将这些样品分成两组的检验方法。这种检验方法可以确定样品间的差异,但受到感官疲劳和记忆效益的影响,一般不用来做味道方面的检验,多用于视觉、听觉和触觉方面的试验。

（5）选择检验法　选择检验法是为感官检验人员提供 3 个及以上的样品,让其从中选出最喜欢的或最不喜欢的样品的检验方法。适用于嗜好检验。注意样品提供的随机顺序。

2.3.4.2　类别试验

类别试验要求为感官检验人员提供两个以上的样品,并对其进行评价,判断出哪个样品

287

好,哪个样品坏,以及样品之间的差异和差异的方向,通过试验可得出差异的大小和样品的排序,能够确认样品的等级和归属类别,常用的方法有:排序试验、分类试验、评分试验、成对比较法和多项特性评析法。

(1)排序试验　排序试验是为感官检验人员提供数个样品,按照样品被指定特性的强度或嗜好程度,对样品进行排列的试验方法。这种检验方法只适用于样品之间的排序,不需要评鉴它们之间的差别。

(2)分类试验　分类试验是指将样品随机的呈现给感官检验人员,要求检验人员对样品进行品鉴后,将样品归于预先定义好的类别的检验方法。当样品打分比较困难的时候,可用这种方法对样品的优劣进行评价,对其划分等级。也可用于鉴定样品的缺陷。

(3)评分试验　评分试验是指感官检验人员将样品的品质特性以数字标度的形式表示的检验方法。检验前,首先要确定所使用的标度类型,使检验人员熟悉每一个评分点代表的意义,这个标度一般是等距的或是等比的。这种方法可以同时鉴评一类或多类样品,也可以对一种或多种感官指标进行评价。

(4)成对比较法　成对比较法有两种形式,一种叫差别成对比较法,另一种叫定向成对比较法。

①差别成对比较法是指每次提供给检验人员一对样品,要求品评人员区分它们是相同的还是不同的,在呈给检验人员的样品中相同的和不同的样品的对数是一样的。此法多用于确定样品之间是否存在感官差异,同时又能提供提多个样品的时候。

②定向成对比较法是指感官检验人员对两个样品的某一特定指标是否存在差异做出评价,比如酸度、色泽。当样品呈送给检验人员,要求其将指定的感官属性上程度强的一个选出。

2.3.4.3　描述性试验

描述性试验是由一组合格的感官检验人员对产品提供定性、定量描述的感官检验方法。它要求感官检验人员鉴别一个或多个产品的感官特性或对于某些感官特性进行描述和分析,是一种全面的感官分析方法,所有的感官都要参与,如视觉、听觉、触觉、味觉等。感官检验人员除了要具备感知食品特征的能力外,还需要掌握描述食品感官特征的相关知识。

(1)简单描述试验　要求感官检验人员对产品的各个感官特征指标进行定性描述,尽可能用合理、清楚的文字,准确详尽的描述出产品品质的检验方法称为简单描述试验。该方法用于鉴别和描述样品的特殊指标,或者根据特征指标进行排序,多用于样品的气味和风味的鉴评。简单描述一般有两种形式:①检验工作人员可以根据实际情况用任意语言描述产品的特征值;②为检验工作人员预先提供指标检验表,使他们能够根据指标检验表对产品的特征值进行描述。

(2)定量描述试验　感官检验人员尽量完整、准确地对构成样品质量的各项感官指标强度进行评鉴的检验方法。该方法最大的特点就是利用统计学原理对数据进行处理和分析,同时可以利用简单描述试验确定下来的词汇叙述样品整体感官印象的定量分析。这种方法对于产品的质量控制、质量分析、确定产品之间的差异、新产品的开发、产品品质的改良最为有效,也可用于感观评价数据与仪器分析数据之间的比对。提供产品特征的持久记录。该方法检验的内容有:鉴定食品的质量特征,即利用恰当的语言评价感觉到的特征值;感觉顺序的确定,即记录察觉到的各感觉特征值出现的顺序;特征强度的评估,即对感觉到的每种特征值进行评估,特征强度可由多种指标综合评定。

【知识延伸】

二维码 9-1 样品的制备与保存及食品感官检验

【思考题】

1.什么是食品质量检验？食品质量检验有哪几项主要功能和要点？

2.质量检验有怎样的制度和基本程序？

3.质量检验按照不同的依据可以分为哪几类？

2.食品质量检验的形式有哪些？

3.食品质量检验计划如何编制？

4.食品抽样检验样品的采集方法有哪些？

5.食品感官检验的常用方法有哪些？

6.食品理化检验的基本程序有哪些？

7.食品微生物检验的一般程序有哪些？

【参考文献】

[1] 陈宗道,刘金福,陈绍军.食品质量管理[M].北京:中国农业大学出版社,2008.

[2] 刘兴友,刁有祥.食品理化检验学[M].北京:中国农业大学出版社,2008.

[3] 曹斌.食品质量管理[M].北京:中国环境科学出版社,2006.

[4] 周凤霞,张滨.食品质量安全检测技术[M].北京:中国环境科学出版社,2008.

[5] 吴广臣.食品质量检验[M].北京:中国计量出版社,2006.

[6] 朱克永.食品检测技术[M].北京:科学出版社,2008.

[7] 王晓英,顾宗珠,史先振.食品分析技术[M].北京:华中科技大学出版社,2010.

[8] 宫智勇,刘建学,黄和.食品质量与安全管理[M].郑州:郑州大学出版社,2011.

[9] 周映艳.食品质量与安全案例分析[M].北京:中国轻工业出版社,2007.

[10] 章银良.食品检验教程[M].北京:化学工业出版社,2006.

[11] 马永强,韩春然,刘静波.食品感官检验[M].北京:化学工业出版社,2005.

[12] 陈晓平,黄广民.食品理化检验[M].北京:中国计量出版社,2008.

[13] 李松涛.食品微生物学检验[M].北京:中国计量出版社,2005.

[14] 王世平.食品理化检验技术[M].北京:中国林业出版社,2009.

二维码附录　中华人民共和国食品安全法
及食品安全法实施条例